铁路科技图书出版基金资助出版

和谐型交流传动机车技术丛书

HXD3B型电力机车

《和谐型交流传动机车技术丛书》编委会　著

中国铁道出版社有限公司

2024年·北　京

内 容 简 介

本书为《和谐型交流传动机车技术丛书》之一。全书共分十二章，分别为 HXD_{3B} 型电力机车概述，机车总体，牵引电传动系统，高压电器，辅助电气系统，通风、冷却系统，微机网络控制系统，制动系统，车体，转向架，车载安全监测设备，机车使用与维护。

本书可作为从事和谐系列交流传动机车运用、检修、维护的专业人员和技术管理人员的学习培训教材，也可作为大专院校、科研院所的学习参考资料。

图书在版编目(CIP)数据

HXD_{3B} 型电力机车/《和谐型交流传动机车技术丛书》编委会著. —北京：中国铁道出版社有限公司，2019.11(2024.8 重印)
(和谐型交流传动机车技术丛书)
ISBN 978-7-113-26349-2

Ⅰ.①H… Ⅱ.①和… Ⅲ.①交流电力机车 Ⅳ.①U264.2

中国版本图书馆 CIP 数据核字(2019)第 238985 号

书　　名：和谐型交流传动机车技术丛书
　　　　　HXD_{3B} 型电力机车
作　　者：《和谐型交流传动机车技术丛书》编委会

策划编辑：王明容　　编辑部电话：(010)-51873421　　电子邮箱：jiche@tdpress.com
责任编辑：侯跃文
封面设计：崔丽芳
责任校对：焦桂荣
责任印制：樊启鹏

出版发行：中国铁道出版社有限公司(100054，北京市西城区右安门西街 8 号)
网　　址：http://www.tdpress.com
印　　刷：北京联兴盛业印刷股份有限公司
版　　次：2019 年 11 月第 1 版　2024 年 8 月第 2 次印刷
开　　本：787 mm×1 092 mm　1/16　印张：12　字数：277 千
书　　号：ISBN 978-7-113-26349-2
定　　价：120.00 元

《和谐型交流传动机车技术丛书》
编　委　会

本书编写人员：代兴军　杨守君　张　律　孙小辰　刘洪生

郝凤荣　刘　圳　刘洪云　王　莹　刘斯嘉

梁海涛　张丽红　王存兵　张　磊　杜慧勇

李克纯　王　松　李传龙　夏元华　姜慧龙

史向前

本书审核人员：容长生　寇树仁　刘洪生　冯　昊　闫志宏

穆　鑫　伏远昱　慕元鹏　欧勇辉　臧玉军

郑志刚　黄　涛　刘　帆　成本权　郑维飞

刘文俊　马　帅　齐志刚　李秀颖　邹士涛

序

当今时代，中国铁路路网规模日新月异，铁路科技迅猛发展，铁路牵引动力装备在短期内迅速实现了从直流传动到交流传动的转换，跨入了世界机车技术的先进行列。中国铁路通过创新驱动，实现了铁路技术装备的现代化，大批具有自主知识产权、牵引性能优良、节能环保的和谐型交流传动机车的投用，快速扩充了路网的运输能力，缓解了铁路运输能力严重不足的制约，满足了我国经济社会平稳快速发展对铁路运输的要求。

《和谐型交流传动机车技术丛书》从机车总体、系统和部件的技术特性、结构特征及技术参数等方面，对各型号和谐型交流传动机车进行了全面系统的阐述。读者可通过该丛书了解和谐型交流传动机车功率大、效率高的牵引特性，交流传动与微机网络控制特性，高黏着利用、防滑和防空转特性，空气制动和动力制动特性，由完善的故障诊断和合理的检修周期保证的可靠性，节能环保的经济性等。

该丛书技术性、专业性较强，对从事和谐型交流传动机车运用、检修、维护、技术管理人员掌握相关知识、提高业务能力均有所帮助，还可作为大专院校、科研院所及社会各界有关人员的技术参考书。

田红旗

2018 年 7 月

序

和谐型交流传动机车是当前中国铁路网内广泛应用的具有世界先进技术水平的铁路运输牵引动力装备，是中国铁路技术装备现代化的典型代表之一。和谐型交流传动机车是中国铁路总公司按照国务院《中长期铁路网规划》和《铁路主要技术政策》确定的铁路技术装备现代化的战略规划，坚持“自主创新与技术引进相结合”的基本原则，先是用了不到5年的时间，完成了我国铁路技术装备水平的快速提升，提高了运能与运力；后又经过自主设计、自主创新，形成了系列化具有自主知识产权的世界先进的铁路运输牵引动力装备。2018年，全路在用的和谐型交流传动机车已超过1万台，占全路机车保有量50%以上，和谐型交流传动机车完成的货运工作量占全路机车完成的货运总工作量近80%，成为铁路运输牵引动力的绝对主力，机车技术装备的现代化，已在运输生产中结出了丰硕的成果。

《和谐型交流传动机车技术丛书》对各型号机车的主要技术性能、结构特征、技术参数以及机车使用维护等方面进行了介绍，内容全面丰富，层次分明，条理清晰，技术性强，同时图文并茂、通俗易懂。《和谐型交流传动机车技术丛书》的出版，将为广大铁路相关技术、管理人员和社会各界提供适用的专业读本，也为相关技术业务培训提供了专业的参考材料。

2018年7月

前 言

随着国民经济快速增长，中国铁路机车技术装备水平实现了质的飞跃，铁路运输牵引动力实现了由直流传动向交流传动的更新换代，形成了较为完善的和谐型交流传动机车谱系。和谐型交流传动机车是中国铁路在落实国家铁路"十一五"发展规划和《中长期铁路网规划》以及国家发改委对铁路机车车辆装备现代化提出的"引进先进技术，联合设计生产，打造中国品牌"总体要求，通过引进消化吸收再创新，大胆实践、自主设计、自主创新和集成创新，形成的具有世界一流技术水平的牵引动力装备。

目前，中国铁路和谐型交流传动机车型谱中包括电力和内燃两种动力类型，涵盖不同功率等级，适用于干线客货运、小运转和调车、高原以及重载铁路运输要求，展现了中国铁路牵引动力装备的特色。

2018年，和谐型交流传动机车保有量超过1万台，占全路机车总保有量50%以上；和谐型交流传动机车完成的货运工作量约占全路机车完成的货运总工作量的80%，成为全国铁路客货运输牵引动力的主力，使我国铁路运输能力获得了极大提升。

为满足广大铁路机车运用、检修、维护和技术管理人员，设计制造、大专院校、科研院所及社会各界的需求，中国铁路总公司机辆部组织成立了《和谐型交流传动机车技术丛书》编委会，中国铁路总公司机辆部主任申瑞源任主任；中国铁路总公司机辆部副主任张大勇、吴国栋、张启平、王春山，中国中车公司总工程师张新宁任副主任；张启安、王强、王立杰、黄成荣、李群锋、宁友波、李虎、杜志辉、王志、张黎、王光春、廖洪涛、曲天威、赵明元、仲怀清任委员，负责该技术丛书的组稿、编辑及审定工作；中车株洲电力机车有限公司、大连机车车辆有限公司、大同电力机车有限责任公司、戚墅堰机车有限公司等负责有关机型书稿的具体编写工作。

《和谐型交流传动机车技术丛书》对中国铁路各种型号的和谐型交流传动机车，从机车技术特性、结构特征以及技术参数等方面进行了全面系统的介绍，专业性和技术性强，学习和参考价值高。丛书是在长期从事铁路机车技术工作的工程技术人员和老一辈铁路机辆人多年工作成果的基础上完成的，在此向他们表示衷心的感谢。

《HXD3B型电力机车》是《和谐型交流传动机车技术丛书》系列之一。

HXD3B 型电力机车是中车大连机车有限公司研制的交流传动 6 轴干线货运电力机车，采用 C_0-C_0 轴式，持续功率 9 600 kW，单轴功率 1 600 kW，最高运行速度 120 km/h，最大启动牵引力 570 kN，最大再生制动力 480 kN，可单机牵引 6 000 t，能满足长距离区间、长大坡道、重载长大编组的货运列车的运输需要，是目前世界上单轴功率最大的干线电力机车。该型机车消化吸收了世界上先进的电力机车技术成果，装用庞巴迪铁路运输公司研制的牵引变流器、牵引电机和网络控制系统，技术性能稳定、适应范围广，为我国铁路运输生产提供了优质的技术装备。HXD3B 型电力机车自 2009 年 7 月起上线运行，在干线货物列车牵引中发挥了重要作用。

《HXD3B 型电力机车》共计十二章，第一章"概述"介绍了机车的先进性设计和机车主要技术参数；第二章"机车总体"介绍了机车总体技术参数、机车性能以及设备布置；第三章"牵引电传动系统"介绍了牵引电路、牵引变压器、牵引变流器和牵引电机；第四章"高压电器"介绍了受电弓、主断路器、高压接地开关、高压隔离开关、高压电压互感器、高压电流互感器、接地电流互感器、避雷器和高压电缆总成；第五章"辅助电气系统"介绍了辅助电路、辅助逆变器、辅助变压器、电源柜、蓄电池柜、辅助机组、机车照明和辅助电器；第六章"通风、冷却系统"介绍了机车通风方式和过滤除尘装置；第七章"微机网络控制系统"介绍了 TCN 列车通信网络、TCMS 网络控制系统和机车控制电器；第八章"制动系统"介绍了风源系统、空气管路布置、制动机、其他气动设备和基础制动；第九章"车体"介绍了主要结构参数及特点和牵引缓冲装置及变形吸能元件；第十章"转向架"介绍了技术参数、工作原理和构造说明；第十一章"车载安全监测设备"介绍了列车运行控制系统车载设备、6A 系统和 CMD 系统；第十二章"机车使用与维护"介绍了机车操纵说明和机车的维护与检查。本书还分别对第三章至第十章相关系统的典型故障及其分析和处理方法进行了介绍。

希望丛书的出版能对从事和谐系列交流传动机车运用、检修、维护的专业人员和技术管理人员掌握相关专业技术知识、提高业务能力，以及机车设计制造厂家、大专院校、科研院所以及社会各界有关人员学习、授课有所帮助。

由于编者水平有限，难免有遗漏和错误之处，诚请读者批评指正。

《和谐型交流传动机车技术丛书》编委会

2018 年 12 月 10 日

目　录

1 概　述

HXD_{3B}型电力机车是由中车大连机车车辆有限公司研制的 6 轴交流传动货运电力机车，机车采用 C_0-C_0 轴式，最大轮周输出功率 9 600 kW，最大启动牵引力 570 kN，最高试验速度 132 km/h，最高运行速度 120 km/h。HXD_{3B}型电力机车如图 1.1 所示。

图 1.1　HXD_{3B}型电力机车

1.1　HXD_{3B}型电力机车的先进性设计

HXD_{3B}型电力机车是为满足我国铁路重载货运要求设计的交流传动货运电力机车。为保证机车的重量分配，机车的主要部件牵引变压器采用下悬式安装在车体下中心部位，机械间采用中间走廊，各种屏柜和辅助机组按功能分别对称布置在走廊的两侧；车体结构能够承受 3 400 kN 的纵向静压力和 2 700 kN 的纵向静拉力；电传动系统采用交-直-交传动形式、IGBT 水冷变流机组和一体化多绕组牵引变压器；网络控制系统采用冗余的分布式结构，机车级设备之间通信采用 MVB 总线，列车级通信采用 WTB 总线；转向架驱动装置采用一体承载式结构；制动系统采用微机网络控制电空制动系统。

1.2　主要技术特点

HXD_{3B}型电力机车全长 22 781 mm，机车轮周输出功率 9 600 kW，最大启动牵引力 570 kN，最高运行速度 120 km/h。机车主要特点如下：

(1)机车总体设计采用高度集成化、模块化的设计思路。采用中间走廊，电气屏柜和各种辅助机组按功能对称布置在中间走廊的两侧；采用规范化司机室，满足单司机值乘的要求；除受电弓及支持绝缘子、避雷器以外，机车其他高压电器全部集中布置在车内高压柜内。

(2)机车装有两台结构相同的三轴转向架，牵引力传递系统采用低位斜牵引杆，具有黏着利用率高的优点。

(3)机车车体采用整体承载的框架式焊接结构，有利于提高车体的强度和刚度。车体整体能够承受 3 400 kN 的纵向静压力和 2 700 kN 的纵向静拉力而不产生永久变形。

(4)机车转向架采用滚动抱轴承半悬挂结构，二系采用高圆螺旋弹簧，低位斜牵引杆技术，小齿轮双端支撑驱动装置。

(5)采用独立通风冷却技术。机车顶盖设有密闭风腔，冷却风源从风腔进入车内，保证了风源的清洁性，减少尘埃对被冷却设备的污染，改善冷却效果。每个转向架的 3 台牵引电机由一台通风机冷却；主变流器冷却水和牵引变压器冷却油通过水、油复合冷却器经冷却塔风机冷却；另外还设置了通风机给机械间补风，保证机械间的微正压。

(6)电传动系统采用交-直-交传动，轴控技术；采用 IGBT 水冷变流机组，1 632 kW 大转矩异步牵引电机，具有启动(持续)牵引力大、恒功率速度范围宽、黏着性能好、功率因数高等特点。

(7)辅助电气系统能分别提供 2 组 VVVF 和 1 组 CVCF 三相辅助电源，对辅助机组进行分类供电，系统冗余性强；机车采用主辅集成一体式辅助电源，在机车通过分相区时辅助系统具有维持供电的功能。

(8)采用分布式微机网络控制系统，实现了逻辑控制、自诊断功能等，机车具有网络重联功能。

(9)采用下悬式安装方式的一体化多绕组牵引变压器，具有高阻抗、质量轻等特点，并采用强迫导向油循环冷却技术。

(10)采用微机控制、集成化气路的空气制动系统；机械制动采用轮盘制动。

(11)装用了双塔式空气干燥器，用于压缩空气的干燥，可降低制动系统阀件的故障率。

2 机 车 总 体

2.1 概 述

HXD3B 型电力机车设备采用模块化结构，两端各设有一个司机室，中间为机械间。机械间内设备沿车内中间走廊两侧平行布置，采用导轨安装方式固定，中间走廊宽度为 600 mm。车内设备布置以平面斜对称布置为主。

除受电弓及支持绝缘子、避雷器以外，机车其他高压电器集中布置在车内高压柜内。

机车装用 3 组由大功率水冷 IGBT 元件组成的牵引变流器，采用单轴控制技术。在每组牵引变流器内集成一台由中间直流电路供电的辅助逆变器。

机车采用分布式微机网络控制系统。

机车装用 2 台三轴低位牵引转向架，车体中部悬挂一体化多绕组牵引变压器，内部集成 3 台谐振电抗器，冷却方式为强迫风冷。

机车采用微机控制的 CCBⅡ空气制动系统。

2.2 技术参数

2.2.1 使用环境条件

HXD3B 型电力机车在下列条件下，应能按机车额定功率正常工作。

(1)海拔不超过 2 500 m。

在海拔高于 1 200 m、环境温度接近＋40 ℃、连续额定功率状态下运行时有可能出现功率限制。

(2)环境温度(遮阴处)－25～＋40 ℃。

机车基础结构按照－40 ℃运用环境设计，并预留加强防寒设备安装接口和布线空间。机车能够在－40 ℃环境下存放，加强防寒后能够在－40 ℃环境下正常运用，但是在运用前需要预热。

机车在没有外部电源的情况下在－40 ℃环境里存放时，蓄电池允许短时间使用。

(3)最大相对湿度(该月月平均最低温度不低于 25 ℃)：95 %。

(4)环境条件：能承受风、沙、雨、雪、雾、煤尘和偶有沙尘暴。

2.2.2 主要技术参数

用途	货运
电流制	单相交流 25 kV/50 Hz

工作电压	
额定值	25 kV
最高值	31 kV
最低值	17.5 kV
轨距	1 435 mm
轴式	C_0-C_0
机车整备重量	$150\times(1_{-3\%}^{+1\%})$ t
轴荷重	$25\times(1_{-1\%}^{+3\%})$ t
电传动方式	交-直-交电传动
机车轮周功率(持续制)	9 600 kW
机车持续牵引力	506.7 kN
机车启动牵引力	≥570 kN
机车持续额定速度	68.2 km/h
机车最高运营速度	120 km/h
机车最高速度	132 km/h(新轮)
牵引特性恒功率速度范围	68.2～120 km/h
机车电制动方式	再生制动
机车轮周电制动功率(持续制)	9 600 kW
最大电制动力	480 kN
再生制动恒功率速度范围	72～120 km/h
线路最小曲线半径	(300±20) m
机车安全通过的最小半径	R=125 m(5 km/h)
传动方式	滚动抱轴式单侧斜齿轮传动
传动比	104/21=4.95
空气制动机形式	电空制动机
机车总风缸容积	1 600 L
空气压缩机能力	2×2 400 L/min
车钩中心线距轨面高度（新轮）	880 mm±10 mm
受电弓滑板距轨面工作高度	5 200～6 500 mm
受电弓降下时受电弓滑板距轨面高度(新轮)	≤4 622 mm
齿轮箱底面最低点距轨面高度（新轮）	不小于 120 mm
机车排障器距轨面高度	110_{0}^{+10} mm
转向架扫石器距轨面高度	30 mm
机车前后车钩中心距	22 781 mm
机车车体宽度	2 950 mm
机车最大宽度(后视镜处于打开工作状态)	3 268 mm
机车车顶距轨面高度	3 910 mm
机车转向架中心距	12 950 mm

机车转向架固定轴距	1 950 mm
车轮直径	1 250 mm(新轮),1 150 mm(全磨耗)
紧急制动距离	
在平直道上,制动初速 120 km/h 时	≤1 100 m
在平直道上,制动初速 90 km/h 时	≤800 m
砂箱总容量	8×0.035 m^3
机车重联控制	机车能够由列车控制总线来实现至少3台机车的电气重联控制
机车过分相控制	机车具有手动、半自动和自动通过分相区的功能
外用电源库内动车	机车两侧设有 AC 380 V 动车插座

2.3 机车性能

2.3.1 牵引力特性

HXD3B 型电力机车的牵引控制采用恒牵引力、准恒速特性控制方式,机车牵引控制司机控制器手柄级位设定为 13 级,级间能够进行平滑调节。

机车司机控制器每个级位的牵引力变化设定为 80 kN,输出牵引力与级位成正比例关系,司控器每增加 1 级位,牵引力相应增加 80 kN,当级位增加到 7 级以上时,输出牵引力受最大牵引力限制,输出 570 kN。机车牵引特性控制曲线如图 2.1 所示。

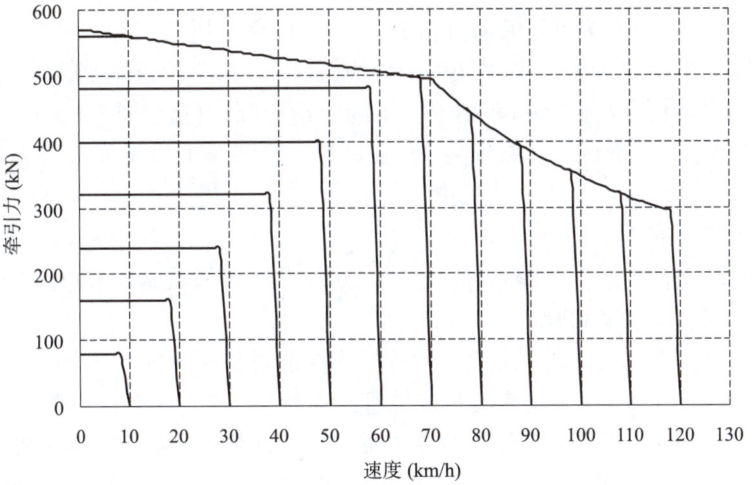

图 2.1 牵引特性控制曲线

2.3.2 电制动特性

HXD3B 型电力机车的电制动控制采用恒制动力特性控制方式。机车制动控制司机控制器手柄级位设定为 12 级，级间能够进行平滑调节，每级制动力变化 40 kN。

机车最大制动力限制为 480 kN；机车速度从 5～0 km/h 时最大制动力线性下降至 0；当机车速度大于 72 km/h 时，机车最大制动力按曲线 $F=34\ 500/v$ 进行限制，此区段为机车功率限制区。机车制动特性控制曲线如图 2.2 所示。

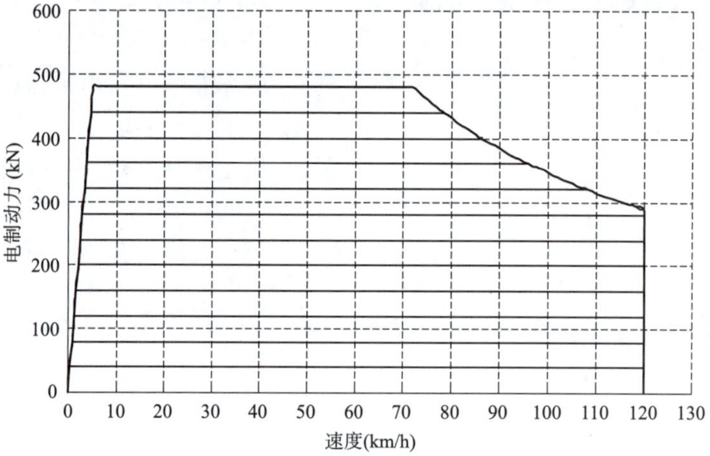

图 2.2 制动特性控制曲线

2.4 设备布置

HXD3B 型电力机车的两端各设有一个司机室，中间为机械间。在机械间内设有 600 mm 宽的中央通道，在通道左右两侧安装有变流器、通风机、空气压缩机等设备。在车体下设有两台三轴转向架及一台牵引变压器等，在顶盖上设有受电弓和车顶避雷器。车内设备布置以平面斜对称布置为主，设备成套安装，有利于机车的质量分配、制造、检修和部件的互换。全车分为司机室设备安装、车内机械间设备安装、车顶设备安装和车下设备安装等四部分，机车设备布置及外形如图 2.3 所示。

机车设备布置具有以下特点：

(1)机车两端设有司机室，机械间采用中央走廊，设备布置在通道两侧，设备屏柜化、成套化，便于设备的安装、维护和检修。

(2)在机械间内，辅助设备按功能进行布置；Ⅱ端主要布置电气设备，Ⅰ端主要布置空气管路设备，有利于缩短机车电气导线连接和空气管路连接，提高了系统的可靠性。

(3)机车电传动的主要部件 1 台牵引变压器、3 台牵引变流装置安装在机车的中心部位。质量较大的牵引变压器采用下悬式安装方式安装在车体中心部位，牵引变流装置安装在机械间中央走廊的两侧。

(4)机车设置有同时对牵引变压器和牵引变流装置进行冷却的冷却塔，采用轴流通风机进行通风冷却，2 台冷却塔靠近牵引变流器和牵引变压器安装。

(5)机车牵引变流装置 1、2 和冷却塔为整体单元布置在机车中心部位，有利于机车的质量分配。

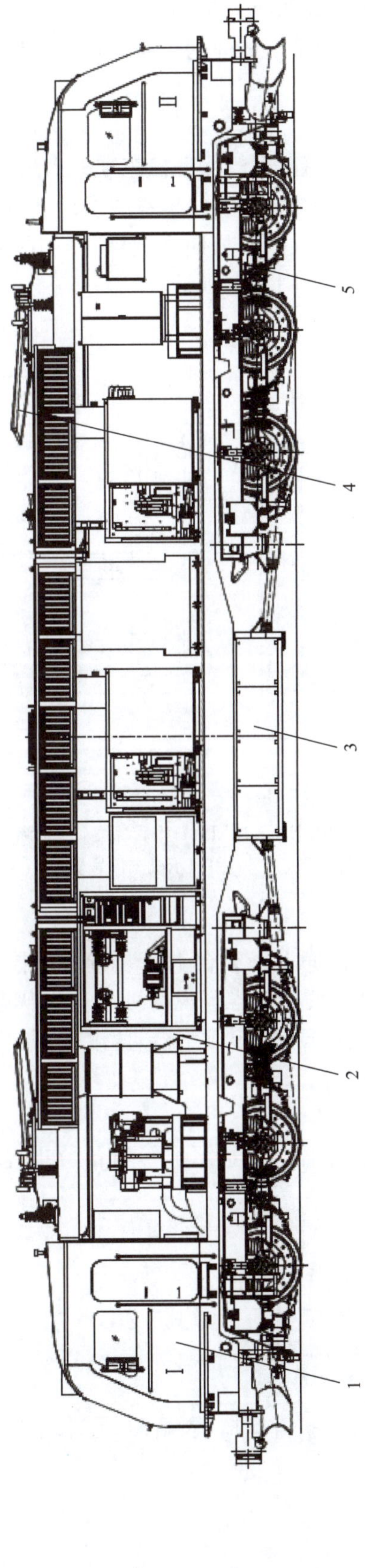

图2.3 机车设备布置及外形

1—司机室；2—机械间；3—车下及车端设备；4—车顶高压设备；5—转向架

(6)机车每个转向架设置1台轴流通风机对该架上的3台牵引电机进行冷却。

(7)机车顶盖设有夹层及过滤器,保证机械间的用风设备采集到洁净的风源。

2.4.1 司机室

司机室及操纵台的设计考虑人机工程学,既保证机车乘务人员有舒适的工作环境,又能清楚地瞭望信号和观察仪表、显示屏,且方便操作。司机室的设计适应单司机操作的要求。

在司机室内布置有两个司机座椅供乘务人员使用,座椅具有前后调节、体重调节、仰角调节、角度旋转等功能。司机室设备布置如图2.4所示。

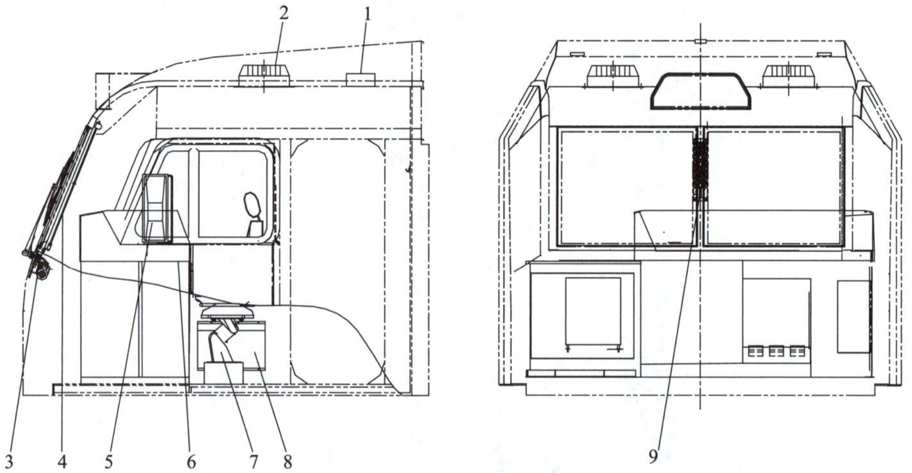

图2.4 司机室设备布置

1—司机室灯;2—风扇;3—刮雨器;4—遮阳帘;5—后视镜;6—操纵台;7—座椅;
8—侧墙暖风机;9—八灯显示机车信号机

2.4.1.1 操纵台

操纵台是机车人机交互设备,司机通过操纵台上各装置发出控制机车指令,完成机车牵引、制动等操作,通过操纵台上各个仪表、显示器等观测机车运用状态。操纵台设备布置如图2.5所示,在操纵台上设有TCMS显示器、监控显示器、速度表、司机控制器、制动控制器、扳键开关组、CIR显示器、冰箱(微波炉)等。

2.4.1.2 前墙

前墙布置有遮阳帘、前窗玻璃、刮雨器、6A显示屏等设备,在前窗的鼻梁上安装了双面八灯显示机车信号机。

2.4.1.3 左侧墙

左侧墙布置有手动旋转式后视镜、活动侧窗。

2.4.1.4 右侧墙

右侧墙布置有手动旋转式后视镜、活动侧窗。

2.4.1.5 后墙

后墙设备布置有壁炉、灭火器、固定折叠座椅、衣帽钩,另外司机侧的后墙设备布置有紧急放风阀。

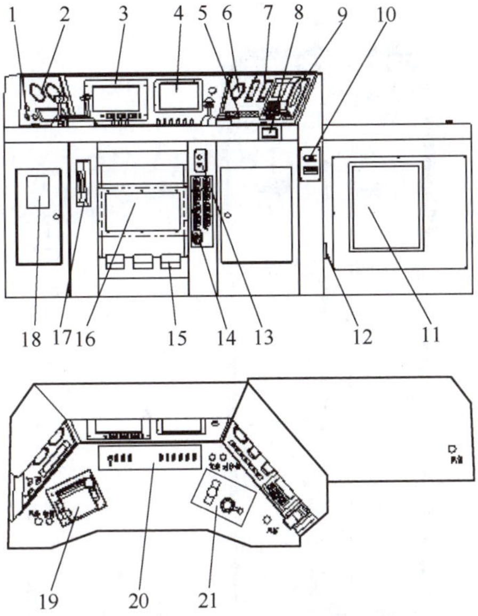

图 2.5　操纵台设备布置

1—按钮；2—压力仪表；3—监控显示屏；4—微机显示屏；5—状态显示模块；6—速度表；7—电动仪表；8—烟灰缸；9—CIR 显示屏；10—CIR 打印机；11—冰箱(微波炉)；12—电源插座；13—空调控制盒；14—万转开关；15—脚踏开关；16—膝炉；17—重联电话；18—水杯架；19—电空制动控制器；20—扳键开关组；21—司机控制器

2.4.1.6　司机室顶棚

在司机室顶棚布置有两个司机室灯，司机室灯可以实现强弱光功能。另外还布置有记点灯。

2.4.2　机械间设备布置

机械间内设备和屏柜沿车内中间走廊两侧平行布置，设备和屏柜基本采用斜对称布置，如图 2.6 所示。

主要设备功能：

(1)牵引通风机：机车设两组牵引电机，作用是冷却牵引电机，采用独立通风方式。每一独立通风支路由离心沉降过滤器、棕纤维过滤网、牵引通风机组、过渡风道、风机底座等组成，分别冷却一个转向架的 3 台牵引电机。

(2)主压缩机和干燥器：主压缩机和干燥器包括 2 个排量不小于 2 400 L/min 的空气压缩机、2 个双塔式干燥器，为制动系统提供干燥的风源，设有 2 个风笛/轮喷/撒砂控制模块。

(3)第三方设备柜：主要安装了机车的信号主机、LKJ2000 监控系统、TAX2 箱、CIR 机车综合通信设备等，实时提供机车的标识、属性和位置信息，安全控制列车速度，采集记录与列车安全运行有关的各种机车运行状态信息，并与地面进行无线通信。

(4)卫生间：机车的机械间装有用于司乘人员盥洗的整体卫生间。该卫生间由车上卫生间和车底的管道组成。车上卫生间是一个箱形壳体，卫生间装有座便器、洗手台、水箱、镜子、加热器、真空泵和污物箱等设备。整体卫生间的管道为其提供水路、气路的接入和排放以及污物

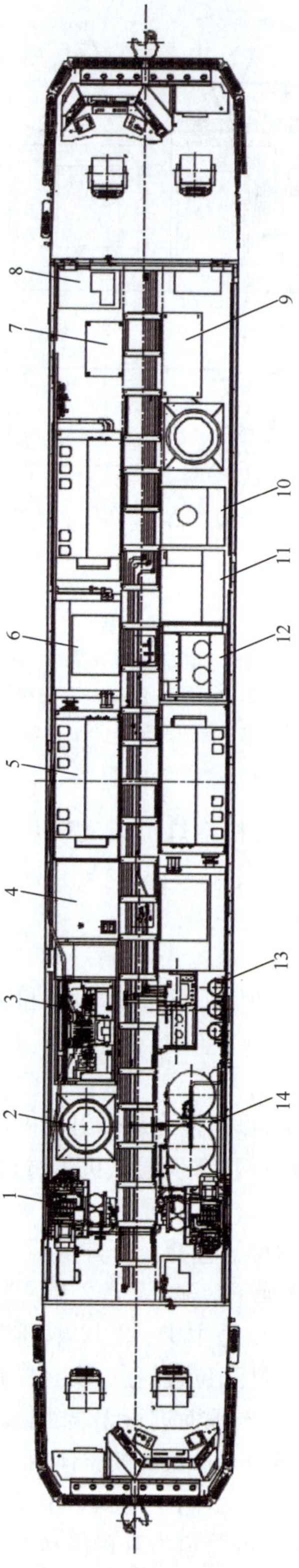

图2.6　机车主要设备布置

1—空压机组；2—牵引电机通风机；3—高压电器柜；4—低压电源柜；5—变流器；6—冷却塔；7—TCMS柜；8—空调机组；9—行车安全柜；10—控制电器柜；11—卫生间；12—辅助滤波柜；13—制动柜；14—总风缸

的排放。卫生间底部的污物箱用于收集和存储污物，内部装有液位开关、温度传感器和加热器等设备。污物的排放可以利用地面转储车采用真空抽吸方式或直接重力排放来实现。

(5)牵引变流器柜：每台机车配置三台牵引变流器，该变流器采用水冷 IGBT 模块，从牵引变压器次边取电，主电路采用二电平四象限 PWM 变流器＋VVVF 逆变器模式，包括三重四象限 PWM 变流器和三个 VVVF 逆变器，每重四象限 PWM 变流器和一个逆变器组成一组供电单元，为一台牵引电机供电，三个主电路单元共用中间直流回路。

(6)复合冷却器：机车有 2 个冷却塔，用来给机车牵引变压器和 3 个牵引变流器的冷却介质强迫通风冷却。其中 1 号冷却塔组成包括 2 个水散热器、1 个油散热器、1 个通风机及柜体和其他附件；2 号冷却塔组成主要包括 1 个水散热器、1 个油散热器、1 个通风机、1 个变压器储油柜及柜体。

(7)辅助配电柜：机车设有一个辅助电器柜，用来安装控制各类辅机的三相接触器、三相自动开关、控制各路直流负载的单极自动开关、全自动过分相控制装置、用于分布式网络控制的输入输出(I/O)模块等部件，并具有提供单相辅助电源的功能。

(8)微波炉：机车配备转波式微波炉，为乘务员提供的必要生活设施，主要用于加热食品。

(9)辅助变流器柜：辅助变流器从中间直流环节取电，通过逆变为机车辅助系统所有负载提供三相电源。

(10)控制电源柜：主要功能是通过 AC-DC 整流，将机车辅助系统单相交流 220 V 电源变为直流 110 V 电源，为机车提供 110 V 电源，并为蓄电池组充电。

(11)蓄电池柜：蓄电池柜内布置有 48 节铅酸蓄电池，在蓄电池充电机不工作的情况下为机车提供控制电源。

(12)空气管路柜：集成了空气制动机和空气管路系统相关部件以及 MVB 网络的相关接口，为机车空气制动系统的核心组成部件；其上还装有辅助压缩机组等部件。

2.4.3 车顶设备布置

机车两端的顶盖上布置有受电弓、车顶避雷器及高压电缆车顶高压套管(图 2.7)。在中央顶盖上设有检修用天窗，由此上车顶进行检修和维修作业。为确保安全，天窗设置了钥匙联锁装置。司机室作为独立的部分，在其顶部设置了各种必要的天线。

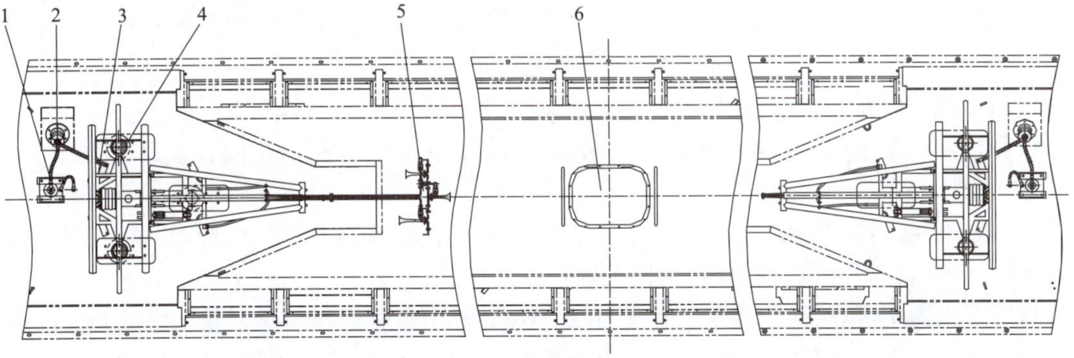

图 2.7 车顶设备布置

1—车顶避雷器；2—高压电缆车顶高压套管；3—受电弓；4—受电弓支持绝缘子；5—风笛组件；6—天窗

2.4.3.1 Ⅰ、Ⅱ端顶盖设备布置

Ⅰ端顶盖设备布置与Ⅱ端顶盖设备布置完全一样，顶盖上布置有受电弓、受电弓支持绝缘子、车顶避雷器、高音风笛、低音风笛。两个顶盖的结构和安装尺寸也完全相同，但由于Ⅰ、Ⅱ端高压电缆车顶套管安装在同一侧，因此两个顶盖不可以互换安装。顶盖上设置有牵引电机冷却风进风口，顶盖设成空腔结构，两侧装有风源过滤器。

2.4.3.2 中央顶盖设备布置

中央顶盖上设有检修用天窗，由此上车顶对车顶设备进行检修和维护作业。为确保安全，天窗与接地开关之间设置了钥匙联锁装置。

2.4.3.3 顶盖天线布置

司机室顶部设置有电台、监控等通信设备天线(图 2.8)，接收 GSM 信号和 GPS 信号等。

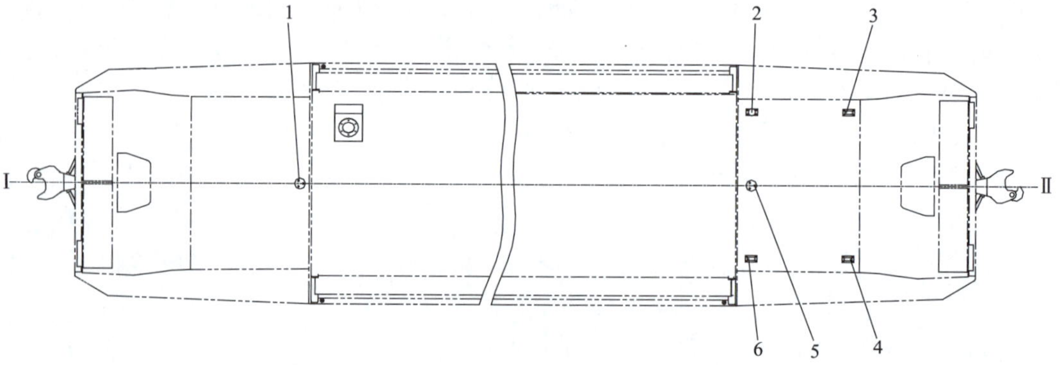

图 2.8 司机室顶部天线布置

1—GPS 天线；2—CIR/GPS 天线；3—CIR/GSM-R 数据天线；4—CIR/GSM-R 语音天线；
5—WLAN/GPRS 天线；6—CIR/450 MHz 天线

2.4.4 车下与车端设备布置

牵引变压器悬挂在机车车下中部，以牵引变压器为中心对称布置了 2 台转向架。车下还配置了 380 V 电源插座、DC 110 V 电源插座、行灯插座、机车电子标签、速度传感器、重联插座等设备。车下与车端设备布置如图 2.9 所示。

(1)转向架：两台 C_0 转向架分别位于 1、2、3 和 4、5、6 位牵引通风机的下方，中心距为 12 950 mm。

(2)车载感应器：给自动过分相装置提供地面信号，安装在每个转向架一侧。

(3)控制回路库用插座：当机车在车库内时，给蓄电池充电和给车内控制系统提供直流 110 V 电源。

(4)牵引变压器：牵引变压器采用车体下悬挂安装方式，安装在车体中部，其作用是将接触网上的 25 kV 高电压降为低电压，为机车供电源。

(5)库用插座，包括行灯插座、380 V 电源插座。其中行灯插座为车下照明提供 DC 110 V 电源；当机车在库内动车时，通过 380 V 电源插座将 AC 380 V 交流电输入到机车的辅助回路系统，经辅助隔离变压器升压后由对应辅助逆变器整流向其中间直流回路充电，中间直流回路

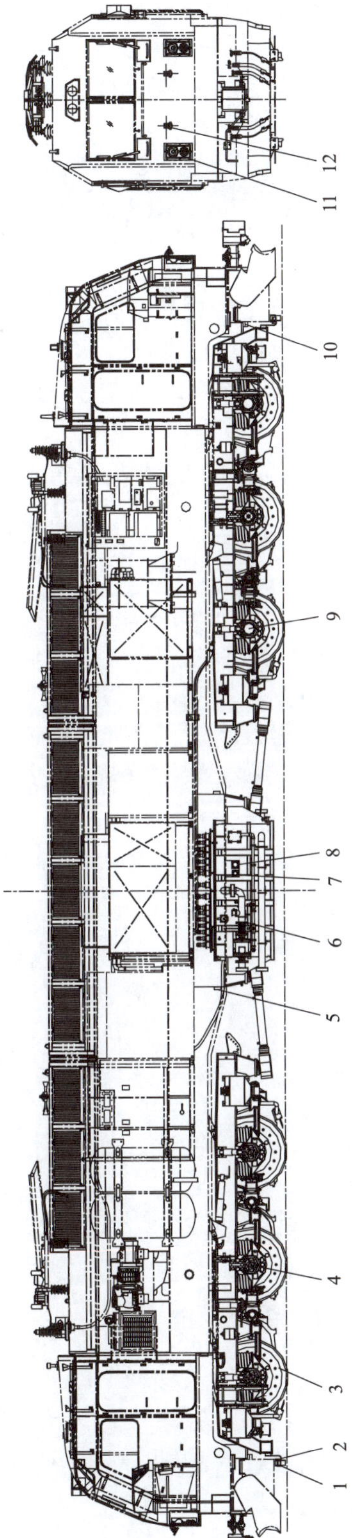

图2.9 车下与车端设备布置

1—过分相感应线圈；2—信号互感器；3—转向架；4—速度传感器；5—车底灯；6—牵引变压器；
7—380 V电源插座；8—110 V电源插座；9—接地装置；10—电子标签；11—标志灯；12—重联插座

上的电压建立后通过其中一个电机逆变器向对应牵引电动机供电；当机车在车库内时，通过 380 V 插座给辅助回路各电气设备提供三相 380 V/50 Hz 电源。

（6）轴端速度传感器：给监控系统提供机车速度信号，速度传感器安装于 2、5 轴轴端，对称布置。

（7）机车信号接收线圈：给信号安全系统提供地面信号，安装在车端排障器的后方距轨面高度 150 mm，安装座高度可调，当轮缘磨耗后可把接收线圈对轨面的距离调整到规定值，每端两个。

（8）辅照灯及标志灯：机车前窗玻璃下部左右两侧各有一个辅照灯和一个红色标志灯，其中辅照灯用于机车近距离的照明并提供白色信号标志，标志灯用于提供红色信号标志。

（9）外重联插座：机车前窗玻璃下部各有一个重联插座，主要用于机车重联时传递控制指令和状态信息等。

（10）前照灯：前照灯安装在机车两端司机室的顶部，为机车安全行驶提供必要的照明。

3 牵引电传动系统

3.1 概　　述

HXD_{3B}型电力机车电传动系统是按 AC 25 kV/50 Hz 牵引供电制式设计的，能适应我国铁路接触网电压范围较宽的特点。机车电传动系统采用交-直-交电传动形式，由 1 台牵引变压器、3 台牵引变流柜和 6 台牵引电机构成，实现了机车的轴控技术。采用再生制动，再生制动时将机车机械能转换为电能反馈回电网，达到了节能的效果。

机车采用牵引变流器、辅助逆变器集成供电模式，共用冷却系统、机械结构和电气部分，降低了变流设备的质量、体积，增强了系统的可靠性。

3.2 牵引电路

3.2.1 牵引电路结构

HXD_{3B}型电力机车通过网侧回路的受电弓、主断路器等将网侧电源送至牵引变压器原边。牵引变压器次边 6 个独立的牵引绕组分别向 3 个牵引变流柜的 6 个四象限变流器供电，每 2 个四象限变流器并联后共用一个中间直流电路，每个中间直流电路同时向 2 个牵引电机侧牵引逆变器和 1 个辅助逆变器供电。每个牵引逆变器对应一台牵引电机，实现了机车的单轴独立控制。机车再生制动过程电能流向相反。3 个辅助逆变器经过降压、隔离、滤波后，形成三组独立的辅助电源，分别向机车的辅助系统供电。电路原理如图 3.1 所示。

牵引电路按其主要功能和电压等级可分为网侧电路、四象限变流电路、中间直流回路、牵引逆变电路、辅助逆变电路、保护电路和库内动车电路等部分。

3.2.2 网侧电路

网侧电路原理如图 3.2 所示，其主要功能是从网侧获取电能，属于 25 kV 等级高压电路。每台电力机车网侧电路由 2 架受电弓、2 个高压隔离开关、1 个带接地开关的主断路器、3 个避雷器、1 个高压电压互感器、3 个原边电流传感器、牵引变压器的原边绕组和 6 个轴端接地装置等组成，从功能上可以分为网侧受流、网侧检测和网侧保护等。

3.2.2.1 网侧受流过程

接触网电流通过受电弓，经 25kV 高压电缆进入车内，并经高压柜内的高压隔离开关 QS1 或 QS2 和主断路器 QF1 相连，再依次穿过电流传感器 TA1 和 TA2 与牵引变压器 TM 的原边绕组输入 A 端子连接，经牵引变压器原边绕组后，从输出 X 端子流出，穿过电流传感器 TA3，最后通过 6 个并联的回流接地装置 EB1～EB6、轮对和钢轨，返回变电所。

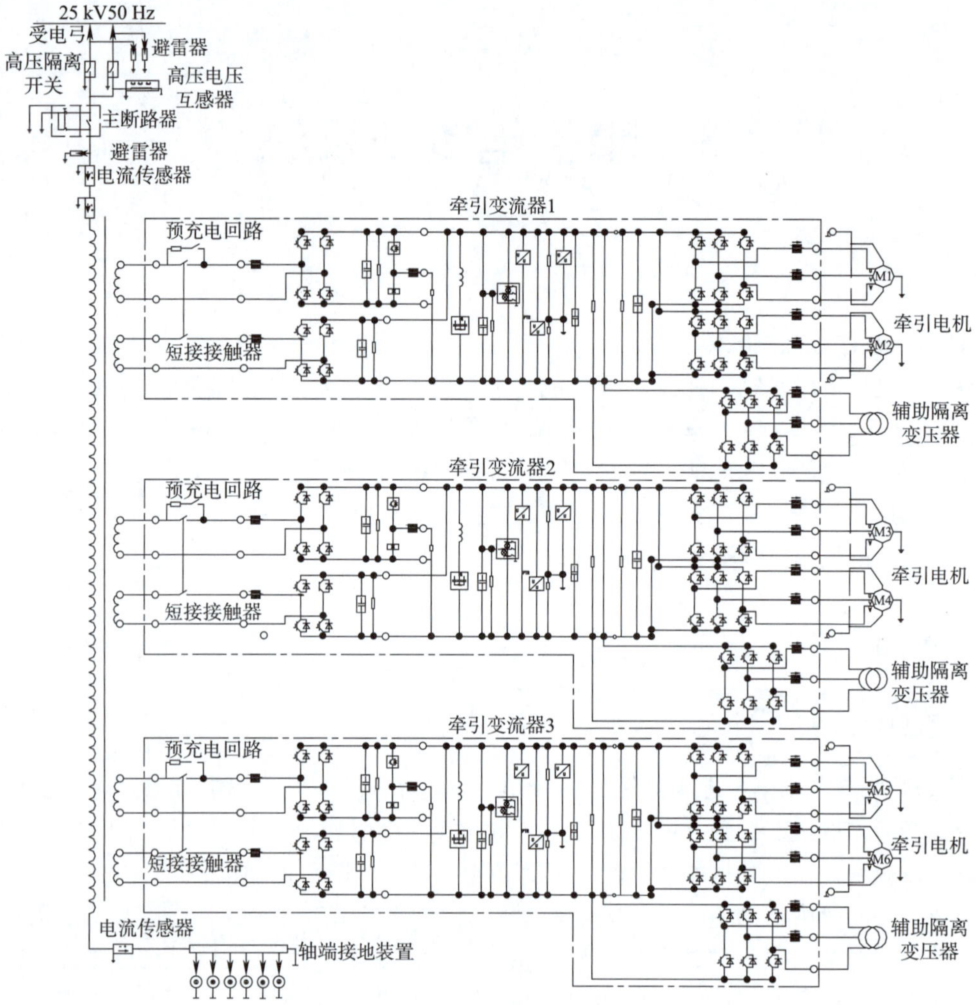

图 3.1　牵引电路原理

3.2.2.2　网侧检测

通过高压电压互感器、原边电流传感器和回流电流传感器等检测器件，向机车控制系统（CCU）、模拟监测保护装置 AMP、变流器控制单元 DCU 和能耗表等提供网侧电压和电流信号。能耗表显示机车从电网取得的电能和机车再生制动向电网反馈的电能，同时还可以显示网压。

3.2.2.3　网侧保护电路

（1）网侧过载短路保护

当流经原边电流传感器的电流超过整定值时，通过 AMP 模拟检测保护模块直接分主断进行保护。

（2）网侧过压保护

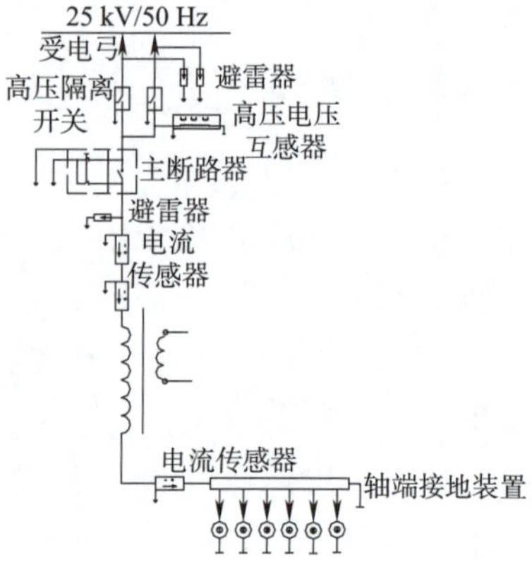

图 3.2　机车网侧电路原理示意

车顶和高压柜内分别装有避雷器,主要用于抑制雷击过电压和机车运行中的操作过电压。

(3)网压监测保护

通过高压电压互感器的检测,在网压不正常的情况下 AMP 模拟检测保护模块直接分主断,保护主电路的相关设备。

(4)网侧过流保护

当网侧电流的有效值或浪涌值在一定时间内超过保护极限值时,AMP 模拟监测保护模块直接分主断进行保护。

(5)原边接地保护

微机网络系统通过监测原边电流和接地回流电流的差值,进行原边接地故障的判定,并通过微机显示屏将原边接地故障进行报警提示。

(6)牵引变压器次边短路保护和变流器短路保护

如果变压器二次线圈或主变流器发生短路时,通过变流柜内的电流传感器进行实时监测,可瞬间断开主断。

除网侧保护外,主电路的其他部分故障、辅助变流器故障时,也通过分断主断路器来实现保护。如遇主断路器失效而无法断开网流时,则采用强行降弓的方式切断网侧的电源。

3.2.3 四象限变流电路

四象限变流器在牵引工况下进行交-直变换,为中间直流回路提供电能;在再生制动工况时,四象限变流器进行直-交变换,将电能回馈给电网。

如图 3.1 所示,牵引电路中有 3 套独立的牵引变流器。在每台牵引变流器中,由 1 个预充电电阻、1 个预充电接触器和 2 个短接接触器把 2 个四象限变流器和牵引变压器的 2 个次边牵引绕组连接起来,2 个四象限变流器将交流电变换成直流电,并联向中间直流回路供电。四象限变流电路使得中间直流回路的电压保持稳定,并使变压器次边的功率因数接近于 1。

3.2.4 中间直流回路

中间直流回路由中间支撑电容、二次谐振电路、保护电路和接地检测电路组成。

3.2.5 牵引逆变电路

牵引逆变电路根据机车运行要求,将中间直流电压变换为所需要的频率和幅值的三相交流电压。每台牵引变流器包含 2 个牵引逆变器,每个牵引逆变器向对应的 1 台牵引电机供电。

3.2.6 辅助逆变电路

每个牵引变流器包含 1 个辅助逆变器,与电机侧牵引逆变器共用中间直流回路。3 个牵引变流器内的 3 组辅助逆变器可以独立提供 2 组变压变频(VVVF)三相电源和 1 组定压定频(CVCF)三相电源,其输出送入辅助隔离变压器,经过降压、隔离和滤波,向各类辅机供电。

3.2.7 牵引变流器及牵引电机短路保护

牵引变流器可实现四象限变流器、电机侧牵引逆变器和辅助逆变器模块的过压和过流保护。当牵引电机端子或绕组内发生短路时，电机侧牵引逆变器或四象限变流器的触发脉冲将被封锁，并断开主断路器。

3.2.8 库内动车电路

AC 380 V 交流电通过任一库用插座引入到机车的辅助回路系统，经辅助隔离变压器升压后由对应辅助逆变器整流向其中间直流回路充电。中间直流回路上的电压建立后通过其中一个牵引逆变器向对应牵引电动机供电，实现机车限速 5 km/h 的库内动车。库内动车时，司机首先通过微机显示屏选择库内动车模式，再操纵主司机控制器完成机车运行方向的选择和速度控制。具体电路原理如图 3.3 所示。

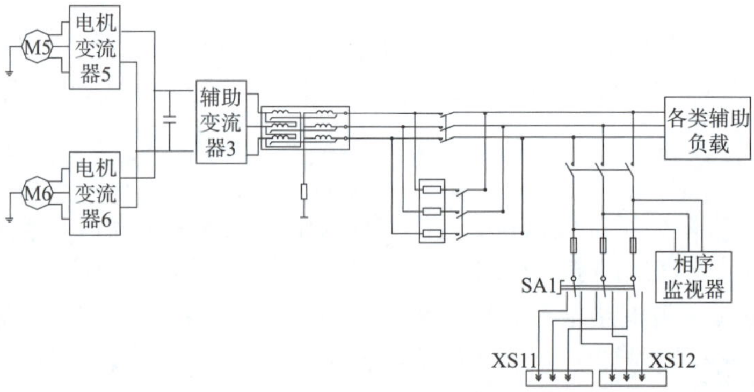

图 3.3 库内动车电路原理

3.3 牵引变压器

HXD3B 型电力机车采用 JQFP-11620/25 型牵引变压器，牵引变压器采用下悬式安装方式的一体化多绕组结构，内装 1 台牵引变压器和 3 台谐振电抗器。牵引变压器将 25 kV 的网压转变成 1 500 V 送至 3 个变流柜中的 6 个四象限变流器，再经中间直流回路、牵引逆变器，向 6 台三相交流异步牵引电机供电，同时，由中间直流回路经辅助变流器向辅机供电。谐振电抗器用于机车主电路的中间直流回路，与机车的谐振电容器组成谐振电路，以滤除回路中 100 Hz 的谐波电流。

在机车电制动状态时，机车通过牵引变压器向接触网回馈能量。

3.3.1 主要技术参数

型号	JQFP-11620/25
额定容量	11 622/1 937 kV·A
额定电压	25 000/1 500 V

额定电流	465/1 291 A
联结组：	I-I0,I0,I0,I0,I0,I0
频率	50 Hz
冷却方式	ODAF
油流量	2×72 m^3/h
负载损耗	320 kW(基波,换算到 85 ℃)
阻抗电压	48%
空载损耗	3 kW
空载电流	0.16%
质量(包括谐振电抗器)	13 800 kg
油量	2 700 kg
外形尺寸	2 900 mm×2 634 mm×1 487 mm

3.3.2　电气原理

变压器是依据电磁感应原理将一种电压等级的交流电能变成同频率的另一种或多种电压等级的交流电能制成的静止感应电器,电气原理如图 3.4 所示。

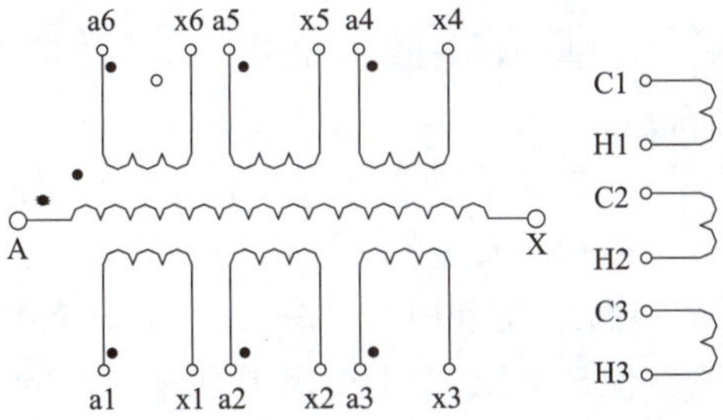

图 3.4　牵引变压器电气原理

3.3.3　外形及结构

3.3.3.1　牵引变压器外形

牵引变压器外形如图 3.5 所示。

3.3.3.2　牵引变压器结构

牵引变压器主要由铁芯和线圈组成,器身采用同心式结构,线圈布置采用层式,牵引变压器的设计以满足机车总体对几何尺寸和绕组短路阻抗电压等要求为目标,合理选择铁芯磁通密度、绕组电流密度、主空道尺寸等参数,进行电磁计算及结构设计,合理选择油泵、散热器和风机及其他附件。

(1)铁芯

牵引变压器铁芯为拉螺杆心式结构,主要组成部分是硅钢片、上夹件、下夹件、拉螺杆等。芯柱采用多级近似圆形的截面;铁轭为矩形截面;为提高铁芯强度接缝采用直接缝,芯柱硅钢片冲工艺孔,叠片时起定位作用,叠片整齐、工艺简单。芯柱用不锈钢板夹持,再用粘带整体捆

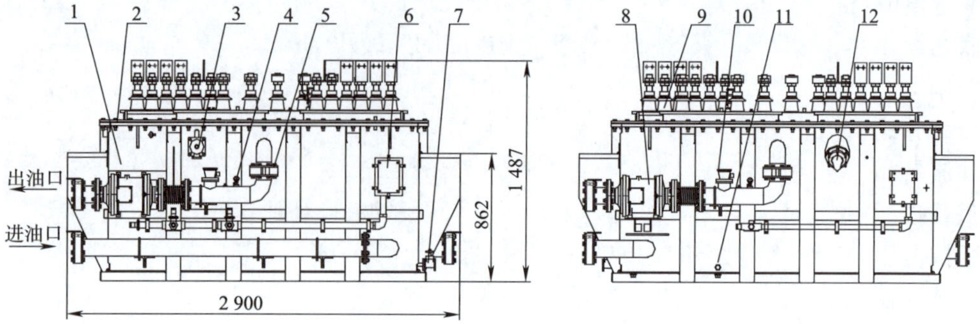

图 3.5 JQFP-11620/25 型牵引变压器

1—油箱；2—箱盖；3—压力释放阀；4—温度传感器；5—蝶阀；6—端子箱；
7—放油阀；8—油泵；9—低压套管；10—油流继电器；11—油样活门；12—高压套管

扎，铁轭用穿芯螺杆使硅钢片与夹件构成一个整体。

铁芯上、下夹件由不锈钢板焊接而成。为了实现强迫导向冷却，下夹件除用作夹紧铁芯外，还具有集油腔的功能。两个下夹件通过连接管路，使油压均衡，同时提高了夹件的刚度，不易变形。上下夹件间使用 6 根不锈钢拉螺杆紧固器身。

(2)线圈

牵引变压器分有左、右柱 2 个线圈，每柱线圈各有 3 个牵引绕组以及和其相对应的 3 个高压绕组，牵引绕组在内，高压绕组在外。

线圈采用多层小油道的结构，与油道层数少的大油道线圈相比，在相同的线圈体积下，增大了线圈导体的散热面积，可以使相同质量的导体增加载荷量。

线圈采用全分裂结构。6 个高压绕组相互并联；6 个牵引绕组之间互不相连，相互退耦。线圈采用层式结构，绕制较为方便。高压、牵引绕组导线外包 Nomex 绝缘纸，提高变压器使用寿命，增加线圈机械强度。牵引绕组采用自黏性换位导线绕制，绕制工艺简单。

(3)引线

引线采用纸包电缆出线，电流大的引线采用多根并联，容易弯曲，占用空间少。采用先集中后分散的结构。在线圈上方的布线板上布置各引线端子的导电杆；充分利用器身中部的空间，采用引线架先将所有引线电缆集中在一起，再分别引向各自的出线端子。该结构相对以往的引线结构更紧凑。引线电缆连接不采用明火焊接，而采用冷压接工艺，操作简单。

(4)油箱及油流导向结构

油箱采用钢板焊接结构。外部采用槽钢作加强筋，构成网状结构。安装座位置焊有补强板及加强筋。油箱内壁焊接磁屏蔽。在油箱下部装有油样活门，注油用活门等。

牵引变压器的油流导向结构分别设置在油箱和器身中，油箱一端的底部设有集油腔，从冷却塔油散热器流出的冷却油流经过油箱底部的管接头进入油箱集油腔，器身夹件上的导油管插入油箱集油腔法兰中，使夹件集油腔与油箱集油腔连通，冷却油流从夹件出油孔流出后，在器身下压板的环形油腔和下铁轭绝缘中充分缓冲分流，流入线圈的各油道中，均匀地在线圈层间流动、冷却，再由线圈上铁轭绝缘处流出到达油箱顶部，最后油泵把热油通过油箱上部的管道抽出，送往油散热器进行冷却，如此往复循环。油箱集油腔上部安装有电抗器，在集油腔顶部盖板上开有出油孔，按功率损耗比例将冷却油流分流出一部分供电抗器冷却，使油箱内部的变压器油充分参与到冷却循环中。

(5)谐振电抗器

电抗器采用空心盘式结构，线圈中心的磁通不易饱和，具有在不同工作电流下电感值恒定的特点。

谐振电抗器主要由线圈、外铁轭和引线等3个组成部分。线圈采用双饼式绕组。外铁轭由上下铁轭和2个旁轭组成，包裹在线圈的外面，由于电抗器采用空心结构，线圈内没铁芯。外铁轭为矩形截面，下铁轭与2个旁轭叠积后用穿芯螺杆固定，再用4个压梁和4根拉螺杆将上铁轭和下铁轭以及旁轭固定成整体。电抗器的引线采用铜排焊接。电抗器的主要技术参数如下：

型号	LKD-0.55
结构形式	空心盘式
电感值	0.55 mH
额定电流	1 040 A
额定频率	100 Hz

(6)油泵

油泵采用轴流泵。该泵采用铸铝外壳，质量轻。当油泵功率达到8.7 kW时，产生的压强为1.9 bar，流量为72 m^3/h。

(7)附件及保护功能

牵引变压器安装有3个温度传感器、2个油流继电器、1个压力释放阀和1个布赫继电器(安装在2号冷却塔上)等设备，具有温度、油流、压力、气体等保护功能。

3.3.4 保护功能

(1)油温保护

牵引变压器具有油温检测功能，设有温度传感器检测变压器油温，可在微机显示屏上查询变压器油温，根据检测到的油温实现对牵引变压器的逐级降功、停止输出并断主断的分级保护。

(2)油流保护

牵引变压器两路油路循环支路各设有一个油流继电器，当循环油量低于设定值时继电器输出保护信号。

(3)压力保护

牵引变压器上设置了压力释放阀用于压力保护，当牵引变压器内部气压过高时，压力释放阀动作，并通过其辅助触点反馈给机车控制系统，同时在显示屏显示报警信息。

(4)布赫继电器保护

在变压器油箱与储油柜之间的管路上装有布赫继电器，布赫继电器具有气体报警和流速报警功能。

3.4 牵引变流器

HXD3B 型电力机车装有三台牵引变流器，每台牵引变流器包含两个四象限变流器、两个电机侧牵引逆变器和一个辅助逆变器，他们共用一套中间直流电路。其中两个电机侧牵引逆变器分别生成两组三相变压变频电源来驱动机车的两个异步牵引电动机，一个辅助逆变器从中间直流电路取电，生成三相交流电后经后续的辅助隔离变压器和滤波环节等向机车辅助系统供电。

3.4.1 技术参数

3.4.1.1 主要技术参数

四象限变流器	
标称输入电压	单相交流 1 500 V
输入频率	50 Hz
IGBT-开关频率	350 Hz
额定输入电流	1 300 A
牵引逆变器(对牵引电动机供电)	
额定输出电压	3 AC 0～2 183 V
标称输出电流	530 A
最大输出电流	660 A
IGBT-开关频率	最大 400 Hz
中间直流回路	
牵引/制动工况中间直流回路电压	DC 2 800 V
控制电压	
控制电压(机车蓄电池)	DC 110 V
辅助逆变器	
标称输出电压	1 130 V
标称输出电流	84.4 A
输出频率	变频电源 15～60 Hz，定频电源 60 Hz
辅助逆变器持续运行标称输出功率	180 kV·A

3.4.1.2 冷　　却

冷却方式	水冷

3.4.1.3 机械参数

长×宽×高	2 300 mm ×1 050 mm×2 020 mm
质量(含冷却液)	2 050×(1±4%) kg

3.4.2 基本原理介绍

牵引变流器电气原理如图 3.6 所示。

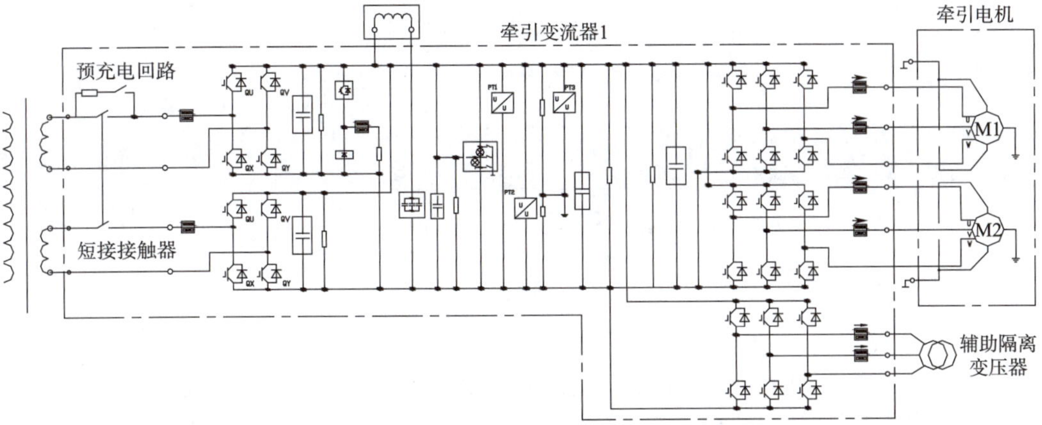

图 3.6 牵引变流器电气原理

25 kV/50 Hz 交流接触网与牵引变流器的能量传输通过牵引变压器间接完成。牵引变流器柜中的四象限变流器通过预充电单元和短接接触器与牵引变压器的次边绕组连接。牵引变流器工作时，将牵引变压器次边绕组单相交流电转变为恒定的直流电供给中间直流回路，中间直流回路中包含有中间支撑电容、二次谐振电路、接地检测电路，通过电机侧逆变器将中间直流回路中的电能转换为频率、电压可调的三相交流电，提供给三相异步牵引电动机。通过辅助逆变器将中间直流回路中的电能转换为频率、电压固定或可调的三相交流电，提供给机车辅助系统。

牵引变流器作为一台完整的组装设备，安装在机械间内。牵引传动控制单元(DCU)位于牵引变流器柜内部，中央控制单元(CCU)位于牵引变流器的外部。操作性和指示性器件布置于司机室内靠近司机的位置，牵引变流柜上不设置操作控制和显示元件。牵引变流器必须和网侧电路、主变压器及牵引电机一起工作。

3.4.3 结构简介

3.4.3.1 短接接触器和预充电电路

如图 3.7 所示，每组牵引变流器包含一个短接接触器和一组预充电回路，牵引变流器内的两个四象限变流器共用一组预充电回路。短接接触器用于控制四象限变流器与变压器次边绕组的通断。当牵引变流器故障或需要被隔离时，可以通过断开短接接触器隔离对应牵引变流器。

预充电回路由预充电电阻和预充电接触器构成。当牵引变流器投入运行时，首先闭合预充电接触器，经过充电电阻限流，向中间直流回路支撑电容充电。当中间直流回路电压达到预充电目标值后，再闭合短接接触器，并断开预充电接触器切除充电电阻，实现两台四象限变流器并联向同一中间直流环节的供电，通过预充电回路可避免大电流冲击。

3.4.3.2 四象限变流器

在每台牵引变流器中有两个四象限变流器，每个四象限变流器由并联的桥臂组成，如图 3.7 所示。四象限变流器可以实现交流到直流的整流变换功能，也能实现直流电变换为交

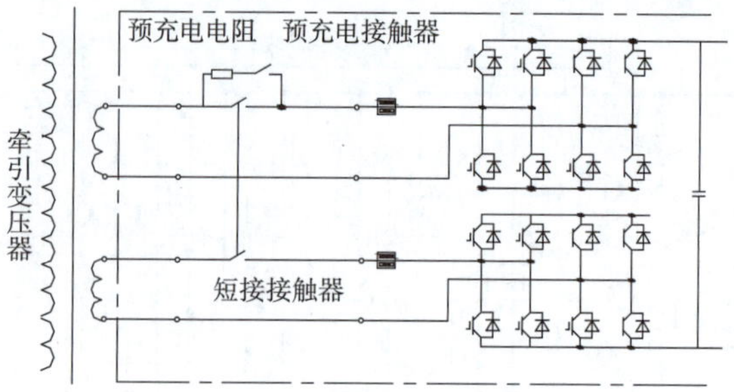

图 3.7　四象限变流器原理

流电回馈电网的逆变功能。同时高的短路阻抗可以滤除一定的谐波分量，改善电网的品质。

四象限变流器是一个脉宽调制变流器，它将电源的交流电压，通过脉冲宽度和相位控制，控制中间直流电压的幅值和流入牵引变流器的交流电流波形和相位，使交流电流的波形尽量接近正弦，同时使得交流侧的基波电压和基波电流的相位差接近于 0，这样既限制了谐波电流分量，又提高了机车功率因数。通过对电压和电流间相位角的控制，能实现变流器在全部四个象限内工作。四象限变流器可以完成以下任务：①实现从网侧到直流侧或直流侧到网侧的功率传递；②稳定中间直流回路电压；③优化机车功率因数；④降低网侧电源失真。

3.4.3.3　中间支撑电容

中间支撑电容作为中间直流回路的储能器件，起缓冲和平滑中间直流回路电压的作用。为了保证四象限变流器、电机侧牵引逆变器及辅助逆变器之间实现瞬时功率平衡，必须设置储能电容。储能电容还用于向牵引电动机提供基波无功功率和高次谐波通路。每个牵引变流器内的中间支撑电容除分布于变流器功率模块外，剩余部分与谐振电容一起安装于牵引变流器后部的电容区，如图 3.8 所示。

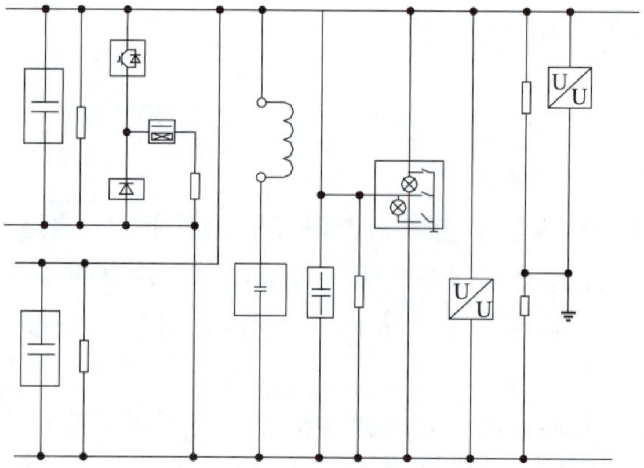

图 3.8　中间直流回路原理

3.4.3.4　固定放电电阻器及接地检测电阻

高阻值电阻器并联在变流器的中间直流回路和二次谐振电容器上。这些电阻器用于变流器非正常关闭后电容的放电。每组主电路单元单独配置固定放电电阻，并联接在直流支撑回路电容和谐振吸收电容上。变流器停机后，如果斩波快速放电回路有故障不能泄放中间直流电能，则固定放电电阻可在一定时间内将中间直流回路电能（支撑电容电压）放至安全电压以下。

接地故障检测电路由跨接在中间直流回路的两个不对称串联分压电阻和电压检测传感器组成。两个分压电阻之间与地相连，通过监测该电压传感器的输出电压范围，进行牵引变流器的接地故障检测。接地监测系统可以监测整个牵引变流系统的接地故障，包括牵引侧的牵引变压器、牵引变流器内部的各类变流器、中间直流回路及牵引电动机。当回路出现一点接地故障时，接地检测电路动作，进行接地故障报警，故障牵引变流器不隔离，机车可以继续运行。

3.4.3.5　二次谐振回路

谐振电容与谐振电抗器一起构成二次谐振回路。设置二次谐振回路，是为了缓冲由接触网单相供电引起的中间直流回路2倍网侧基波频率的功率脉动。谐振电抗器安装在牵引变压器的油箱内，谐振电容位于牵引变流器后部的电容区。为了保证谐振频率的精确，谐振电容器分为固定的基础电容器和电容值可以调节的电容器。

3.4.3.6　过压斩波保护电路

如图3.8所示，过压保护环节即过压斩波器，由IGBT开关管、放电电阻及电流传感器构成，位于变流器功率模块内，并联于中间直流回路。

斩波保护电路用于中间直流过压、短路保护及停机后的快速放电，当中间直流电压过高时，开通斩波电路，将能量通过电阻以热能的方式消耗，抑制过电压。当出现贯穿短路时，主断路器分断网侧电路，DCU封锁四象限变流器、电机侧牵引逆变器和辅助逆变器的触发脉冲，并触发斩波管导通，吸收短路回路释放的能量。

3.4.3.7　电机侧牵引逆变器

牵引变流器内的2个电机侧牵引逆变器是由IGBT元件组成的三相PWM变流器，它们共用一套中间直流电路，分别采用变压变频（VVVF）方式向2台牵引电动机供电，实现机车的轴控控制，如图3.9所示。

牵引模式下电机侧牵引逆变器工作在逆变工况，可以产生变压变频三相电源向异步牵引电动机供电；再生制动模式下电机侧牵引逆变器工作在整流工况，即将机车的机械能转为电能回馈给电网。

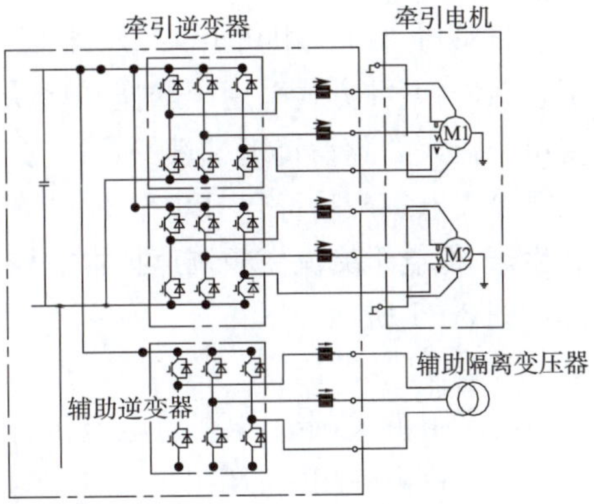

图3.9　电机侧牵引逆变器、辅助逆变器原理

3.4.3.8　辅助逆变器

机车辅助逆变器采用4.5 kV/600 A规格的IGBT元件组成三相PWM变流器，其输入电源取自牵引变流器的中间直流回路。三个牵引变流器内的3组辅助逆变器可以独立提供2组变压变频（VVVF）三相PWM电源和1组定压定频（CVCF）三相PWM电源，电源经AFC辅助滤波柜内的辅助隔离变压器的降压、隔离和滤波后，向各类辅机供电，如图3.10所示。机车辅助电源具有冗余控制功能，当一组辅助逆变器发生故障时，通过故障切换为另外两组辅助逆变器仍可满足整车辅助系统的供电要求。

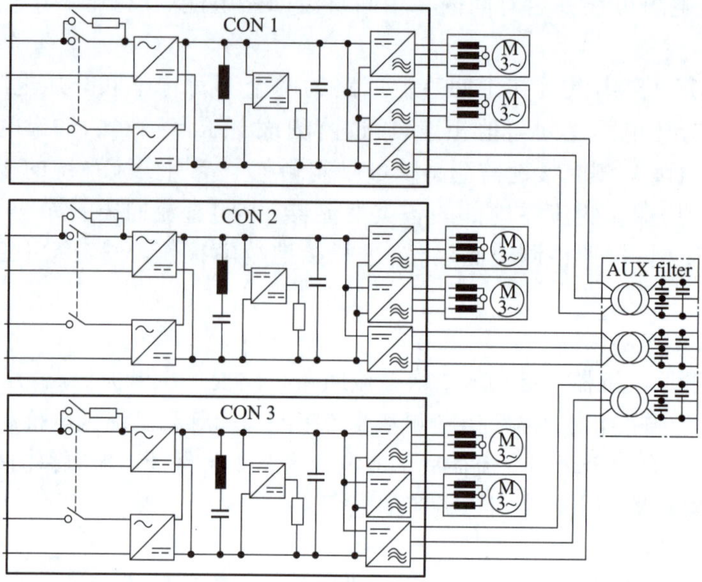

图 3.10　三组辅助逆变器原理示意

3.5　牵引电机

3.5.1　牵引电机的特点

HXD3B 型电力机车用牵引电机是一个 4 极三相鼠笼式单轴承异步电动机，冷却方式采用强迫风冷，悬挂方式采用半悬挂、单级斜齿轮传动。该电机为逆变器供电特别设计，可降低逆变电源造成的脉动转矩、损耗和噪声。

牵引电机产品符合 IEC 60349-2 标准。每台机车由六台牵引电机驱动。牵引电机的设计和生产，得益于交流变频调速技术的发展，具有功率大、扭矩大，体积小、质量轻等特点。其外形如图 3.11 所示。

3.5.1.1　功　　能

在牵引模式，牵引电机将电能转变为机械能，在制动模式牵引电机将机械能转变为电能。

当电机由三相电源供电时，定子绕组将产生旋转的正弦分布磁动势，作用在气隙上的磁动势产生相应的旋转磁场。基波磁场以同步速度旋转。该同步转速是电源频率在特定电机极对数下形成的。旋转磁场在转子导条中产生与同步转速和转子转速的差值成比例变化的电压，该电压将在转子回路中产生电流，转子电流和定子磁场在转子上产生机械转矩。电源电压和频率控制电机转矩，电源频率和转差率控制电机转速。

3.5.1.2　牵引电机的工作特点

牵引电机采用半悬挂方式，通过抱轴箱与轮对相连。机车在牵引运行状态时，牵引电机将电能转换成机械能，通过轮对驱动机车运行。当机车在电气制动状态运行时，牵引电机将机械能转换成电能，产生列车的制动力，此时电机处于发电状态。

图 3.11 牵引电机整机

牵引电机的工作条件十分恶劣，与其他电机比较，负载变化大，冲击和振动严重，恶劣的风沙雨雪气候、酸碱性气体影响侵蚀严重。对逆变器供电的牵引电机来说，因为在元件关断时，尖峰脉冲对电机绝缘产生的极为不利的影响。此外还因共模电压产生轴电流。

3.5.2 牵引电机的技术参数

主要技术参数

直流中间电压(最大)	2 950 V
额定功率	1 632 kW
额定转速	1 494 r/min
额定电流	498 A
额定电压	2 183 V
额定频率	50.4 Hz
极对数	2
功率因数	0.904
冷却类型	强迫风冷
冷却风量	约 1.8 m^3/s
绝缘级别	200 级
质量	<2 300 kg

3.5.3 牵引电机的结构

3.5.3.1 整机结构

牵引电机与机车的连接为轴悬式结构，单级斜齿轮传动。电机非传动端侧面的外壳装有一支 Pt100 温度传感器，作用是探测定子的温度，保护定子线圈避免产生热过载，保证电机的安全运行；电机非传动端侧面的电动机端护罩上安装了一支速度传感器，用于牵引电机的转速测量及转向确定。测速齿盘安装在电机转子轴端用于产生与转速对应的脉冲序列信号。速度传感器给出两路相位差 90°的速度信号，这两个信号用来测量电机转速和判定电机转向，以便对电机进行控制，两路信号的相位差是用来判断电机转向。电机采用单轴承结构，非传动端装用一个 NU 型绝缘圆柱滚子轴承，采用绝缘轴承是为了防止轴电流对轴承的电蚀；润滑采用油脂润滑，在非传动侧端盖处设有注油口，在维护保养时可以按要求进行定时、定量补充润滑脂。轴承密封通过不接触的迷宫式油脂密封完成；电机传动端带有薄板式联轴节。电机采用轴向强迫通风方式，空气通过柔性风道从通风机到进气口，进气口同齿轮箱是一体的，在进气口径向气流转换为通过电机的轴向气流。电机内部冷却空气流经定子绕组、定子叠片、转子叠片、转子铁芯及轴承等零件，出风口位于电机的非传动端一侧，轴向排布；电机和齿轮箱为一体式结构，在传动端没有轴承盖，非传动端端盖由球墨铸铁材料构成；电机电缆与定子绕组间的连接采用铜焊，电机带有三根最长为 3 m 的功率电缆和接地电缆，电缆端部不带连接器，镀锡长度 40 mm。

3.5.3.2 电机的结构图

电机主要由定子、转子、端盖、轴承等部件组成，其横剖面如图 3.12 所示。

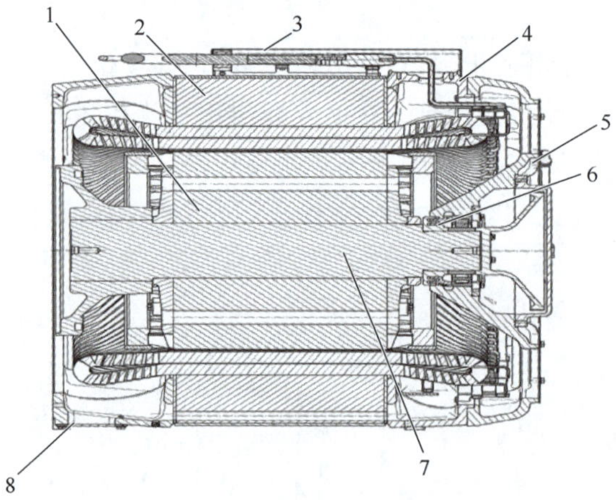

图 3.12 电机横剖面

1—转子；2—定子；3—盖；4—非传动端端盖；5—速度传感器；
6—滚动轴承；7—转轴；8—传动端安装盖

3.5.3.3 定子结构

定子无传统的框架式机座，采用叠片形式，由两个坚固的铸钢压板将叠片压接在一起。压板通过钢套焊接在一起，构成结构紧凑、有足够的扭转强度的机体。叠片由高导磁率硅钢片组成，该无取向的硅钢片双面均涂有专门开发的极厚半有机绝缘涂层，具有很高的表面电阻，可有效降低定子铁芯的涡流损耗。定子总成的非驱动端装有端盖，端盖材料系具有高强度和高韧性的球墨铸铁。端盖内座有轴承。轴承采用等离子喷涂陶瓷层的绝缘轴承，可以有效阻断可能通过轴承的轴电流，保证轴承的使用寿命。定子的驱动端端面直接与齿轮箱配合。

定子采用开口式槽形，槽内垫有双面带机械保护层的 Dupont 高绝缘强度槽绝缘膜，绕组为双层绕组。定子绕组由绕制成形线圈组成。线圈由包有 Kapton 耐电晕薄膜的矩形截面铜导线绕制而成，线圈成型后，其外侧再包匝多层粉云母带，线圈在定子的非传动端连接成 Y 形三相绕组，并通过三相引出线引至外侧接线端。所有连接部分使用铜焊，并做同样的绝缘处理。两端定子槽口做封胶处理。定子绕组采用真空加压浸漆绝缘处理（VPI 处理），使用了有机硅脂。整个定子绝缘体系符合交流电机最高耐温等级，即 200 级要求。

定子的非驱动端压圈中埋设有伸入定子端部的 Pt100 温度传感器。

电机定子绕组的 U、V 和 W 三相电缆从非驱动端一侧的三相导电环引出，并由其顶部引出电机。

(1)定子铁芯结构

定子铁芯由两端铸钢压圈和由其叠压冲片组成，它们由中间围板连接并组焊成一体。如图 3.13 所示。

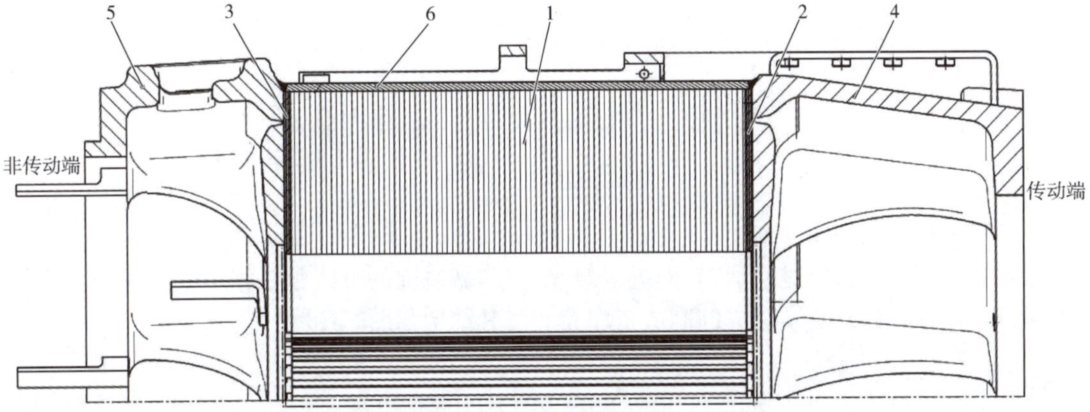

图 3.13 定子铁芯结构

1—定子冲片；2—电缆支架；3—定子铁芯端压板；4—定子驱动端压圈；
5—定子非驱动端压圈；6—定子铁芯围板

(2)定子冲片如图 3.14 所示，它由 B50A600 冷轧硅钢片冲制而成，冲片双面涂有极厚绝缘涂层。冲片内圆周分布有 72 个开口槽，外圆处分布有 12 个腰形通风孔。

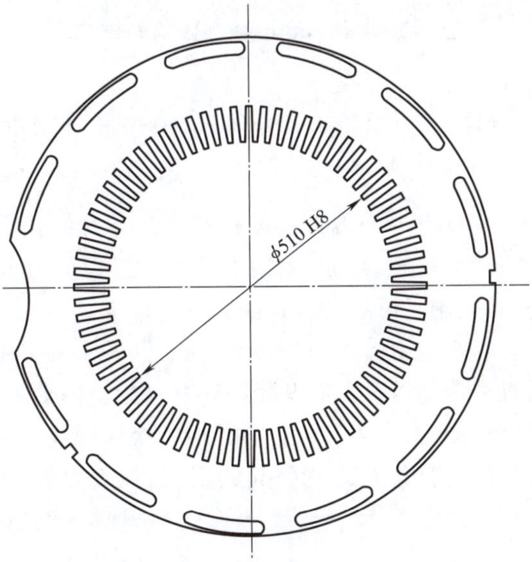

图 3.14 定子冲片

(3)定子线圈

定子线圈如图 3.15 所示。

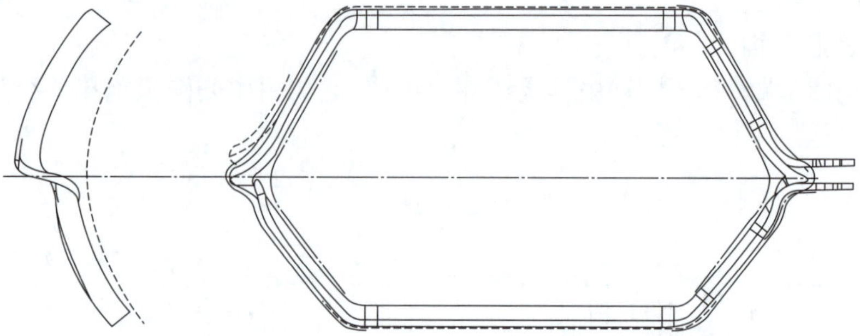

图 3.15 定子线圈

(4)定子总成结构图

定子铁芯制成后,经过精加工,即进入绕线工序,做线圈的下线和三相绕组的连接,并进行 VPI 处理。至此,电机定子总成的制造工序完成。其结构如图 3.16 所示。

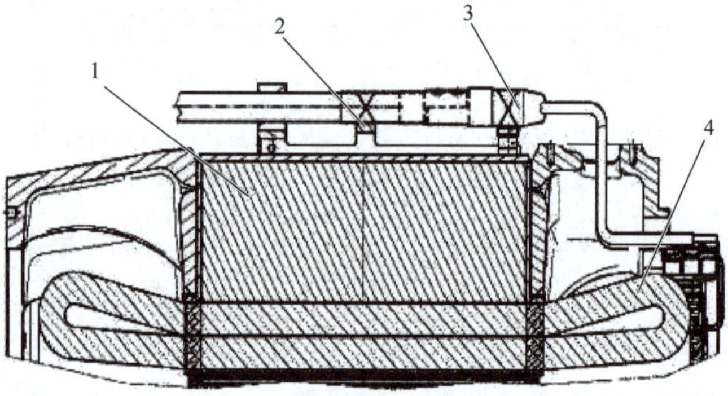

图 3.16 定子总成结构

1—定子铁芯;2—电缆支架 ;3—三相引出接头;4—三相绕组线圈

3.5.3.4 转子结构

转子为鼠笼式铜转子,它具有一个端部高度抗扭振的特殊结构,它由插入转子铁芯的 86 根短路笼导条和 2 个短路环(铜材质)组成,采用中频感应钎焊。为了保证钎焊接头的结合质量,对钎焊进行超声探伤,并采用了可靠的统计缺陷评定标准。

在叠压以后,转子铁芯的两端由齿形压板压紧,铁芯和转子轴采用过盈配合。短路环的外侧包有收缩环,其很高的机械强度以及具有和短路环材料相当的热膨胀系数特性,保证了转子伸出铁芯的端部在离心负载下的工作可靠性。叠片由两个压环连接在一起,热套在电机轴上。转子导条经特殊设计以减小由于电流谐波引起的损耗、振动和扭矩波动,其结构如图 3.17 所示。

(1)转子铁芯

转子铁芯由图 3.18 所示的转子冲片叠压组成。叠压后,两端用球墨铸铁齿形压板压紧。

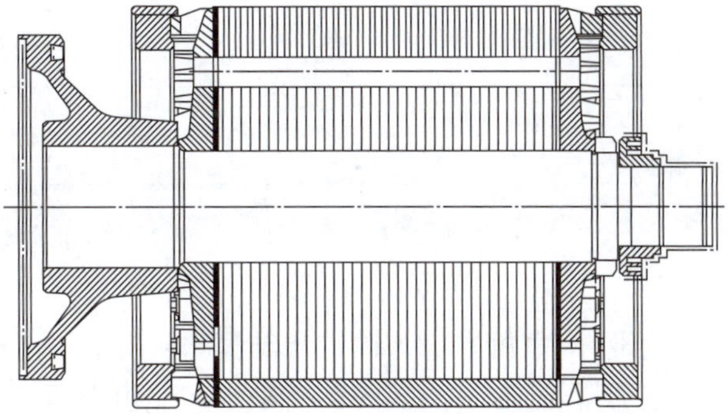

图 3.17 转子结构

转子冲片外圆周分布有 86 个半闭口槽，并冲有 16 个 $\phi36$ 的通风孔。

(2)短路环和导条

短路环和导条构成转子回路，它们都由高导电率纯铜制成。如图 3.19 所示。

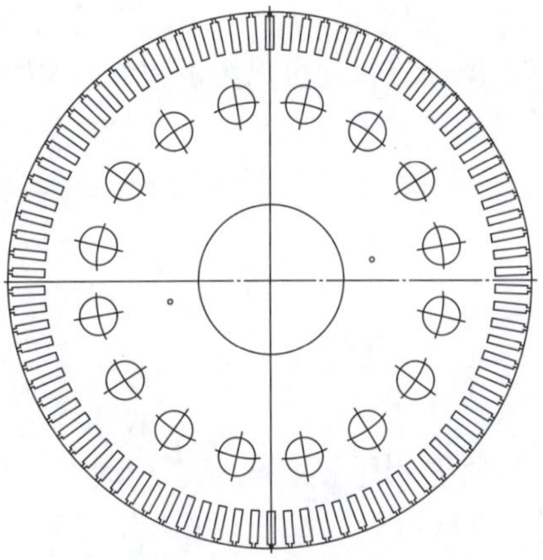

图 3.18 转子冲片

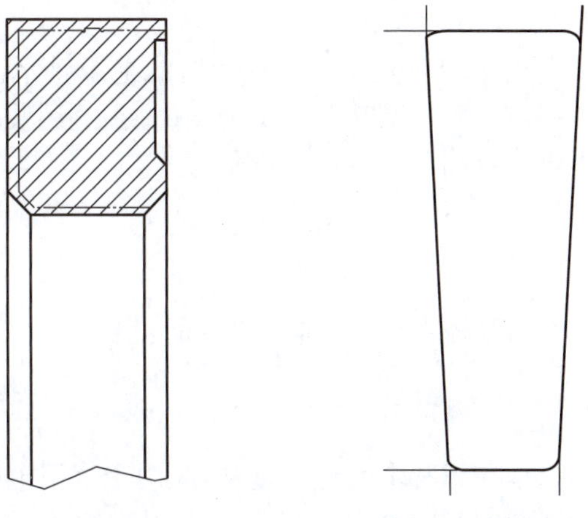

(a) 短路环横断面

(b) 导条横断面

图 3.19 电机转子回路构件

(3)收缩环

收缩环收缩包裹在短路环的外侧，是转子端部的机械保护零件，保证了大惯量转子在高速旋转下的机械强度和工作可靠性。它由高强度高合金铜材料经过锻造和热处理制成。材料同时具有和短路环相近的热膨胀性能，因此在短路环较高工作温度条件下不会发生配合性质的变化。如图 3.20 所示。

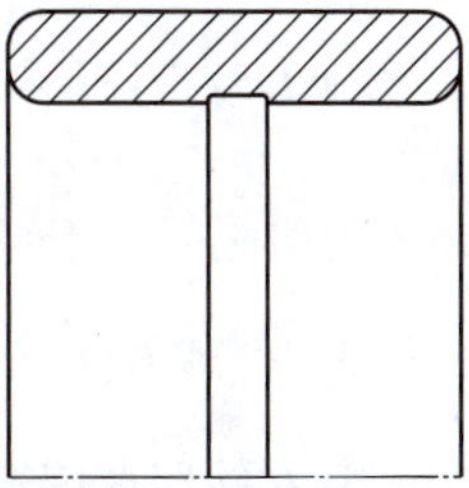

图 3.20 转子收缩环

(4)转子轴

转子轴材料采用高强度合金调质钢，并经过专门的锻造和热处理工序，全长为 686.5 mm。转子轴结构如图 3.21 所示。

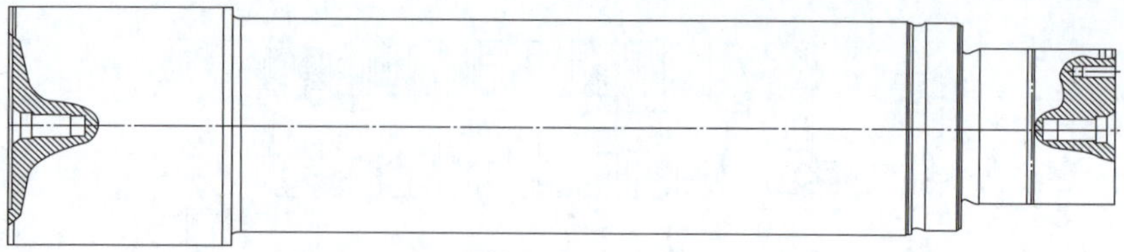

图 3.21　转子轴

3.5.3.5　端　　盖

电机和齿轮箱为一体化设计，电机本身为单轴承结构，转子的一端靠联轴节法兰及与其连接的薄膜型联轴节连接到主动齿轮轴，另一端的支撑轴承在非齿轮箱主动齿轮轴一侧。

非传动端大端盖由球墨铸铁材料构成，具有优良的材料机械性能和高加工精度。轴承坐落在此端盖由非接触式迷宫环密封的润滑腔中。轴承采用脂润滑。端盖上还设有专门的油道和油嘴，可以方便地对轴承做补充加脂。

端盖的端部装有不锈钢通风罩板，由机车牵引通风机所提供的强迫风流，在经过齿轮箱的引风道从垂直向水平折转方向，从驱动端一侧流入，并吹过发热的定子和转子以后，经过此罩板流出电机，有效地实现工作状态下电机的冷却。

3.5.3.6　轴　　承

电机非传动端有一个 NU 型的绝缘轴承。在转子轴传动端上装有用于和连接薄板式联轴节接口的联轴节法兰。另外，在轴头上还装有测速传感器的齿盘，它可以为电机精确转矩控制提供具有高分辨率的速度信号。

3.6　典型故障分析及处理

牵引变流器 CON 通信丢失时：

3.6.1　故障说明

机车在正常牵引运行途中，某两个牵引电机自动隔离，将牵引手柄置于牵引位时，从微机显示屏看到对应牵引电机没有牵引力输出，而其他牵引电机输出正常。在微机显示屏提示“VCU-C SPIF[CON＊-A601] 通信丢失”。

3.6.2　故障分析

因 VCU 与对应变流器 SPIF 之间 MVB 通信丢失时，会导致 VCU 无法对对应牵引变流器实施有效控制，VCU 将自动隔离对应牵引变流器，造成所对应牵引电机无法输出牵引力。造成 VCU 与 SPIF 之间通信丢失的原因有两种：(1)线路原因，包括光缆存在故障、光电转换器存在异常、两端连接器存在异常；(2)设备原因，SPIF 存在故障。

3.6.3　处理方法

针对线路原因造成的 VCU 与 SPIF 之间 MVB 通信丢失，应对整个通信线路进行全面排查，确定光缆、光电转换器、连接器等正常。如果发现异常，应予以更换。

针对 SPIF 故障导致的 VCU 与 SPIF 之间 MVB 通信丢失，应检查变流器内 SPIF 是否正常。如果发现异常，应予以更换。

4 高压电器

4.1 概　述

HXD3B 型电力机车的高压电器包括：受电弓、真空断路器、接地开关、高压隔离开关、高压电压互感器、原边电流传感器、避雷器和高压电缆总成等。

4.2 受电弓

受电弓是一种铰接式的机械构件，它通过绝缘子安装于电力机车车顶。受电弓的弓头升起后与接触网网线接触，从接触网上集取电流，并将其通过车顶母线传递到车内，供机车使用。

HXD3B 型电力机车采用两架 DSA200D 型单臂受电弓。

4.2.1 技术参数

设计速度	200 km/h
额定电压	25 kV
额定电流	1 000 A
升弓驱动方式	气囊装置驱动
静态接触压力(不带阻尼器)	(70±10) N
动态自动降弓时间	1.2 s(到离开网线 150 mm)
从 0～2 m 间升弓时间	小于 5.4 s
从 2～0 m 间降弓时间	小于 4 s
输入空气压力	0.4～1 MPa
正常工作压力	约 0.34～0.38 MPa
降弓保持力	不小于 120 N
精密调压阀耗气量	输入压力<1 MPa 时，≤11.5 L/min
弓头总长度	(1 950±10) mm
弓头宽度	(580±2) mm
弓头(弓头支架、滑板)的垂向移动量	(60±5) mm
滑板工作长度	1 250 mm
最大升弓高度	$3\,081^{+100}_{-25}$ mm(含绝缘子)
落弓位高度	669^{+5}_{-10} mm(含绝缘子)
质量	约 130 kg(绝缘子除外)

4.2.2 结构及作用

DSA200D 型单臂受电弓结构如图 4.1 所示。

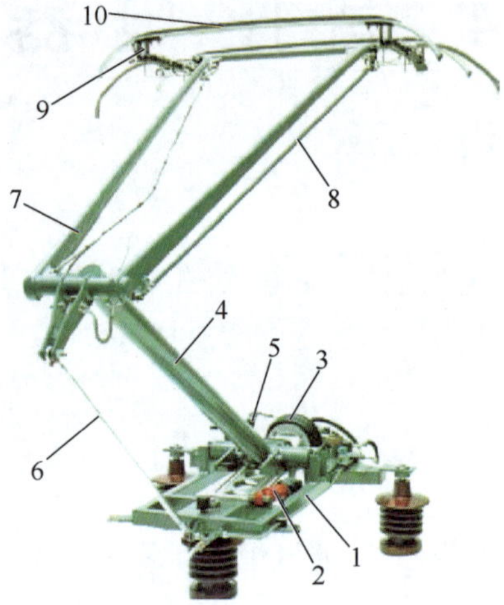

图 4.1 DSA200D 型受电弓总成

1—底架；2—阻尼器；3—升弓装置；4—下臂；5—弓装配；6—下导杆；7—上臂；
8—上导杆；9—弓头；10—滑板

4.2.2.1 底　　架

如图 4.2 所示，受电弓的刚性底架由型材组焊而成，它是整个受电弓的基座部分。受电弓通过支持绝缘子和安装座固定在车顶上。底架上有 4 个电源引线连接点和升弓用气路，还装有自动降弓用快速排气阀、ADD 试验阀和 ADD 关闭阀。

快速排气阀用于检测气路压力，当滑板发生破裂时，快速排气阀将排除受电弓升弓装置中的空气，实现自动降弓。ADD 试验阀可以人为检测自动降弓装置是否有效。当自动降弓装置本身发生故障时，可通过 ADD 关闭阀停止该装置的运行。

4.2.2.2 铰链机构

DSA200D 型受电弓由两个四铰链机构组成。下部四铰链机构由下臂、上臂的 T 形部分、下导杆和底架组成，其作用是当下臂转动 Φ 角时使弓头上升或下降，并保持其运动轨迹基本上为一铅垂线。上部四铰链机构由上臂框架部分、上导杆及弓头支架组成，其作用是使滑板在整个运动高度保持水平状态。

如图 4.3 所示，下臂为钢管，支承受电弓质量，传递升降弓力矩，其长度决定了受电弓的工作高度。其一端固定在底架上，另一端通过铰链和上臂相连。下臂上设有钢索导轨，通过钢索和升弓装置相连，升弓装置带动下臂绕轴转动。其内有空气管路，通过管接头和软管连接，作为自动降弓装置的空气通路。下导杆分别接在上臂一端和底架上，用于调整最大升弓高度和滑板运动轨迹。

上臂为铝合金框架，用于支承弓头质量，传递向上压力，保证受电弓工作高度。上导杆一

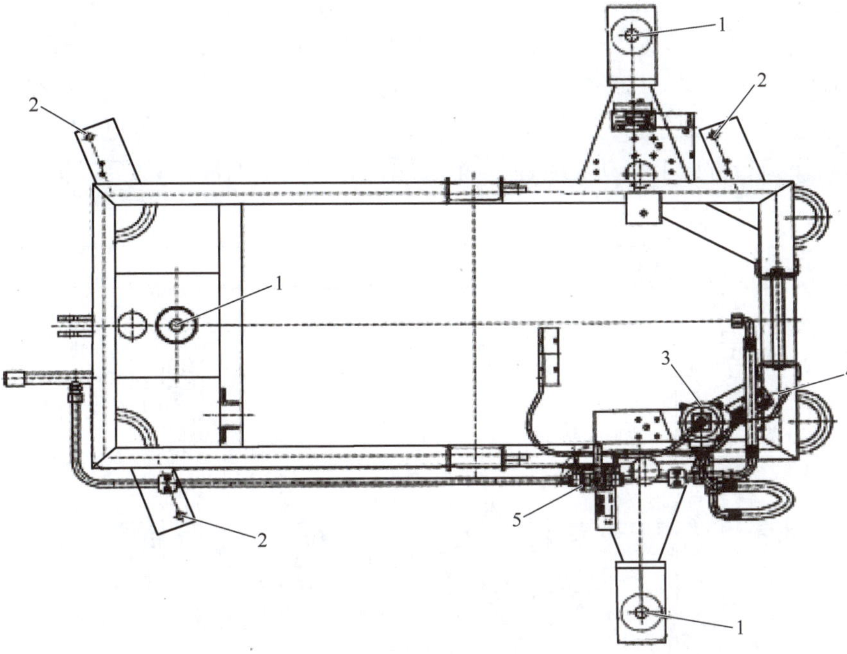

图 4.2 底架结构

1—安装座；2—电源引线连接点；3—自动降弓用快速排气阀；4—ADD 试验阀；5—ADD 关闭阀

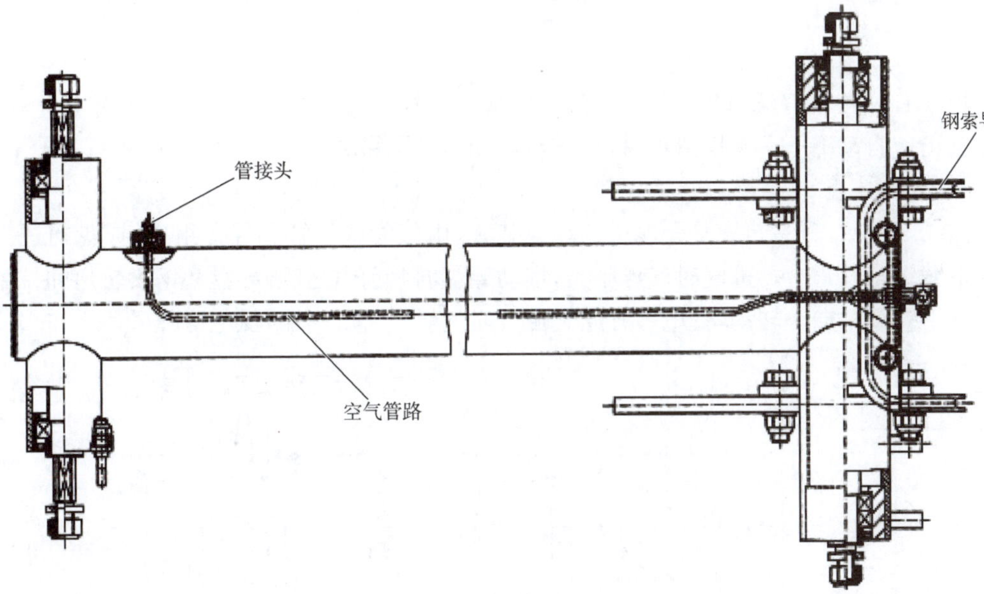

图 4.3 下臂结构

端连接下臂，另一端连接弓头支架的辐板下方，其作用是调整滑板在各运动高度均处于水平位置。

4.2.2.3　弓头部分

如图 4.4 所示，弓头是直接与接触网导线接触受流的部分。两个滑板座与两个幅板相连，组成相对坚固的弓头支架。弓头支架垂悬在 4 个拉簧下方，两个横向弹簧安装在弓头和上臂间。滑板安装在弓头支架上，其原始厚度为 22 mm，磨耗到 5 mm 需进行更换。弓头的这种结构使滑板在机车运行方向上移动灵活，而且能够缓冲各方向上的冲击，达到保护滑板的目的。

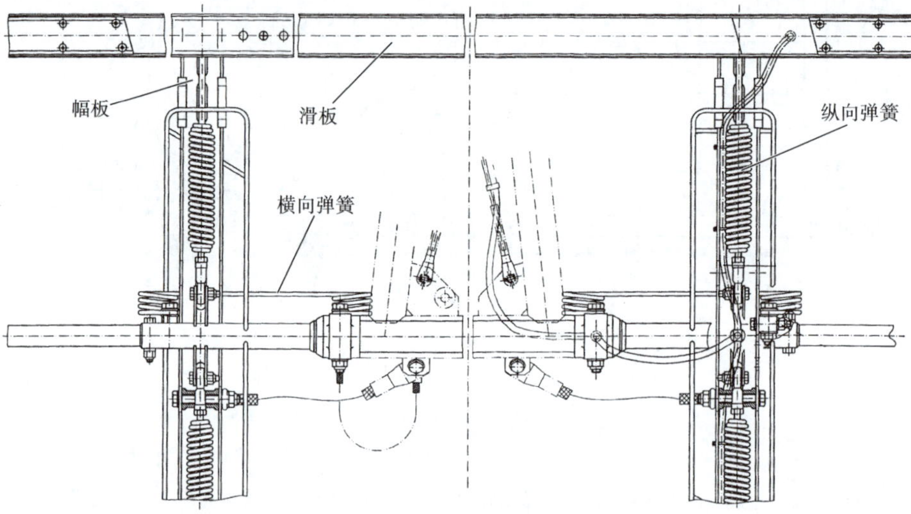

图 4.4　弓头结构

滑板中有气腔，通有压缩空气，如果滑板出现磨损到限或断裂时，自动降弓装置发生作用，受电弓会迅速自动降下。更换滑板后，要重新启动自动降弓装置。

4.2.2.4　升弓装置

如图 4.5 所示，升弓装置是受电弓的动力装置，由气囊式气缸和导盘组成，导盘通过钢索连接在下臂钢索轨道上。进气时气囊胀大，推动导盘向其前方运动，导盘和钢索轨道间拉紧的钢索带动下臂绕轴向上转动，受电弓升起。排气时气囊式气缸回缩，受电弓降弓。

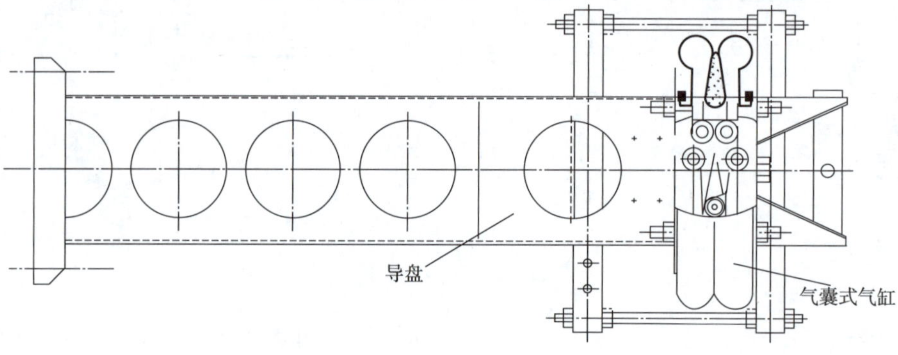

图 4.5　升弓装置的结构

4.2.2.5 气源控制阀组

图 4.6 为升弓气源控制阀组布置图。升弓气源控制阀组安装在车内，用于调节受电弓升、降弓时间和静态接触压力等参数。空气过滤器可提高升弓气源的质量。单向节流阀(升弓)用于调整升弓时间。精密调压阀用于调节受电弓工作压力，精确度为±20 kPa(0.2 bar)，每10 kPa(0.1 bar)的压力变化将导致 10 N 的接触力变化。压力表可显示工作压力(仅供参考)。单向节流阀(降弓)可以调节降弓速度。如果精密调压阀出现故障，安全阀具有保护气路的作用。压力开关用于弓网故障出现漏风时向机车微机发送高电平信号保证机车先断主断再降受电弓，防止受电弓带负荷脱离接触网线。

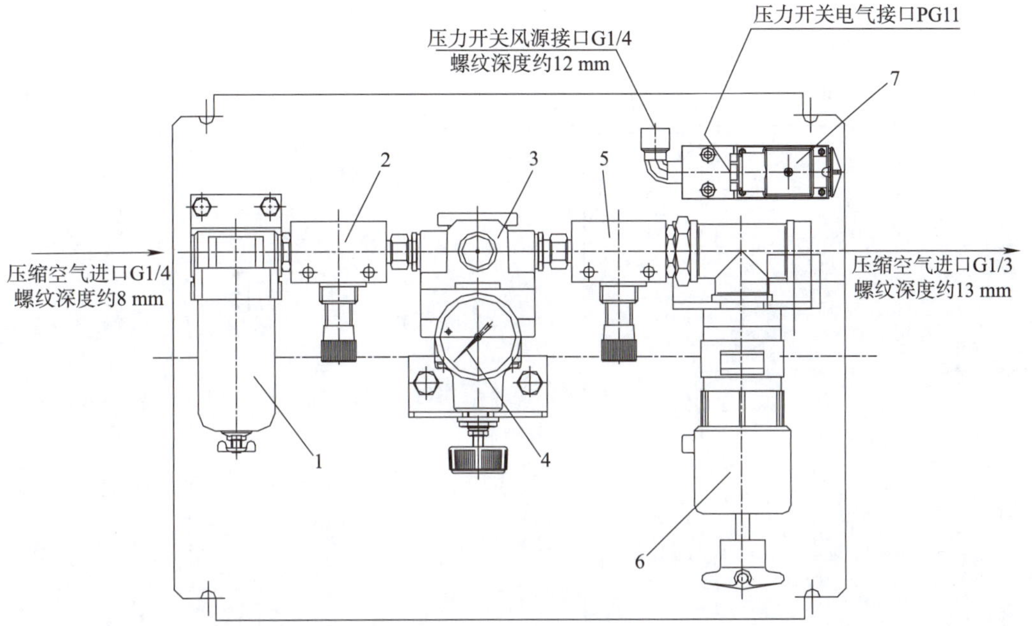

图 4.6 气源控制阀组

1—空气过滤器；2—单向节流阀(升弓)；3—调压阀；4—压力表；5—单向节流阀(降弓)；6—安全阀；7—压力开关

4.2.2.6 阻 尼 器

阻尼器装在底架和下臂之间，它使得机车运行速度变化大时受电弓和接触网压力变化不大。

阻尼器包括防护套、防尘盖、安装座和锁紧螺母。安装时通过锁紧螺母可调节并锁定阻尼器的长度。

4.2.3 动作原理

4.2.3.1 升、降弓原理

受电弓升弓气动原理如图 4.7 所示。

升、降弓由气囊式气缸进行控制，气囊式气缸由电磁阀控制进、排气。

升弓时，司机将受电弓扳键开关扳至“升”位，压缩空气通过电磁阀流经气源控制阀组和高压绝缘软管进入车顶受电弓升弓装置。气囊充气推动导盘前移，通过钢索带动下臂绕轴顺时针旋转，上臂在导杆的作用下逆时针转动，使受电弓弓头升起。

降弓时，司机将受电弓扳键开关扳到“降”位，控制受电弓电磁阀使气路与大气相通，气囊收缩，下臂作逆时针转动，最终使受电弓弓头降到落弓位。

4.2.3.2　自动降弓装置（ADD）的工作原理

在滑板断裂或磨损到限时，自动降弓装置会使受电弓迅速自动下降，以避免网线和受电弓的进一步损坏。

如图 4.8 所示，经过调压后的压缩空气进入带有气道的碳滑板，如果碳滑板出现空气泄漏，升弓装置中气体从快速降弓阀中迅速排出，从而实现自动降弓。

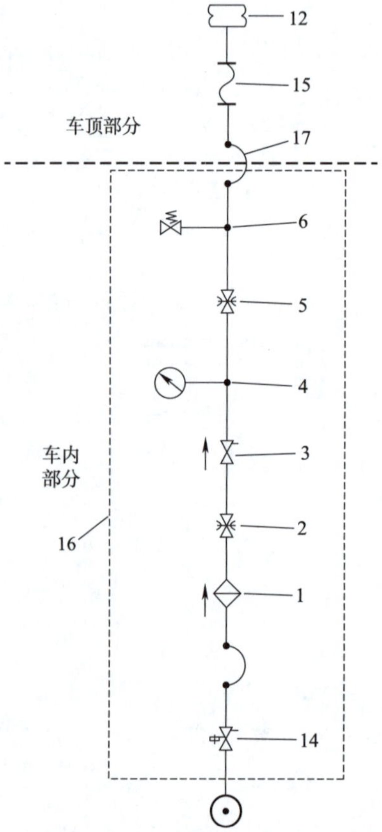

图 4.7　受电弓气动原理

1—空气过滤器；2—单向节流阀（升弓）；
3—精密调压阀（调压范围 0.01～0.8 MPa）；
4—压力表，0～1 MPa；5—单向节流阀（降弓）；6—安全阀；
12—升弓装置；14—升、降弓控制电磁阀；15—高压绝缘软管；
16—气源控制阀组；17—车顶

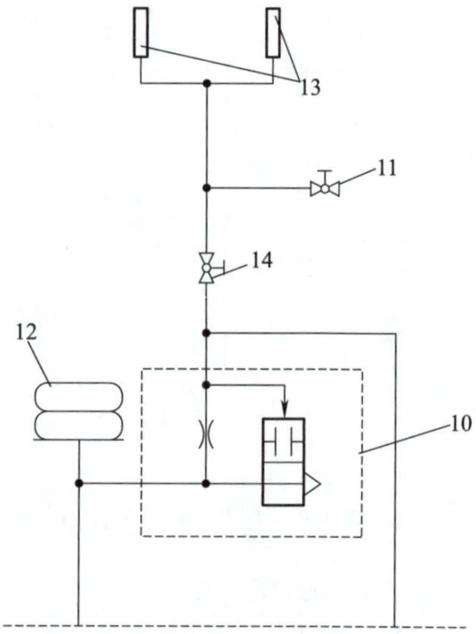

图 4.8　自动降弓装置（ADD）原理

10—降弓阀；11—ADD 试验阀；
12—开弓装置；13—碳滑板；
14—ADD 关闭阀

ADD 试验阀接在 ADD 关闭阀后面，用于检测受电弓自动降弓装置的功能是否完好。ADD 关闭阀在“关闭”位，将切断试验阀功能和通往滑板的气路。机车正常运行时，ADD 关闭阀置“打开”位，ADD 试验阀置“运转”位。

HXD3B 型电力机车自动降弓保护功能由受电弓自带的自动降弓装置和 ZD 系列主断控制器共同完成。

4.3 真空主断路器

HXD3B 型电力机车具有两种型号真空主断路器，分别为 22CBDP、BVAC. N99C 型真空主断路器。用于开断、接通电力机车 25 kV 主电路，同时可用于电力机车的过载、短路和接地保护。真空断路器是利用压缩空气驱动，电控制，利用真空进行灭弧的高压电器。

采用真空断路器可以彻底避免以往空气断路器灭弧室瓷瓶爆炸，非电性电阻瓷瓶爆炸，隔离开关轴折断主阀卡位、漏风、控制线圈烧损等惯性故障，减少机车事故，保证铁路运输安全。同时可延长主断路器的检修周期，减少维修工作量，降低检修成本。

4.3.1 22CBDP 型真空主断路器

22CBDP 型真空主断路器外形如图 4.9 所示。22CBDP 型真空主断路器是电力机车的一个重要电气部件，它是整车与接触网之间电气连通、分断的总开关，是机车上最重要的保护设备，当机车发生故障必要时能迅速、可靠、安全地切断机车总电源，从而保护机车设备。该断路器与 35KSDP 型接地开关直接装配，安装在车内高压电器柜中。

图 4.9 22CBDP 型真空主断路器

22CBDP 型真空主断路器是一种新型的电力机车主断路器，适用于交流 25 kV 各类型电力机车。它是以真空作为绝缘介质和灭弧介质，利用真空状态下的高绝缘强度和电弧扩散能力形成的去游离作用进行灭弧，其结构特点为单断口直立式，直动式气缸传动，电空控制，与空气断路器相比，具有结构简单、工作可靠、动作速度快、绝缘强度高、维修方便等优点。

4.3.1.1 主要技术参数

标称电压	25 kV
额定电压	30 kV
最大工作电压	31.5 kV
额定频率	50 Hz
额定电流	1 000 A
额定工频耐受电压	75 kV，1 min
额定冲击耐受电压	170 kV
额定短路接通能力	50 kA(峰值)
额定短路开断能力	20 kA(有效值)
额定容量	600 MV · A

固有分闸时间	≤60 ms
合闸时间	≤100 ms
额定控制电压	DC 110 V
控制回路气压	450～1 000 kPa
辅助触头	3 常开/4 常闭
电气寿命	20 000 次(1 000 A)
质量	115 kg

4.3.1.2 产品结构

22CBDP 型真空管断路器的结构如图 4.10 所示。

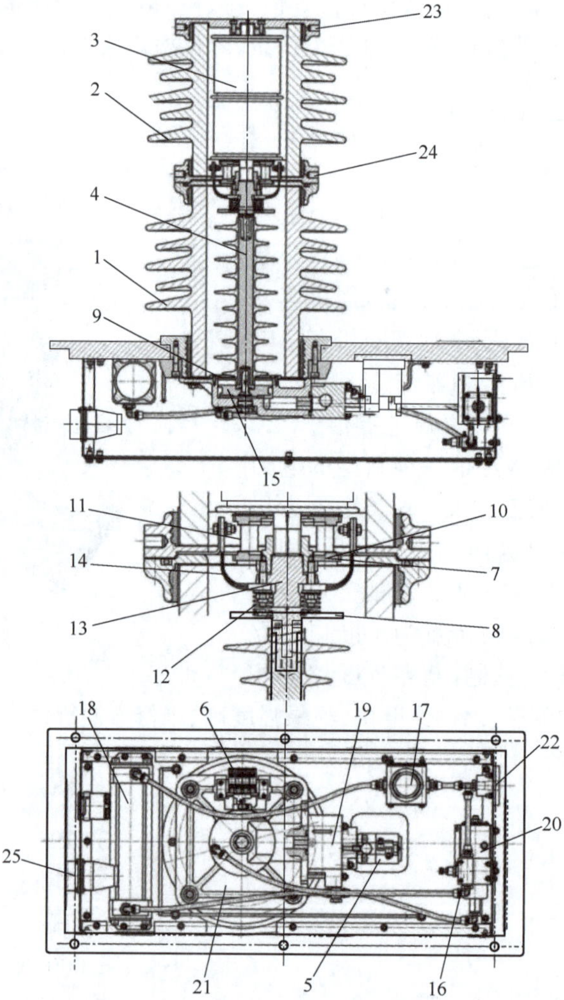

图 4.10 22CBDP 型真空主断路器

1—下绝缘子;2—上绝缘子;3—真空开关管;4—传动杆;5—电磁阀;6—辅助触头;7—压紧环;8—传动盘;9—活塞限位环;10—弹簧座;11—主弹簧;12—恢复弹簧;13—连接块;14—软连线;15—活塞;16—节流阀;17—调压阀;18—储气缸;19—转换阀;20—压力开关;21—气缸;22—进气接头;23—上接线端;24—下接线端;25—电连接器

两个陶瓷绝缘子垂直安装，然后通过铸铝基座安装在固定框架上。空气进气接头和连接器安装在基座两端面。

由主开关触头和外壳装置组成的真空开关管与断路器上绝缘子用硅橡胶浇注成一体。上、下铜铬铸造法兰浇注在上绝缘子上，它们不仅用作主电流接线端子，而且支撑着接地开关(35KSDP)的接地触头。上接线端子用于 25 kV 高压电输入连接，下接线端子连接牵引变压器原边的输入高压电缆。

真空开关管的操作装置通过传动杆与活塞连接，其动触头与压紧环连接，电流通过软连线从动触头连接到下接线端子，真空开关管内部是真空的，因此由于外界大气压力，压紧环会向上移动。弹簧座借助弹簧的反弹力使真空开关管动触头保持断开状态。

真空断路器的控制和监测设备(电磁阀、压力开关、辅助触头等)安装在基座中。

4.3.1.3 工作原理(图 4.11)

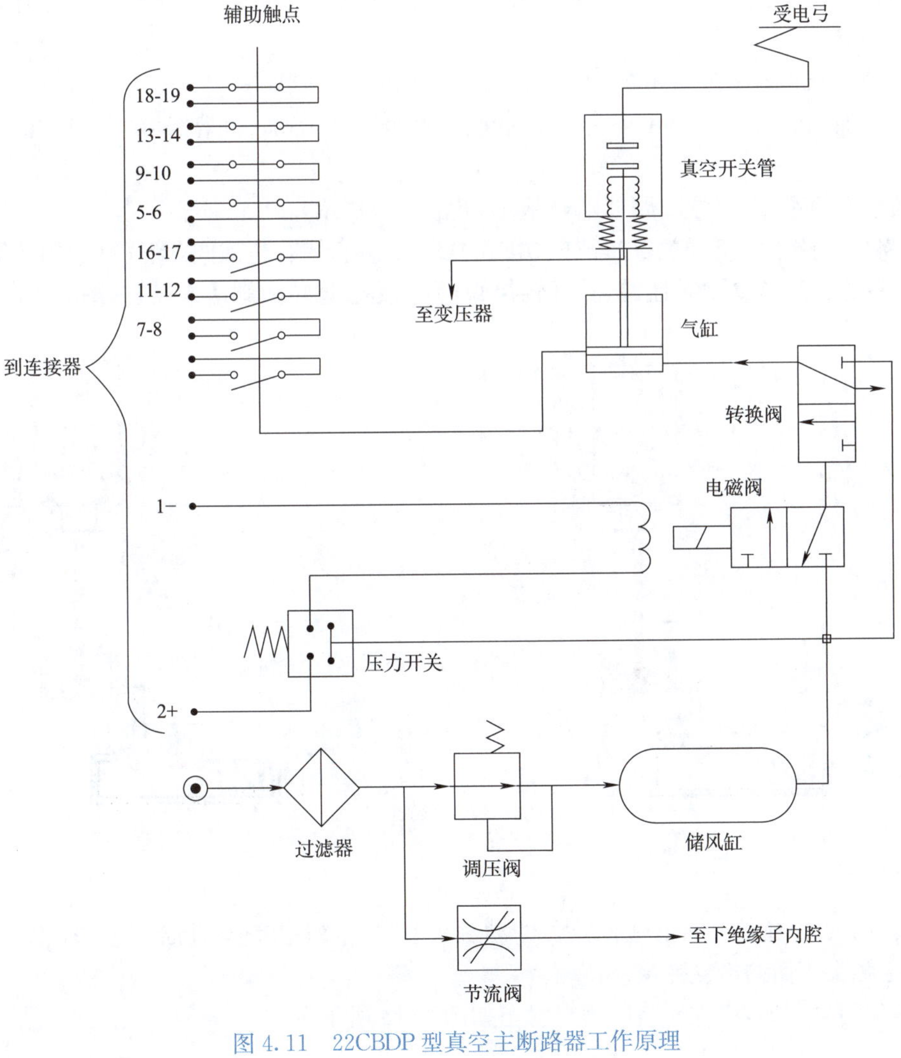

图 4.11 22CBDP 型真空主断路器工作原理

干燥的压缩空气通过进气接头进入断路器后分为两路：一路通过调压阀进入储气缸；另一路经过节流阀进入下绝缘子内腔中起到吹扫作用，保证下绝缘子内腔的干燥及清洁，确保断路器安全工作（断路器正常工作时，在断路器基座中，始终会听到压缩空气排出的声音，属于正常现象）。

压缩空气经过调压阀后，将气压调节到 483～497 kPa。

闭合主断路器时，电磁阀线圈得电，打开电磁阀，储气缸中的压缩空气一路经电磁阀进入转换阀的控制腔，打开转换阀，另一路通过转换阀送入风缸，驱动活塞、绝缘推杆和主断路器的动触头上移，使真空断路器闭合。断开主断路器时，电磁阀线圈失电，电磁阀和转换阀均在弹簧的作用下复位，将风缸内的压缩空气释放掉，绝缘推杆和主断路器的动触点在机械装置弹力作用下，向下移动，在小于 40 ms 的时间内将真空断路器的主触头断开。

压力开关与电磁阀在电气上串联，当压缩空气压力下降低于 345～358 kPa 时，压力开关打开，电磁阀线圈失电，主断路器自动断开。要想重新闭合主断路器，压缩空气压力必须超过 390 ～420 kPa。

为了确保断路器主触头闭合，电磁阀必须一直处于得电状态。

当断路器活塞移动时，辅助触头装配的凸轮板也随之运动，使断路器的 7 组辅助触头正常开闭。

具体合闸过程如下（主断路器断开状态如图 4.12 所示）：

（1）将主断路器扳键开关置“合”位，电磁阀线圈得电，闭合电磁阀，储气缸中的压缩空气一路经电磁阀进入转换阀的控制腔，打开转换阀，另一路通过转换阀送入风缸（图 4.13）；

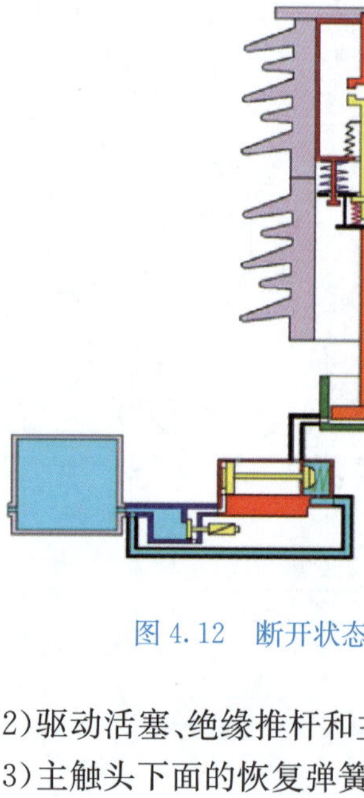

图 4.12　断开状态

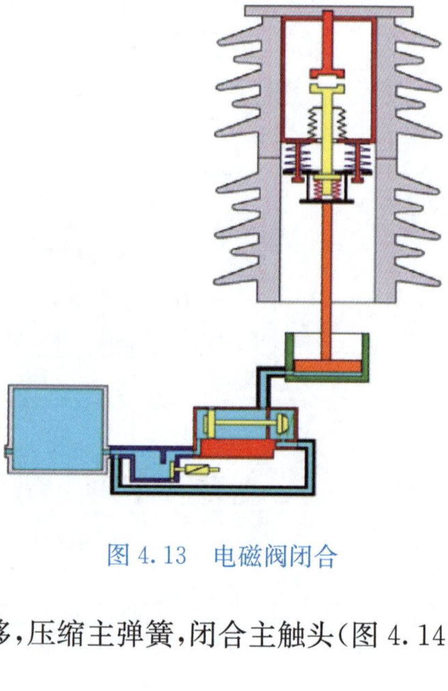

图 4.13　电磁阀闭合

（2）驱动活塞、绝缘推杆和主断路器的动触头上移，压缩主弹簧，闭合主触头（图 4.14）；

（3）主触头下面的恢复弹簧被压缩。

具体分闸过程如下（主断路器闭合状态如图 4.15 所示）：

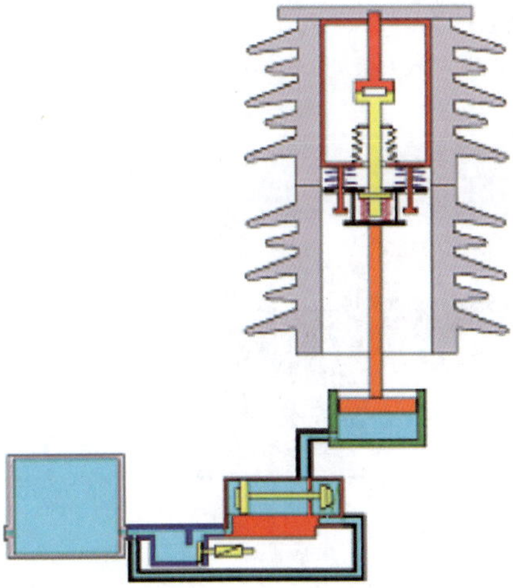

图 4.14　主触头移动

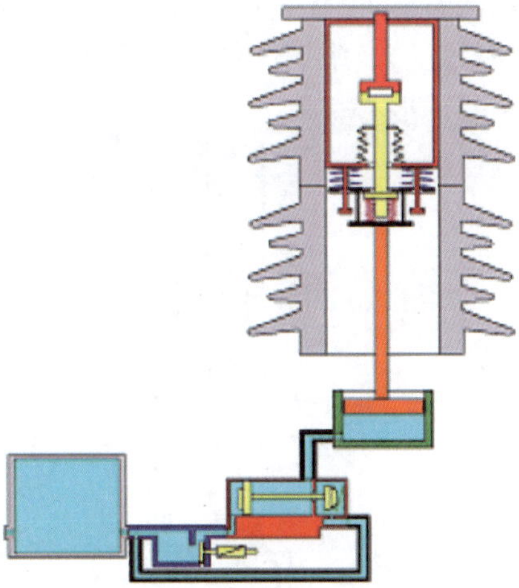

图 4.15　主触头闭合

(1)将主断路器扳键开关置“分”位，电磁阀线圈失电(图 4.16)；
(2)电磁阀和转换阀均在弹簧的作用下复位，将风缸内的压缩空气释放掉(图 4.17)；

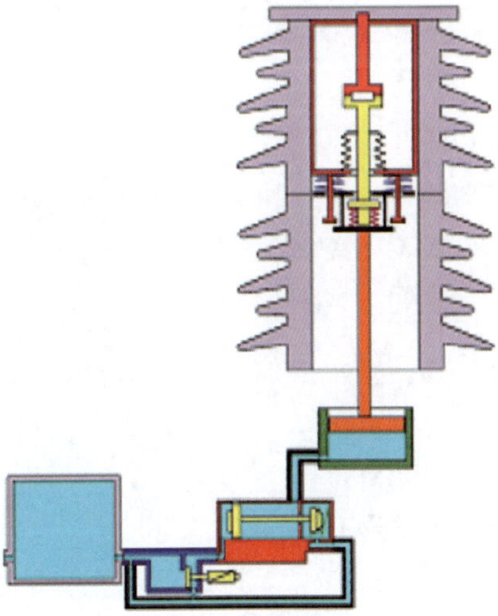

图 4.16　电磁阀失电

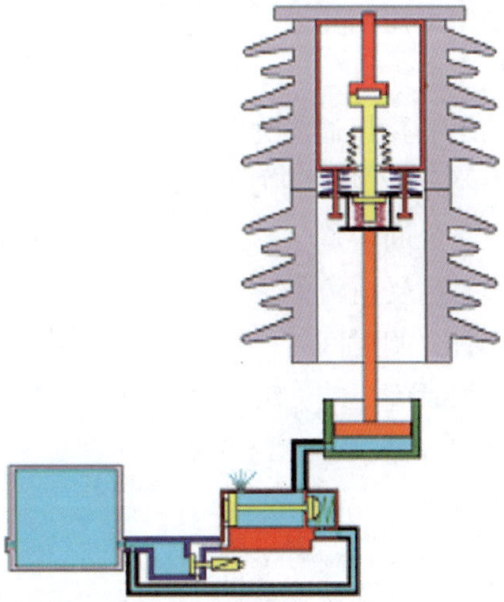

图 4.17　排气

(3)绝缘推杆和主断路器的动触点在机械装置弹力作用下，向下移动，打开主触头(图 4.18)。

4.3.2　BVAC. N99C 型真空主断路器

BVAC. N99C 型真空主断路器如图 4.19 所示，安装在电力机车高压柜内，用于开断、接通电力机车 25 kV 主电路，同时可用于电力机车的过载、短路和接地保护。真空断路器是利用压缩空气驱动，电控制，利用真空进行灭弧的高压电器，具有绝缘性高、环境稳定性好、结构简单、开断容量大、维护保养简单等特点。

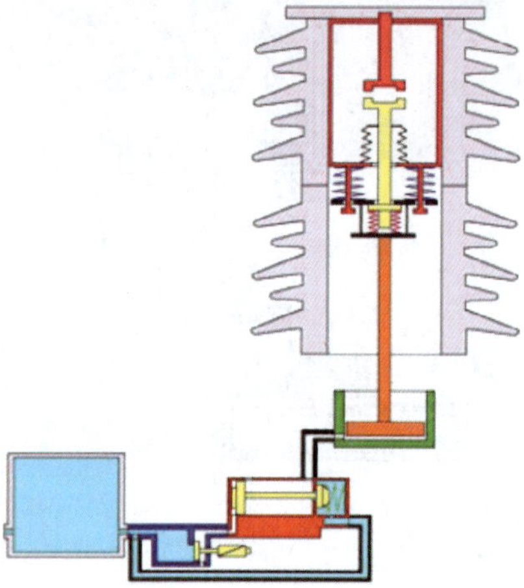

图 4.18　主触头断开

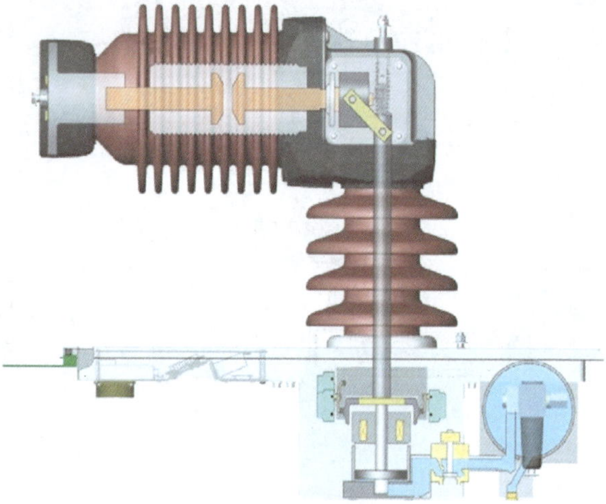

图 4.19　主断路器示意

4.3.2.1　主要技术参数

额定电压	31.5 kV
额定电流	1 000 A
额定短路接通能力	50 kA
短路分断电流能力	20 kA
短路分断容量	600 MV·A
短时耐受电流能力	20 kA,1 s
固有分闸时间	20～60 ms
合闸时间	≤60 ms
机械寿命	250 000 次
质量	约 140 kg

4.3.2.2　产品结构

主断路器结构如图 4.20 所示，分为高压、中间绝缘和控制 3 个部分。

高压部分结构如图 4.21 所示，包括水平绝缘子、真空开关管组装和传动轴头组装等。由图可以看出，真空开关管组装安装于水平绝缘子内部，构成机车顶上的高压电路，确保开断交流电弧。真空开关管通过密封和大气隔离，其包括动触头、静触头和瓷质外罩等，真空开关管的结构如图 4.22 所示。同时，真空开关管的真空度是其最重要的参数之一，与真空开关管的开断能力成一定关系，具体如图 4.23 所示。

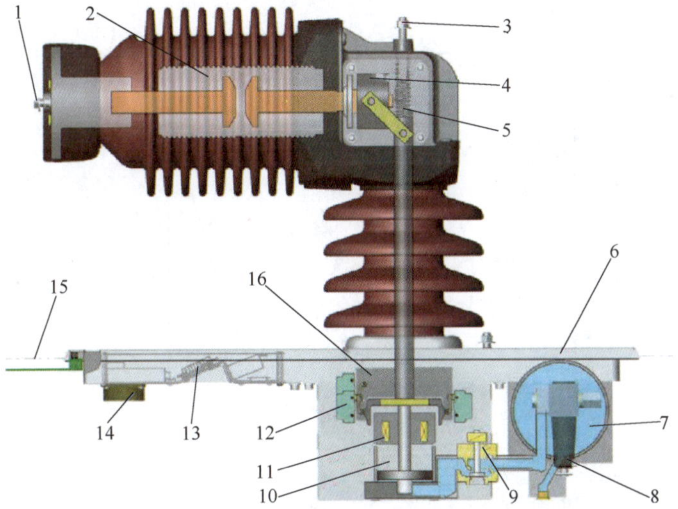

图 4.20 BVAC.N99C 主断路器

1—高压连接端(HV2);2—真空开关管(VST);3—高压连接端(HV1);4—触头压力机构(BR);5—稳定机构(TR);6—底板;7—储风缸(RE);8—带过滤器的调压阀(L);9—电磁阀(EV);10—压力气缸(K);11—保持线圈(Mm);12—辅助触点(Caux);13—控制单元(CMDE);14—低压连接器(LV);15—车架安装平面;16—快速脱扣机构(Rg)

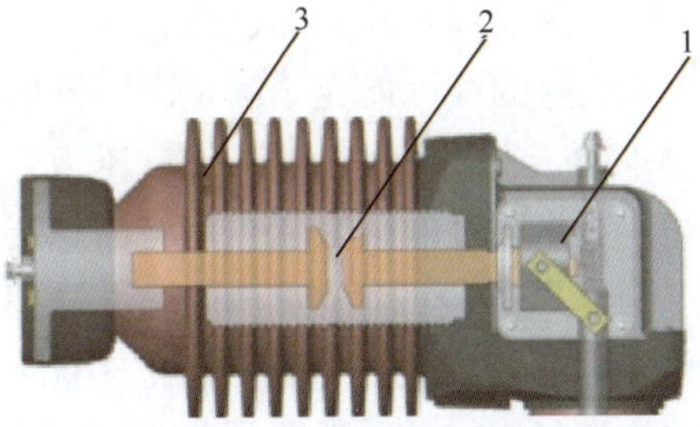

图 4.21 真空管组装

1—传动轴头组装;2—真空开关管组装;3—水平绝缘子

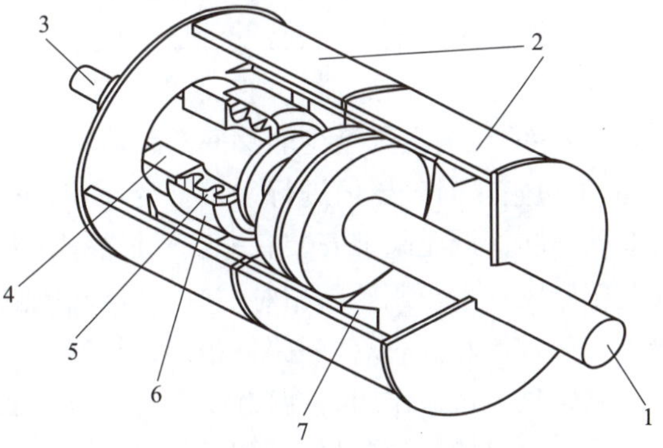

图 4.22 真空开关管结构示意

1—静触头;2—瓷质外罩;3—动触头;4—导套;5—金属波纹管;6—波纹管罩;7—金属罩

真空开关管的分、合闸即体现了整个主断路器的分合闸情况,具体表现为对动触头的操作,其通过来自气动部分产生的机械动力推动连杆机构的操纵杆来完成,以保证它的轴向运动。

中间绝缘部分包括如图 4.20 所示的垂直绝缘子和底板以及安装于车顶和断路器之间的O形密封圈。

垂直绝缘子安装在底板上用以满足 30 kV 电压的绝缘要求,同时绝缘操纵杆通过垂直绝缘子的轴向空腔,连接电控的机械装置和真空开关管的动触头。底板安装与车顶O形圈用以

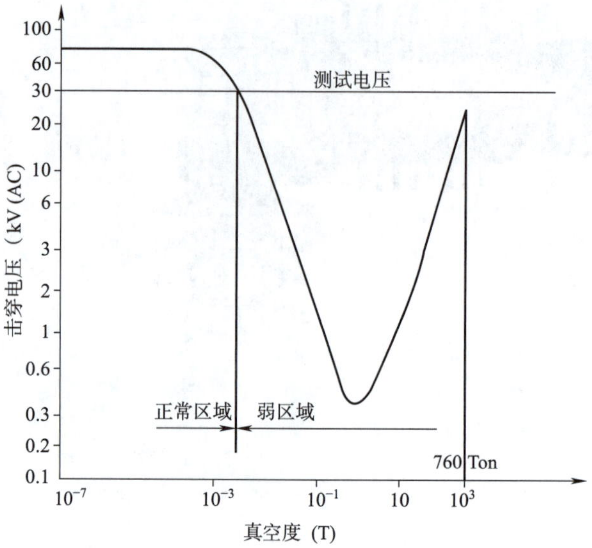

图 4.23　真空开关管真空度和开断电压关系曲线示意

保证断路器和车顶之间的密封。

控制部分包括如图 4.20 所示储风缸、调压阀、压力开关、电磁阀、压力气缸、保持线圈、肘节机构、110 V 控制单元等操纵控制部件。

主断路器采用电空控制。该控制通过空气管路，在动触头快速合闸过程中提供必需的压力。储风缸是实现断路器气动控制的气压源，其要求能够满足在机车对断路器不供气的状态下，其残存的压缩空气至少能够使断路器完成一次动作；调压阀安装在断路器进气口与储风缸之间，通过它来对气压值进行预设整定，用以保证进入储风缸内的气压能充分满足断路器的正常动作，同时，调压阀上安装有一空气过滤阀，以保证进入储风缸气体的清洁与干燥；压力开关安装于储风缸上与调压阀相对一侧，其与储风缸内气体相连，并通过低压控制线路将信息反馈给 110 V 控制单元，以使断路器拒绝进行操作；电磁阀控制储风缸内的气流的通断，气缸把空气压力转化为机械作用力；保持线圈安装与气缸上部，通过对气缸活塞的吸合，实现对断路器合闸状态的保持；肘节机构用以实现主断路器分闸时的快速脱扣，保证断路器快速的分断；110 V 控制单元安装在主断路器底板下部，通过其对断路器的动作进行整体控制。

4.3.2.3　工作原理

主断路器操作包括分闸与合闸操作(图 4.24)。

(1)合闸操作

只有满足如下条件，断路器才能闭合：

①主断路器必须是断开的。

②必须有充足的气压。

③保持线圈必须处于得电状态。

具体合闸过程如下(图 4.25)：

①按“开/关”键。

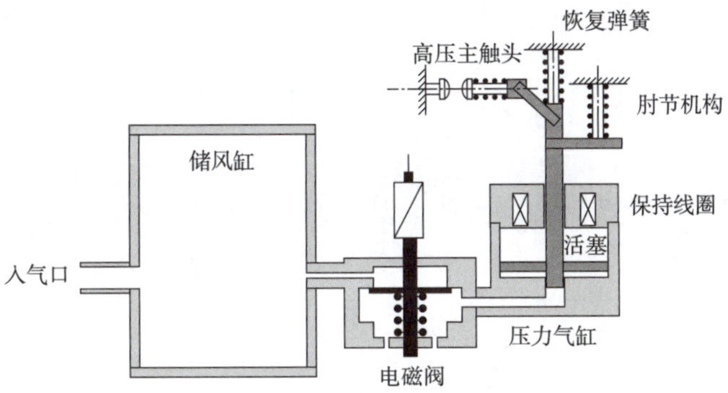

图 4.24　主断路器动作

②电磁阀得电，气路打开(图 4.26)。

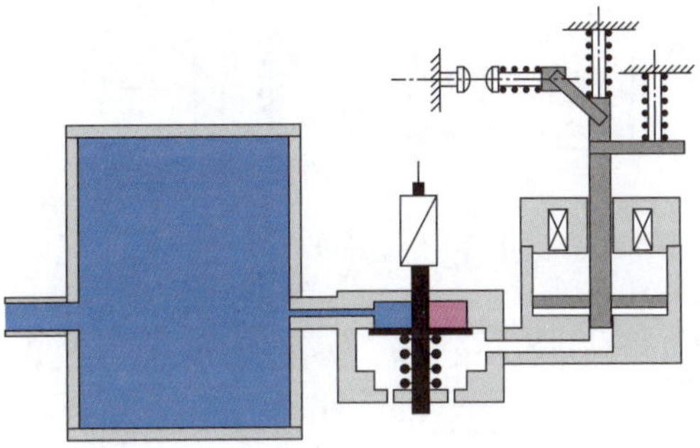

图 4.25　合闸

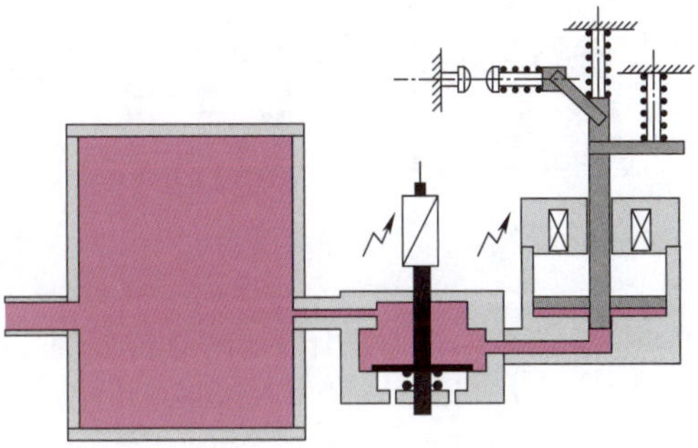

图 4.26　气路打开

③压缩空气由储风缸通过电磁阀流入压力气缸，推动活塞向上运动。

④主动触头随着活塞的移动而运动(图 4.27)。

⑤恢复弹簧压缩。

⑥主触头闭合(图 4.28)。

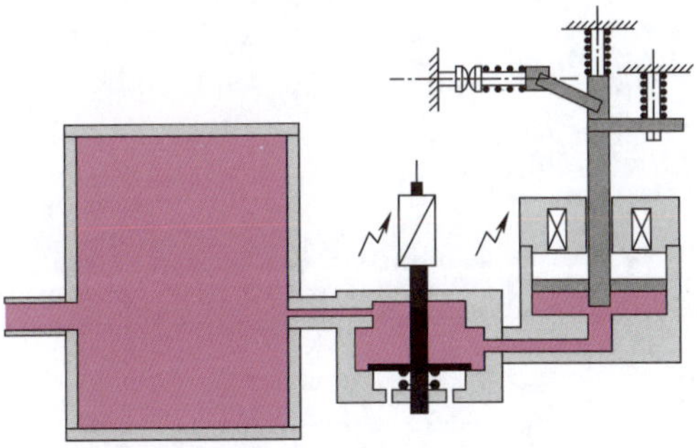

图 4.27　活塞移动

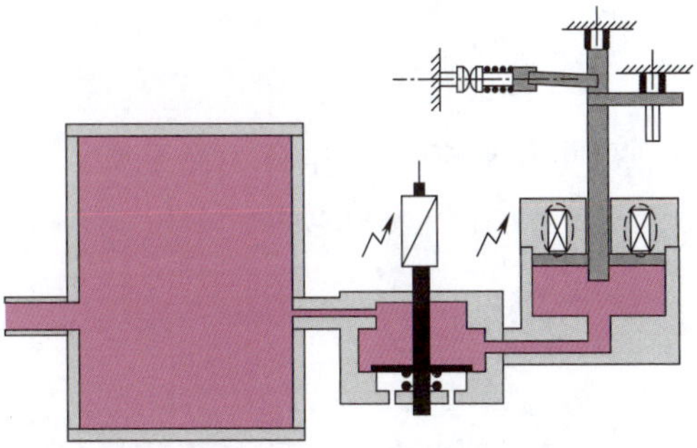

图 4.28　主触头闭合

⑦触头压力弹簧压缩。

⑧活塞到达行程末端。

⑨保持线圈在保持位置得电(图 4.29)。

⑩电磁阀失电。

⑪压力气缸内的空气排出。

(2)分闸操作

在任何情况下,只要控制电源失电,断路器就会断开。

具体分闸过程如下:

①保持线圈失电(图 4.30)。

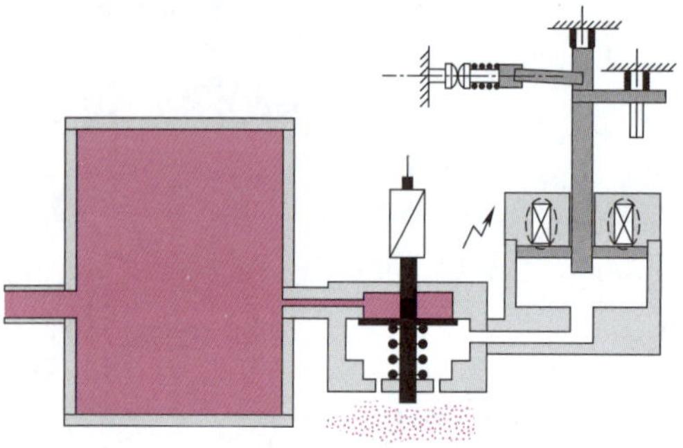

图 4.29　保持线圈得电

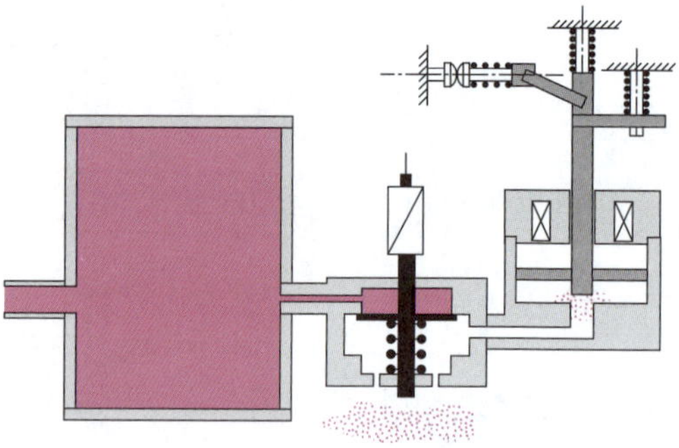

图 4.30　保持线圈失电

②活塞在弹簧力作用下(恢复弹簧、肘节机构等)移动(图 4.31)。

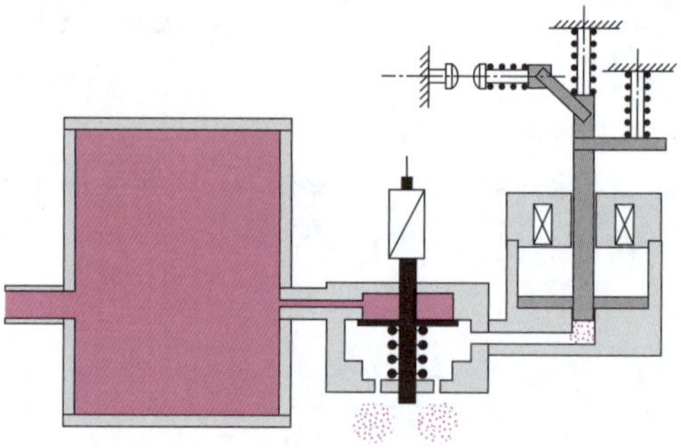

图 4.31　活塞移动

③主触头打开,真空开关管灭弧。

④行程结束,活塞缓冲。

4.4　接地开关

HXD3B 型电力机车具有两种型号的接地开关,分别为 35KSDP、BTE25.04C 型接地开关。接地开关的主要功能是:当工作人员进行机车检查或维护时,把机车真空断路器两侧的高压电路接地,保证机车的安全操作,并保证工作人员的人身安全。

4.4.1 35KSDP型接地开关

4.4.1.1 技术参数

标称电压	25 kV
额定电压	30 kV
额定电流	400 A
峰值耐受电流	20 kA
短时耐受电流	8 kA,1 s
机械寿命	20 000次
辅助触点	2常开/2常闭
操作方式	手动
工作温度	−40～+70 ℃
质　　量	约26 kg

4.4.1.2 结　　构

接地开关的结构如图4.32所示。主要部件有接地夹、接地臂、转轴、箱体、锁组装、手柄组装、转盘、连接杆组成、转套、微动开关1、微动开关2、AMP连接器、凸轮等。

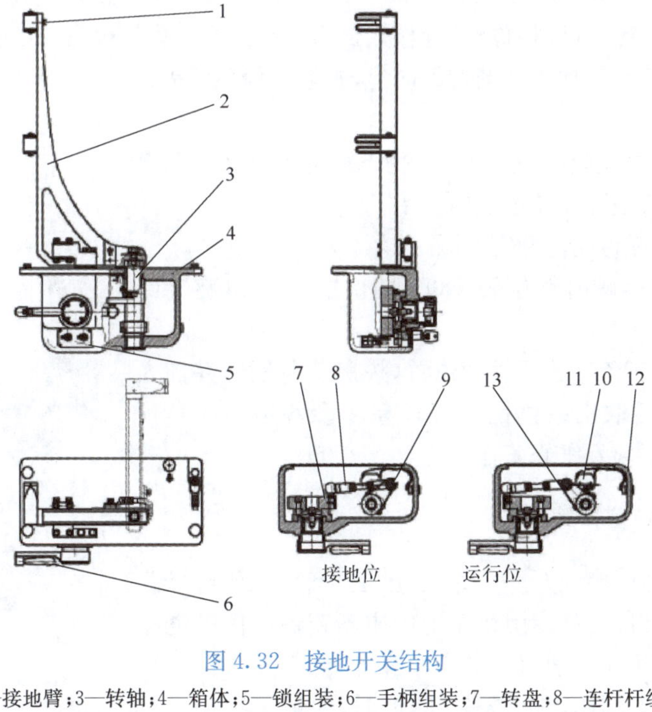

图4.32　接地开关结构

1—接地夹;2—接地臂;3—转轴;4—箱体;5—锁组装;6—手柄组装;7—转盘;8—连杆杆组成;9—转套;10—微动开关1;11—微动开关2;12—AMP连接器;13—凸轮

4.4.1.3 工作原理

转动手柄,可以带动由转盘、连接杆组成、转套、转轴组成的传动机构动作,从而带动转臂转动,最后实现接地夹与真空断路器的接地触头的连接和分离。手柄组装从一端旋转180°到另一端时，转臂也相应从“运行”位旋转 90°到“接地”位或者从“接地”位旋转 90°到“运行”位。而控制是否能够转动的是锁组装。锁组装共有两个锁，一个供蓝钥匙使用，另一个供黄钥匙使用。仅在蓝钥匙插入蓝色锁后，手柄组装才能从“运行”位旋转到“接地”位，旋转到“接地”位后，就可把黄钥匙从黄色锁中取出，同时联锁机构就被黄色锁所在“接地”位。手柄组装位于“接地”位时，凸轮将微动开关 1 的滑轮压下，微动开关 2 的滑轮松开，AMP 连接器 1、2 点导通，3、4 点不导通。手柄组装位于“运行”位时，凸轮将微动开关 1 的滑轮松开，微动开关 2 的滑轮压下，AMP 连接器 1、2 点不导通，3、4 点导通。

4.4.1.4　操作说明

(1)置“工作位”操作

在机车运行之前，应将接地开关置于“工作”位，而后取下蓝色钥匙开通机车升弓气路。

具体操作如下：

①确认机车联锁钥匙箱上所有绿钥匙收集完毕。

②从联锁钥匙箱上旋转取出黄色钥匙，插入到接地开关黄色锁内，逆时针旋转 90°至水平位置。

③拉出操纵手柄逆时针旋转 180°(即由“接地”位旋转到“运行”位)。

④逆时针旋转接地开关蓝色钥匙 90°至垂直位置，并拔出蓝色钥匙，插入受电弓开关锁内，并旋转到“受电弓上升”位置。

(2)置“接地位”操作

当机车库内试验或入库检修时，操作人员需要接触高压电器设备，此时应将接地开关置于“接地”位，拔下黄色钥匙插入联锁钥匙向上，并取出绿色钥匙。

具体操作如下：

①将受电弓开关锁蓝色钥匙旋至“受电弓降下”位置，取出蓝色钥匙，并插入接地开关蓝色锁内。

②顺时针旋转蓝色钥匙 90°至水平位置。

③拉出操纵手柄顺时针旋转 180°(即由“运行”位旋转到“接地”位)。

④顺时针旋转黄色钥匙至垂直位置，拔出黄色钥匙并插入联锁钥匙箱上，而后取出绿色钥匙打开高压设备柜门或车顶门，进行高压设备试验及维修工作。

4.4.2　BTE25.04C 型接地开关

BTE25.04C 高压接地开关安装在电力机车顶部，与断路器配套使用，主要功能是把牵引机车上的主断路器两侧的电路接地。接地开关保证了牵引机车的安全操作；当工作人员进行机车检查或维护时，消除缺陷或进行修理时，保证了工作人员的人身安全。

图 4.33　高压接地开关外形示意

高压接地开关外形如图 4.33 所示。

4.4.2.1　主要技术参数

标称电压　　25 kV

额定电压	31.5 kV
额定电流	400 A
短时耐受电流	16 kA,1 s
峰值耐受电流	40 kA
闸刀转换角度	$98^{\circ}{}^{0^{\circ}}_{-2^{\circ}}$
机械寿命	20 000 次
质量	23.5 kg

4.4.2.2　结　　构

BTE25.04C 高压接地开关主要分安装面以上部分和安装面以下部分。安装面以上部分主要包括：上罩、闸刀、止挡装置以及在上罩内的轴等传动机构。安装面以下部分则主要包括：下罩、操纵杆组装、锁组装以及在下罩内的传动机构。

4.4.2.3　动作原理

如图 4.34 所示，闸刀安装在轴上，而轴、曲柄组装、连接杆组装、内转盘组装、外转盘以及操纵杆组装则组成一个传动机构，转动操纵杆，使整个传动机构进行传动，进而使得轴带动闸刀旋转一定的角度。

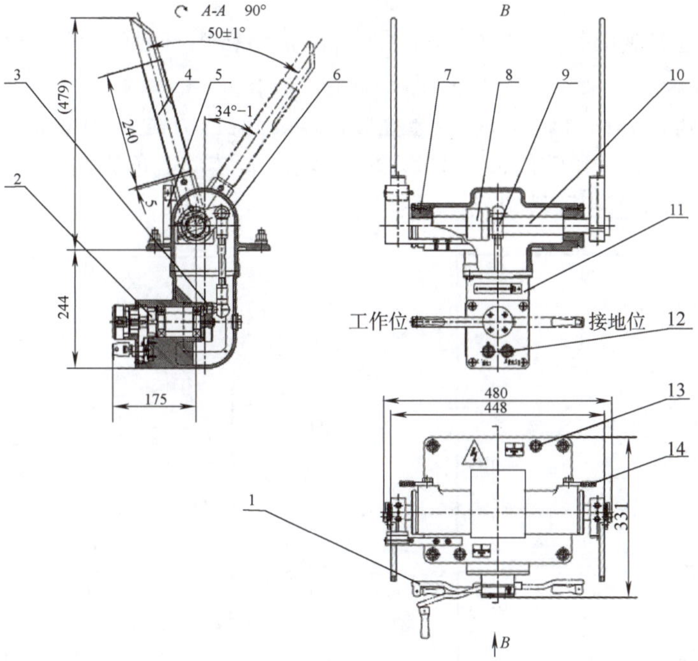

图 4.34　高压接地开关结构

1—操纵杆组装；2—外转盘；3—内转盘组装；4—闸刀；5—止挡装置；6—上罩；7—防护罩；8—曲柄组装；9—连接杆组装；10—轴；11—下罩；12—锁组装；13—接地螺栓；14—软联线

在操纵杆从一端旋转 180°到另一端时，闸刀也相应从“工作位 ”旋转 50°到“接地位”或者从“接地位”旋转 50°到“工作位”。而控制其是否能够转动的则是锁组装。锁组装共有 2 个锁，其中一个供蓝色钥匙使用(用于 BSV，控制受电弓气路通断)，一个供黄色钥匙(用于高压部分)使用。

(1)“接地”状态操作

高压接地开关操作到“接地”状态,步骤如图 4.35 所示。

①在 BSV 上转动蓝色钥匙(钥匙 A),将 BSV 安全联锁箱转换到降弓位置,取下蓝色钥匙,竖直插入到接地开关锁组装。仅在蓝色锁被蓝色钥匙打开后,操纵杆才能从“工作”位置旋转到“接地”位置。

②将蓝色钥匙 A 顺时针转动 90°至水平位置,拉出操纵杆,顺时针旋转 180°到“接地”位置。此时,接地开关闸刀旋转 50°到“接地位”。

③将黄色钥匙(钥匙 B)顺时针转动 90°至竖直位置,取出黄色钥匙 B(联锁机构就被带有黄色钥匙的锁锁在此位置),解除机车高压部分机械联锁。此时,蓝色钥匙被锁死在接地开关上,无法拔出。

(2)“工作”状态操作

高压接地开关操作到“工作”状态,步骤如图 4.36 所示。

①在黄色钥匙使用的地方转动黄色钥匙,取下黄色钥匙,恢复机车高压部分机械联锁。将黄色钥匙竖直插入接地开关锁组装。仅在黄色锁被黄色钥匙打开后,操纵杆才能从“接地”位置旋转到“工作”位置。

②将黄色钥匙 B 逆时针转动 90°至水平位置,拉出操纵杆,逆时针旋转 180°到“工作”位置。此时,接地开关闸刀旋转 50°到“工作位”。

③将蓝色钥匙 A 逆时针转动 90°至竖直位置,取出蓝色钥匙 A(联锁机构就被带有蓝色钥匙的锁锁在此位置),将蓝色钥匙插入 BSV 安全联锁箱,转动蓝色钥匙,BSV 安全联锁箱转换到升弓位置。此时,黄色钥匙被锁死在接地开关上,无法拔出。

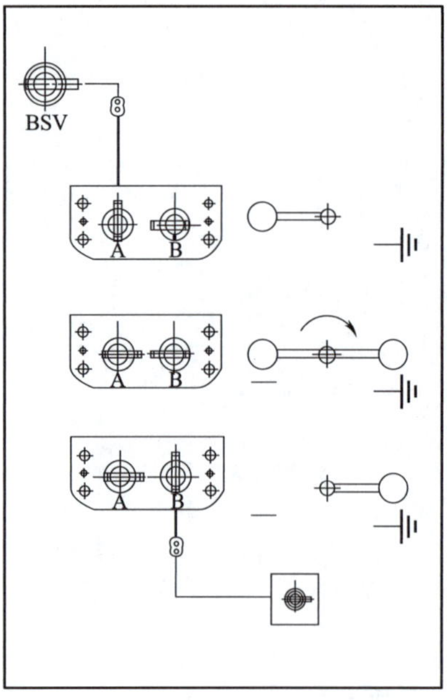

图 4.35　高压接地开关操作到“接地”状态

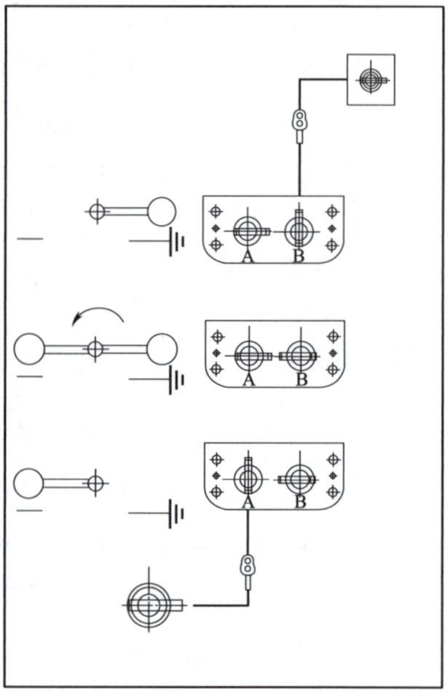

图 4.36　高压接地开关操作到“工作”状态

4.5 高压隔离开关

HXD3B 型电力机车具有两种型号高压隔离开关，分别为 PISDP、BT25.04C 型高压隔离开关。机车运行时，高压隔离开关 1、2 均处于闭合位，接通机车两架受电弓的车顶高压线路，从而可用机车上的任意一架受电弓、主断路器控制机车；如果机车的某一架受电弓发生故障，可以通过转换开关断开相应的高压隔离开关，切断故障受电弓，维持机车运行。

4.5.1 PISDP 型高压隔离开关

4.5.1.1 技术参数

标称电压	25 kV
额定电压	30 kV
额定电流	530 A
额定频率	50 Hz
冲击电压	170 kV(1.2/50 μs)
控制电压	DC 110 V
最小动作电压	DC 77 V
额定工作气压	400～1 000 kPa
最小动作气压	350 kPa
耐受电流能力	8 kA,1 s
耐受峰值电流能力	20 kA
工频耐压	75 kV
机械寿命	20 000 次
质　　量	50 kg

4.5.1.2 外形结构

PISDP 型高压隔离开关安装在机车高压柜的侧墙上，底板上端主要有绝缘子、接触闸刀和簧片，压力气缸和控制单元板安装在底板下边，控制单元板用于电磁阀和连接凸轮开关电源的输入；底板上一个 M8 的螺钉用于连接到机车的接地系统。结构如图 4.37 所示。

4.5.1.3 工作原理

机械室电器柜内设置 2 个控制高压隔离开关的转换开关 SA75、SA76，如图 4.38 所示，其控制原理如下：

(1)受电弓 1、2 均正常时，转换开关 SA75、SA76 置于“正常”位；

(2)若想切除受电弓，除了将 SA75、SA76 转至对应的“隔离”位，送出相应的控制信号外，还需提供相应的气源；

(3)受电弓 1 异常时，转换开关 SA75 置于“隔离”位，同时高压隔离开关 1 的断开电磁阀得电，高压隔离开关打开。

受电弓 1 复位时，转换开关 SA75 返回到“正常”位，同时高压隔离开关 1 的闭合电磁阀得电，高压隔离开关闭合。

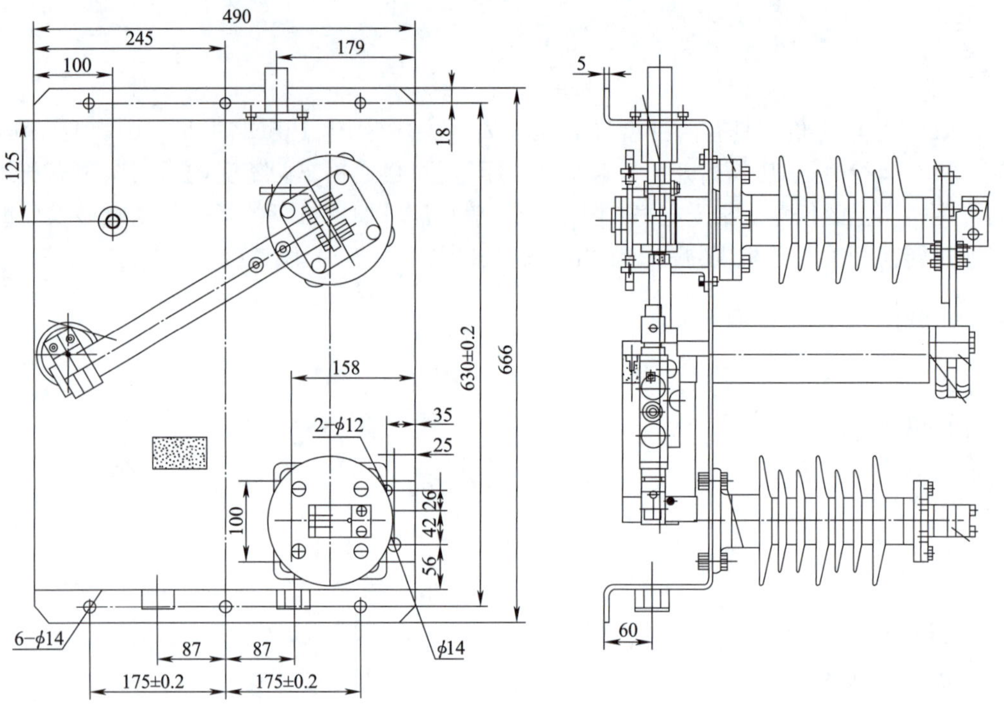

图 4.37　PISDP 高压隔离开关

(4)受电弓 2 异常时,转换开关 SA76 置于“隔离”位,同时高压隔离开关 2 的断开电磁阀得电,高压隔离开关打开。

受电弓 2 复位时,转换开关 SA76 返回到“正常”位。同时高压隔离开关 2 的闭合电磁阀得电,高压隔离开关闭合。

(5)无论哪种情况,闭合或断开高压隔离开关时,真空断路器均会先自动断开,需要通过手动操作再接通。

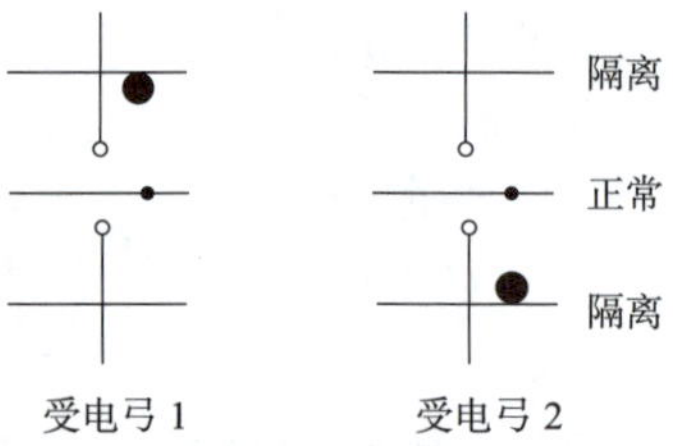

图 4.38　控制高压隔离开关的转换开关 SA75、SA76 示意

4.5.2　BT25.04C 型高压隔离开关

高压隔离开关,其属于车顶隔离电器。它的主要作用是优化配置 25kV 电路内高压设备的运行工况,并当车顶设备发生故障时,能将故障部分隔离,维持机车运行。因此,它的存在可大大减少因车顶设备故障而造成的机破事故,保证机车的安全运行。此型号高压隔离开关是手动型高压隔离开关。

4.5.2.1　主要技术参数

额定电压	30 kV
额定电流	530 A
额定频率	50 Hz
控制电压	DC 110 V
最小动作电压	DC 77 V
额定工作气压	400～1 000 kPa

最小动作气压	350 kPa
耐受电流能力	16 kA,1 s
耐受峰值电流能力	20 kA
机械寿命	20 000 次

4.5.2.2 结　构

如图 4.39 所示,高压隔离开关通过一个 10 mm 厚的铝制底板上安装在车顶上。它装有一个闸刀,它安装在转动绝缘子上,转动绝缘子连接在通过底板延伸到车内的转轴上。簧片安装在另一个固定绝缘子。在底板下,传动气缸和操纵杆机构与转轴连接,推动转动绝缘子的同时,使得闸刀转动。转轴末端上的两个凸轮是用来控制安装在左右支撑板上的两个辅助触头开关接触状态的。底板下装有用来安装压力气缸的支架,电磁阀通过气路板与压力气缸连接。底板上还装有一个 M8 的接地螺栓用于连接到机车的接地系统。

高压隔离开关是用于分断隔离从受电弓流向机车其他电路的电流,它是通过接触弹簧来分离动分断闸刀,使其逆时针转动大约 60°来实现主电路的隔离的功能的。

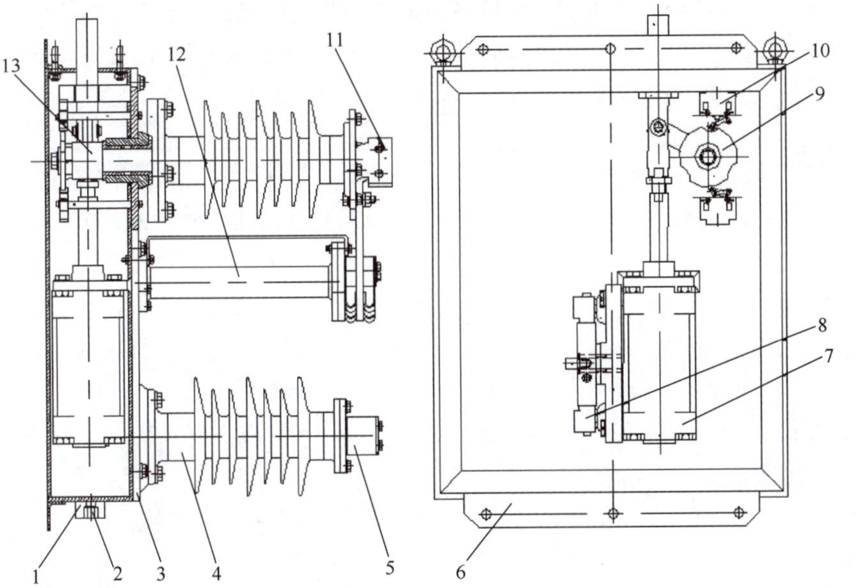

图 4.39　高压隔离开关结构

1—电连接器;2—气路接头;3—底板;4—绝缘子;5—静触头;6—安装架;7—气缸;8—电磁阀;9—凸轮;10—辅助连锁开关;11—闸刀;12—接地端;13—操纵杆组装

4.5.2.3　工作原理

(1)分闸。当接通气路且高压隔离开关处于合闸状态时,电磁阀 E 端瞬时得电(同时保证电磁阀 S 端无电)后得到分闸信号,得电动作,打开 E 端输气气路,压缩空气经电磁阀进入压力气缸 E 端(同时压力气缸 S 端气体通过电磁阀排气气路,经消音器排出),推动操纵杆使转轴旋转 60°,隔离开关分断。转轴转动的同时,固定在主轴上的凸轮驱动低压联锁改变为分闸状态,并将信号反馈给控制系统。

(2)合闸。当接通气路且高压隔离开关处于分闸状态时,电磁阀 S 端瞬时得电(同时保证电磁阀 E 端无电）后得到合闸信号，得电动作，打开 S 端输气气路，压缩空气经电磁阀进入压力气缸 S 端（同时压力气缸 E 端气体通过电磁阀排气气路，经消音器排出），推动操纵杆使转轴旋转 60°，隔离开关闭合。转轴转动的同时，固定在主轴上的凸轮驱动低压联锁改变为合闸状态，并将信号传到司机室。

高压隔离开关不带灭弧装置，不具有开断电流的能力；因此，它的所有动作都必须在主断路器处于分断状态时进行。

4.6 高压电压互感器

HXD3B 型电力机车采用 1 台 JDZX18-25B 型电压互感器，连接在高压回路的高压隔离开关及主断路器之间，进行机车电网电压测量和继电保护。该型电压互感器采用环氧树脂真空浇注绝缘支柱式结构。

高压电压互感器内部采用环氧树脂真空浇注而成，使器件具有优良的绝缘性能和良好的耐机械冲击性能；优化设计使产品具有适应环境温度急剧变化的优良耐候性；测量准确，抗干扰能力强；表面爬电距离大、满足任何高海拔地区使用；器件具有体积小，质量轻、便于安装维护等特点。

二次出线端采用防水电缆接头设计，防水防潮可靠性更高。

4.6.1 技术参数

规格	25 000/200/200/200 V
准确级次	0.5/0.5/0.5 级
额定二次输出	15/15/15 V·A
极限输出	350/350/350 V·A
绝缘等级	F 级
额定绝缘水平	31/80/170 kV
额定电压因数	1.5(30 s)
功率因数	$\cos\phi$=0.8（滞后）
温升限值	110 K
质　　量	56 kg

4.6.2 接线原理图

接线原理如图 4.40 所示。

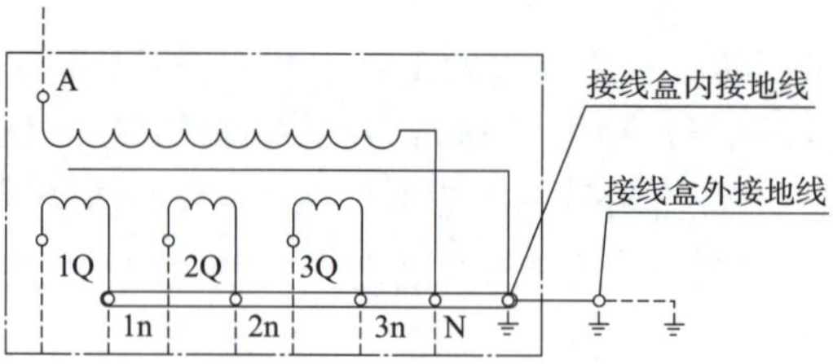

图 4.40　接线原理

4.6.3 外 形 图

高压互感器外形如图 4.41 所示。

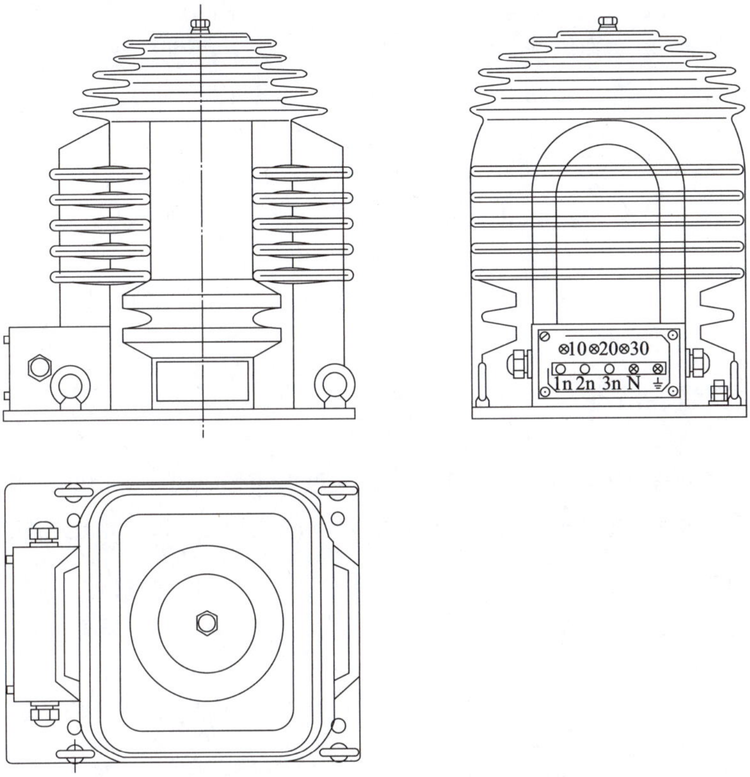

图 4.41 高压电压互感器的外形

4.7 原边电流传感器

HXD3B 型电力机车采用 2 台 LF 2005-S/SP30 型电流传感器。LF 2005-S/SP30 型电流传感器为电力机车电网专用电流传感器，采用复合绝缘穿心式结构，适用于交流 50 Hz 或 60 Hz，额定电压为 25 kV 的电力机车内作计量或继电保护使用。

4.7.1 技术参数

原边额定电流	1 000 A
次边额定电流	200 mA
电流变比	5 000∶1
供电电压	±24 V
精度	0.5 级

4.7.2 外 形 图

高压电流传感器外形如图 4.42 所示。

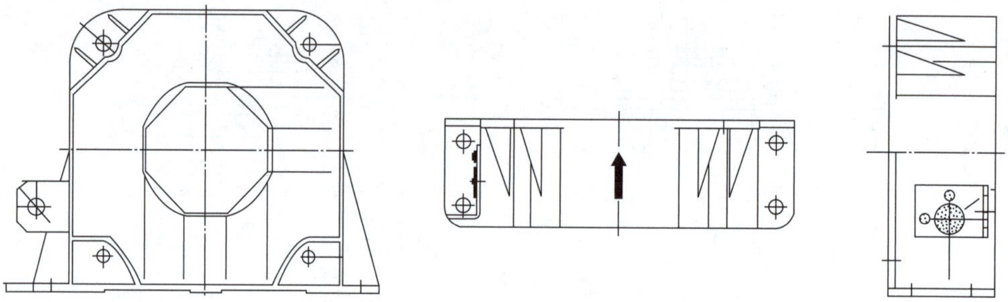

图 4.42 高压电流传感器

4.8 低压电流传感器

HXD3B 型电力机车采用 1 台 LT1005-S/SP19 型电流传感器。LT1005-S/SP19 型电流传感器为电力机车电网专用电流传感器，自带长度 2 m 的 3×0.5 mm^2 屏蔽电缆。

4.8.1 技术参数

原边额定电流	1 000 A
次边额定电流	200 mA
电流变比	5 000∶1
供电电压	±24 V
精度	0.5 级

4.8.2 外 形 图

高压电流传感器外形如图 4.43 所示。

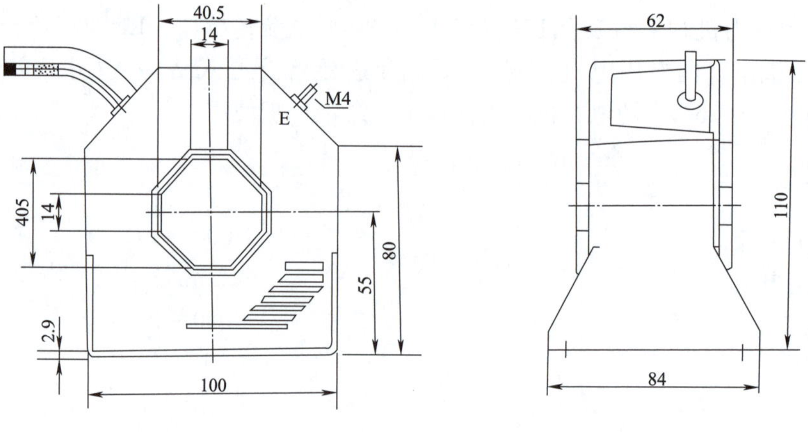

图 4.43

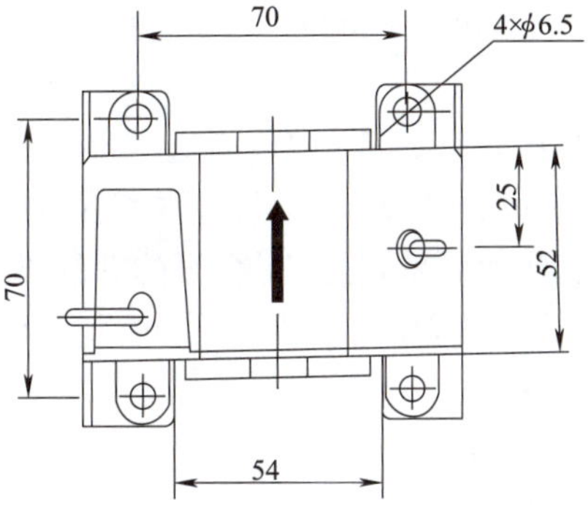

图 4.43 高压电流传感器

4.9 避雷器

避雷器是一种能释放雷电和电力系统操作过电压的能量，保护电气设备既能免受瞬时过电压的危害，又能截断续流，不致引起系统接地短路的电器装置。

HXD3B 型电力机车采用 2 个 YH10WT-42/105D 型(位于车顶盖上)和 1 个 YH10WT-43/108BN 型(位于车内高压电器柜内)避雷器。车顶避雷器并联于受电弓和高压隔离开关之间，可以抑制机车外部的雷击过电压和电网过电压，用于保护车顶和车内的高压电器。柜内避雷器并联于主断路器和主变压器原边绕组之间，它主要抑制主断路器开闭时产生的操作过电压，避免对机车内部的控制电器产生过电压侵害。车顶避雷器的持续额定工作电压低于柜内避雷器的持续额定工作电压，从而确保机车外部的雷击过电压和电网过电压在车顶就被抑制，避免进入车内造成危害。

4.9.1 技术参数

系统电压	27.5 kV
额定电压	42 kV(43 kV＊)
额定频率	50 Hz
持续运行电压	31.5 kV (34 kV＊)
直流参考电压	≥58 kV(1 mA)
标称放电电流	10 kA (峰值)
操作冲击残压	≤89 kV(峰值)(92 kV＊) (0.5 kA,30/60 μs)
雷电冲击残压	≤105 kV(峰值)(108 kV＊)(10 kA,8/20 μs)
陡波冲击残压	≤118 kV(峰值)(121 kV＊)(10 kA,1/10 μs)
2 ms 方波电流耐受	400 A,18 次
持续运行电压下阻性电流	≤300 μA
0.75 倍直流参考电压下漏电流	≤50 μA
硅橡胶外套表面爬距	≥1 050 mm(860 mm＊)

＊标识为 YH10WT-43/108BN 参数。

4.9.2 结构特点

YH10WT-42/105D 和 YH10WT-43/108BN 型避雷器主要由硅橡胶复合外套、芯棒、连接金具、连接底板等部分组成，如图 4.44 所示。其基本工作元件是密封在瓷套内的芯棒。芯棒采用高强度、高电气性能的氧化锌阀片，它具有很好的非线性伏安特性，并且和硅橡胶有强力亲和性，内部充入高强度绝缘胶，使避雷器形成全密封的固体，抗污性强。连接金属件采用不锈钢，以保证表面耐蚀性和美观。

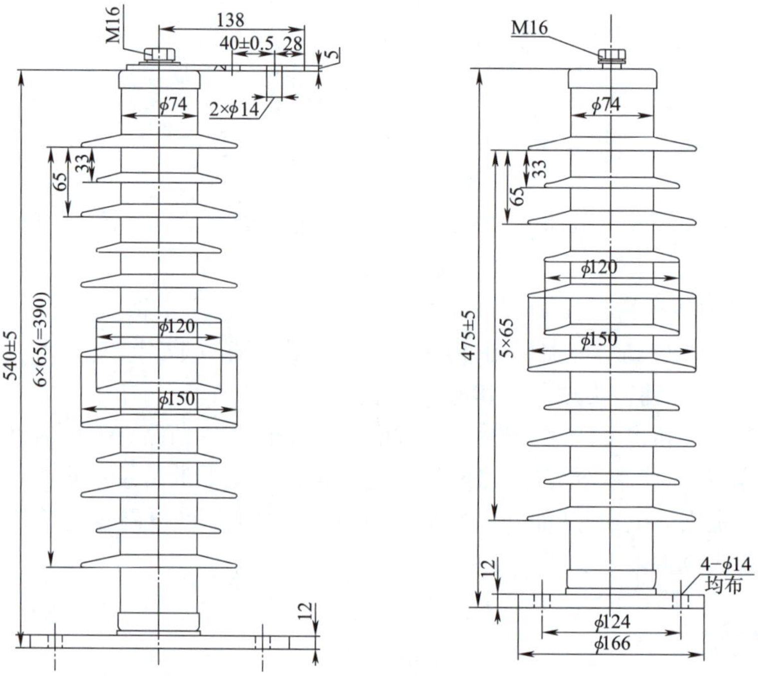

图 4.44 避雷器

4.9.3 工作原理

避雷器内部装有优异非线性伏安特性的电阻片，当系统出现过电压时，避雷器呈现低电阻，吸收过电压能量，使被保护电器设备上的过电压限制在允许范围内，从而保护了电器设备绝缘免遭过电压的损坏。在电力系统正常工作电压下，避雷器呈现高电阻状态，仅有微安级的泄漏电流流过避雷器，起到与系统绝缘的作用。

4.10 高压电缆总成

高压电缆总成包括三组高压电缆组件组成，其中第一组和第二组分别由两端受电弓进入网侧柜与高压隔离开关相连，第三组由网侧柜断路器出口端与变压器相连。第一组和第二组结构相同,均由户外终端、户内终端、电缆和法兰等组成,但两者电缆长度不同。高压电缆与户内终端、户外终端之间为不可拆卸连接,吊顶盖前后,车顶高压套管均挂在机械间侧墙安装座上。第三组高压电缆组件由户内终端、电缆、T 形连接器组成,T 形连接器与变压器 A 端子之间的连接是活动连接,拆装十分方便、简单。

4.10.1 技术参数

主要部件技术参数:

户外终端	
高度	460 mm±10 mm
悬臂强度	150 N·m(套管顶部抗拉强度)
伞裙个数	11
伞裙直径	126 mm
爬电距离	1 320 mm
高压连接螺栓	M16
户内终端	
爬电距离	大于 600 mm
高压连接螺栓	ϕ13
高压电缆	
电缆外径	42～44 mm
最小弯曲半径	220 mm
T 形连接器	
绝缘材料	硅橡胶
外形尺寸	350 mm×255 mm
系统电气性能参数	
工作电压	27.5 kV(最大持续值 31 kV)
局放试验(37.5 kV/50 Hz)	<5 pC(例行试验)
持续额定电流	520 A(30 ℃)(在机械间环温 55 ℃时不小于 350 A)
冲击电压	170 kV(型式试验)
额定短路电流	导体 13.6 kA,1 s
	屏蔽层 5 kA,1 s

4.10.2 构造说明

4.10.2.1 组　　成

第一组高压电缆总成由 1 个户内终端、1 根 120 mm^2 高压电缆和 1 个户外终端组成,其结构尺寸及安装方式如图 4.45 所示。

第二组高压电缆总成由 1 个户内终端、1 根 120 mm^2 高压电缆和 1 个户外终端组成,其结构尺寸及安装方式如图 4.46 所示。

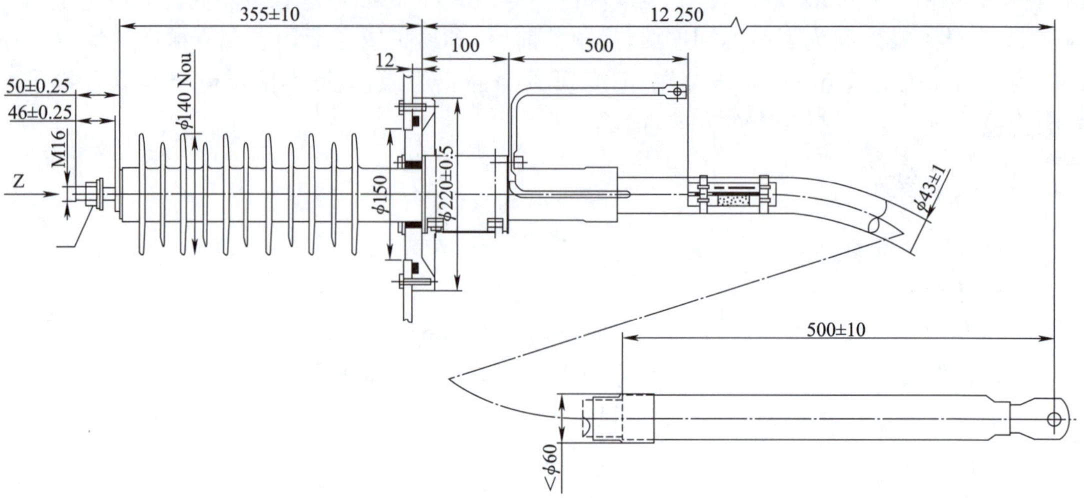

图 4.45　第一组高压电缆总成的结构尺寸及安装方式

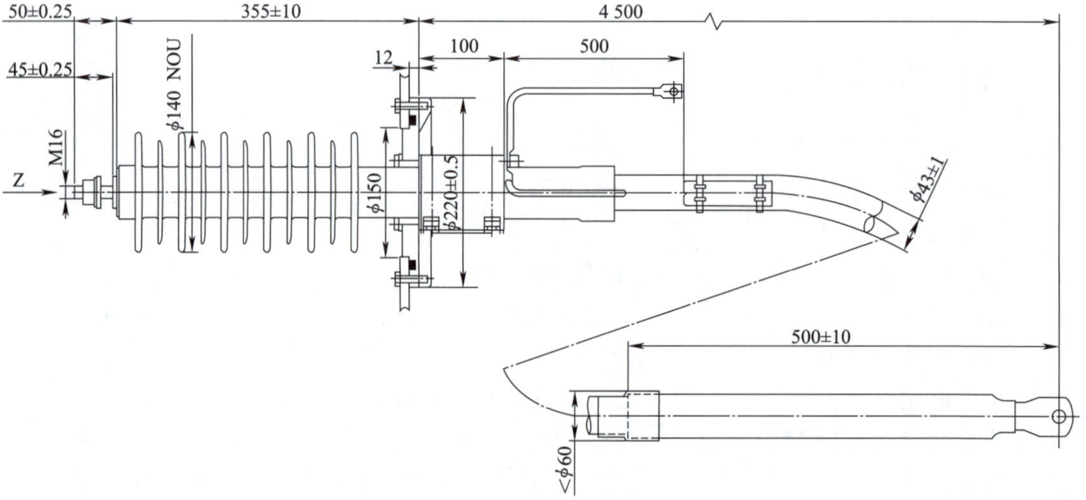

图 4.46　第二组高压电缆总成的结构尺寸及安装方式

第三组高压电缆总成由 1 个户内终端、1 根 120 mm^2 高压电缆和 1 个 T 形连接器组成，其结构尺寸及安装方式如图 4.47 所示。

4.10.2.2　户外终端

户外终端其主要为安装在车顶外部的电气部件（例如：受电弓）和车内部件（例如：主断路器、互感器）之间提供导电连接。外部伞裙由特殊热缩材料制成，具有很好的抗污染层和良好的物理特性。

4.10.2.3　户内终端

户内终端由应力控制片、热缩绝缘加强管等多层结构组成。

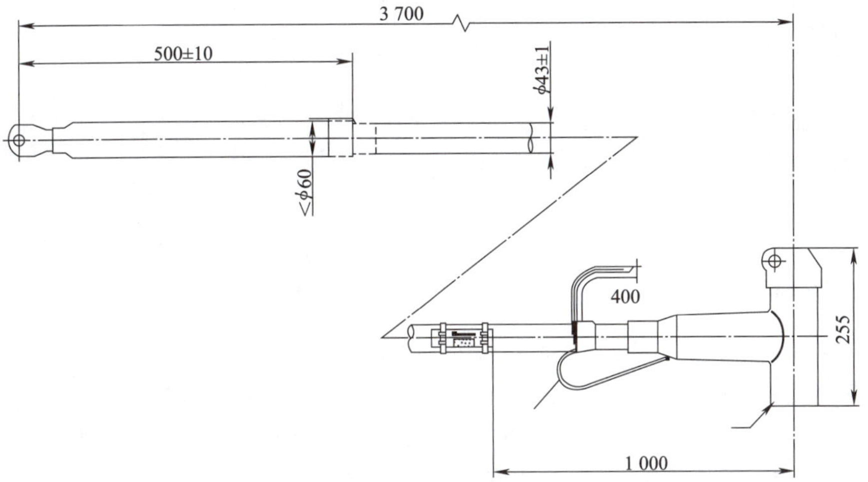

图 4.47 第三组高压电缆总成的结构尺寸及安装方式

4.10.2.4 高压电缆

高压电缆的材料满足低烟、无卤、阻燃的特性，且具有良好的机械和电气性能，在安装时不需要采取其他保护措施。

电缆由导体、内半导体保护层、绝缘层、外半导体保护层、同心接地保护导体和护套组成，其中导体采用镀锡铜丝绞合而成，内、外半导体保护层材料为黑色橡胶化合物，绝缘层材料为EPR化合物，护套层采用红色无卤交联EVA材料，如图4.48所示。

4.10.2.5 T形连接器

T形连接器(图4.49)，用来连接高压电缆和牵引变压器上的A端子。

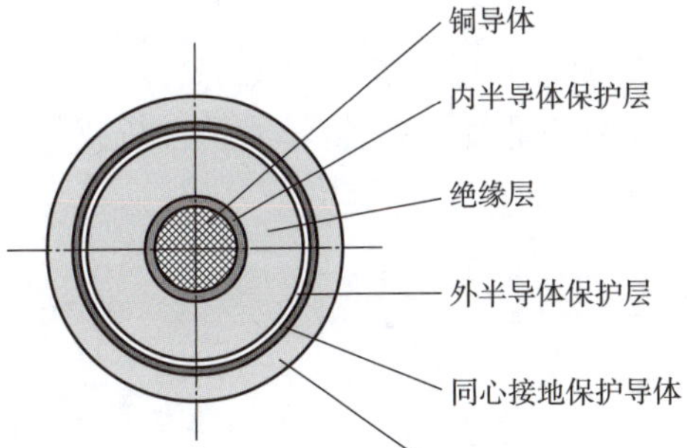

图 4.48 高压电缆结构

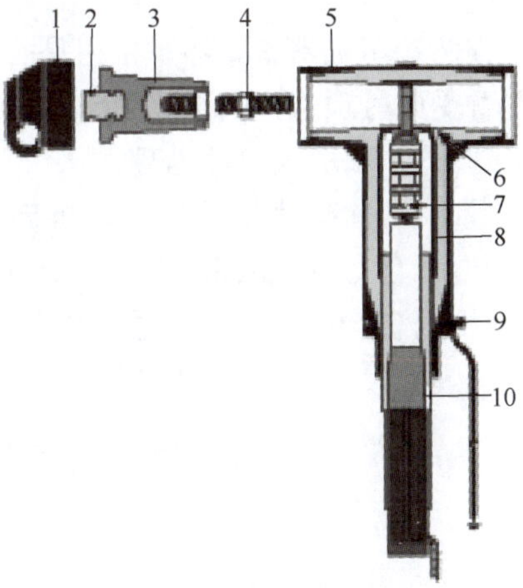

图 4.49 T形头结构组成

1—后盖；2—安装螺栓头；3—后堵头；4—双头螺栓；
5—外接地屏蔽层；6—绝缘层；7—T形连接器接线端子；
8—高压屏蔽层；9—接地接头；10—T形连接器应力控制管

4.11 典型故障分析及处理

受电弓升弓故障时：

4.11.1 故障说明

受电弓无法升起。

4.11.2 故障分析

受电弓无法正常升起，主要原因有以下几种：一是供风系统因素。机车供风管路系统故障导致风源丢失或者风压不足。二是受电弓自身机械因素。在检查供风系统正常的前提下，受电弓仍无法正常升起，考虑是否受电弓自身机械卡滞问题导致。三是环境因素。在检查供风系统、受电弓机械正常的前提下，低温冰冻或者冻雨环境也可能导致受电弓无法正常升起。

4.11.3 处理方法

针对供风系统因素。常见故障为电磁阀漏风、减压阀漏风、升弓阀板等各气动件漏风、ADD 阀自动排风等，需要逐一排除并进行如下操作：

(1)确认升弓风缸(U43.05)压力是否达到 480 kPa 以上，若不足应启动辅助压缩机，将升弓风缸压力升至 680 kPa。

(2)检查升弓钥匙塞门 U99(蓝钥匙)应在垂直开通位置，总风缸塞门 A24 在垂直开通位。检查升弓模块塞门 U43.13 应在水平开通位置。

(3)检查两端升弓风路塞门 U98(红色)应在垂直开通位置。

(4)重新闭合电钥匙，待 TCMS 微机屏启动完成后，闭合受电弓扳键开关或直接闭合主断扳键开关。

(5)检查两端司机室紧急停车按钮是否被按下，若被按下恢复为正常位。

(6)查看受电弓预选择，确认无受电弓被隔离，升另一端受电弓。

(7)处理无效，采取大复位处理。

(8)升弓前，必须确认 TCMS 显示屏启动完成后，方可闭合升弓扳键。

针对受电弓自身机械因素，应检查受电弓各机械连接部位是否卡滞、钢丝绳是否断裂。

针对环境因素，可除去冰冻、适当加大气压升弓。

5 辅助电气系统

5.1 概　　述

HXD3B 型电力机车的辅助电气系统包含辅助变流器、辅助机组、电源柜、蓄电池、辅助加热设备、库用电源、辅助电器等部分，辅助电气系统主要作用为机车主电路提供冷却，为风源系统等辅机提供交流电源，为辅助加热设备提供电源，为机车控制系统提供 110V 电源。辅助电气系统的正常工作与否直接影响到主电路的工作状态，是机车稳定、安全运行的关键。

HXD3B 型电力机车的辅助电气系统配备了相应的辅助机组和辅助设施。该系统具有电压稳定、平衡、节能、低噪声、维护工作量小等优点，有利于各辅助电机运行。该系统采用冗余设计，保障了机车的正常运用。辅助变流器是向通风机和压缩机等辅助机组提供三相交流电源的电源装置，系统根据负载特性不同，具有可变电压、可变频率的 VVVF 控制和固定电压、固定频率的 CVCF 控制两种功能。为了确保根据机车实际运行状况而提供足够的冷却风量和降低运转噪声，其中 2 台冷却塔通风机和 2 台牵引电机通风机设定为 VVVF 控制模式，其他负载采用 CVCF 控制模式进行控制。

每辆机车装载有 3 组辅助变流器。正常工作时，1、2 组辅助变流器实行 VVVF 控制，3 组实行 CVCF 控制。机车辅助电源系统采用冗余设计，当一组电源故障时，其余电源能维持全车辅助系统供电，而不降低辅助系统的定额值。

5.2 辅助变流器

HXD3B 型电力机车没有单独的辅助变流器柜，3 组辅助变流器分别集成于 3 个主变流柜中，其电源取自牵引变流器的中间直流回路。辅助变流器与牵引变流器共用四象限整流器电路和中间直流电路，省去了独立式辅助电源模式下的整流回路和中间回路，简化了整车变流器电路，提高了牵引变流元件的利用率。辅助变流器回路如图 5.1 所示。

辅助变流器采用 IGBT 元件。与两个牵引逆变器一起连接到中间直流回路。三个牵引变流器中的每一个都含有一个三相辅助逆变器，每个辅助逆变器向自己的变压器和滤波电路供电。

辅助变流器的参数如下：

每台机车使用数量	3
额定输入电压	DC 2 800 V
输出电压	AC 1 130 V/60 Hz
辅助逆变器额定容量	180 kV・A
辅助逆变器最大容量(短时)	250 kV・A

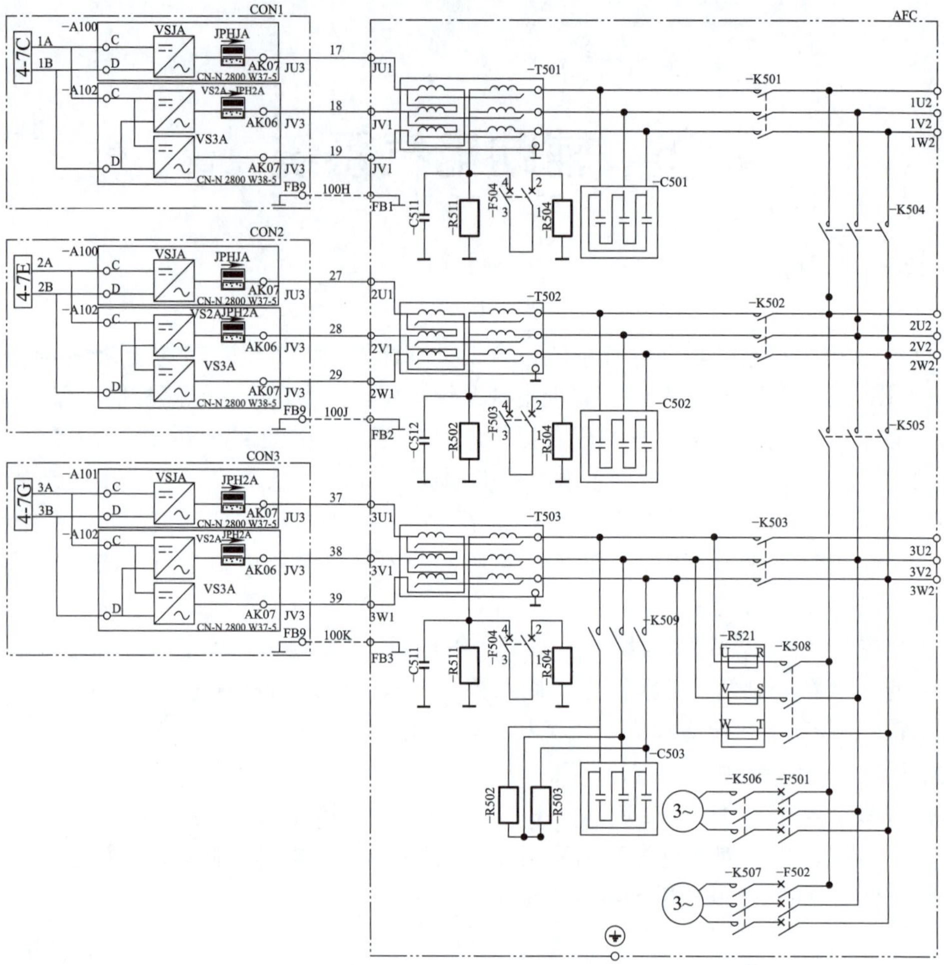

图 5.1　辅助变流器回路

5.3　辅助供电电路

机车设有 3 组三相辅助电源，可以以不同的频率向各类辅助负载供电。输出送入 AFC 辅助滤波柜对辅助电源进行降压、隔离和滤波，再向各类辅机供电。回路如图 5.2 所示。

辅助电源 1、2(变频变压电源)

输出电压(可变)	115～460 V
输出频率(可变)	15～60 Hz

辅助电源 1 经自动开关向两台牵引变压器和变流器的冷却塔通风机电机供电，辅助电源 2 经过自动开关向两台牵引电机通风机电机供电。

辅助电源 3(恒频恒压电源)

输出电压	460 V
输出频率	60 Hz

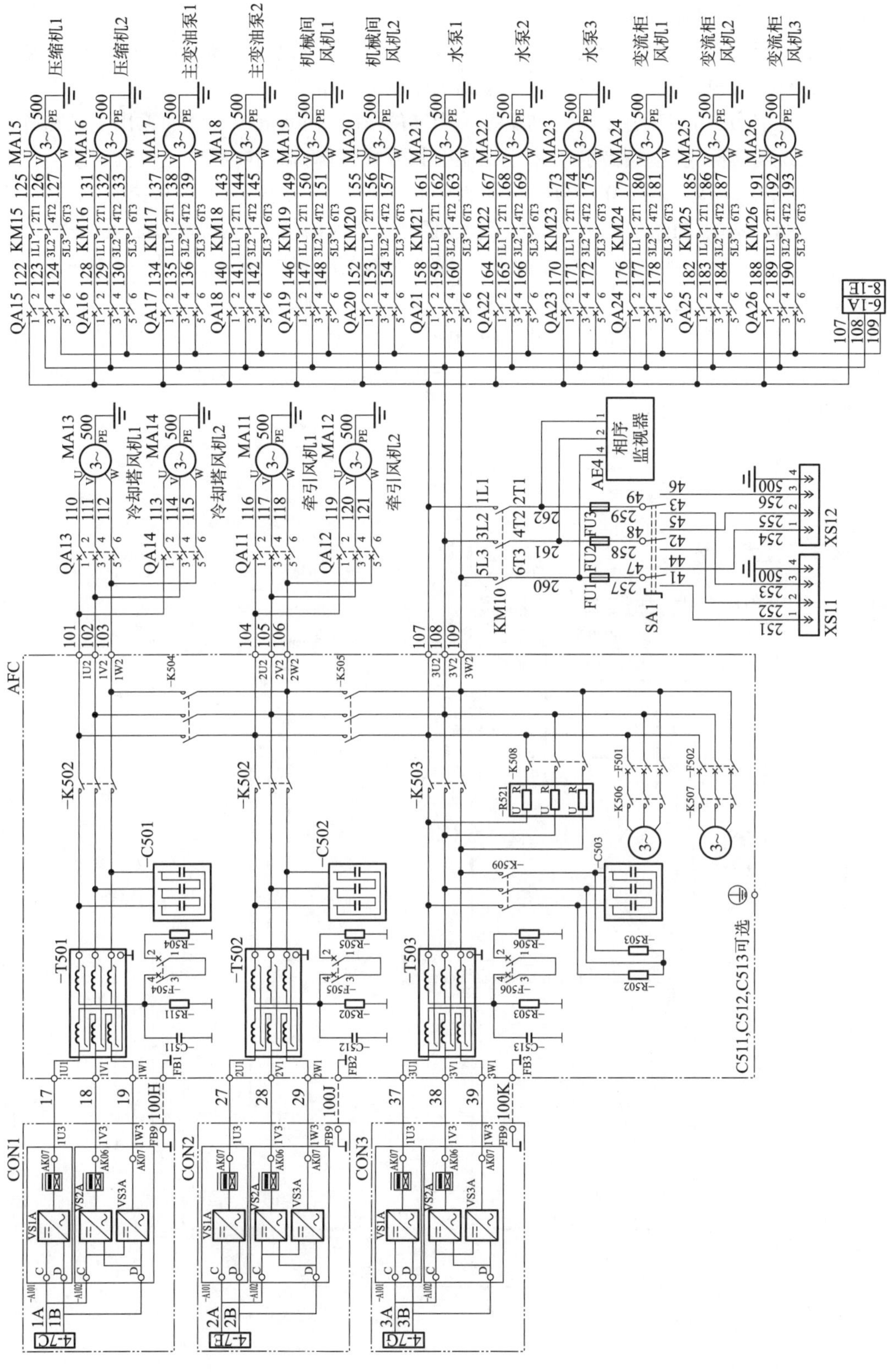
压缩机1
压缩机2
主变油泵1
主变油泵2
机械间风机1
机械间风机2
水泵1
水泵2
水泵3
变流柜风机1
变流柜风机2
变流柜风机3
冷却塔风机1
冷却塔风机2
牵引风机1
牵引风机2
相序监视器
AFC
CON1
CON2
CON3
XS11
XS12
KM10
SA1
AE4
C511,C512,C513可选

图5-2　辅助供电电路

输出电压谐波含量(滤波后)　　　　　　　　　　≤8%

辅助电源 3 经过自动开关和接触器向对应的空压机、油泵、水泵、变流器风机、司机室空调、机器间通风机、蓄电池充电器、各类单相辅助加热器等供电。

考虑机车牵引力、功率和各个电机的温度等因素的影响,辅助电源 1、2 的输出电压和频率将根据冷却系统的实际情况进行调整,采用变压变频方式工作;辅助电源 3 主要针对泵类负载供电,因此采用定频定压方式工作,电压、频率为 460 V/60 Hz。通过采取这些措施,能够最大限度地减小辅助设备的能量消耗,有效地降低风机噪声,最大限度地延长风机轴承的寿命。

辅助电源 1 和辅助电源 2 中任何一个故障时,通过故障接触器的切换,转由另一个辅助电源对辅助电源 1 和辅助电源 2 的负载共同供电,此时该辅助电源由变频变压改为定频定压供电方式。

当辅助电源 3 故障时,通过故障接触器的切换,转由辅助电源 2 对辅助电源 3 的负载及辅助电源 2 的负载共同供电,但此时只允许一台压缩机工作,对于辅助装置除必要的加热或制冷外,其他辅助负载均停止工作。

5.4 电 源 柜

5.4.1 电源柜技术参数

HXD3B 型电力机车电源柜如图 5.3 所示。

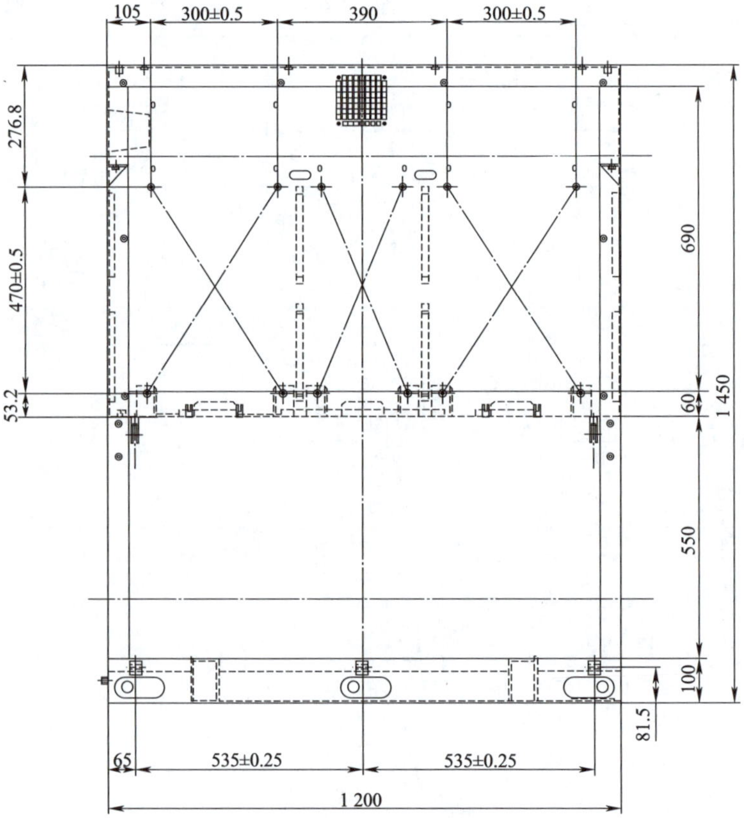

图 5.3　电源柜

HXD3B 型电力机车电源柜主要技术参数如下：

主回路输入电压	
常规模式	三相 AC 460 V/60 Hz
库用模式	三相 AC 380 V/50 Hz
输出电压	DC 110×(1±1%) V
标称输出电流	100 A
输出电流限制值	≤(110±11) A
充电电流限制值	≤(20±5) A
转换效率	η>90%(额定工况)

5.4.2 电源柜电气原理

机车控制电源的核心是 DC 110 V 充电器。机车设有两组高频电源模块，交替进行蓄电池充电和机车直流负载的供电。充电器的输入电源采用两种供电方式：一是机车在网下正常运行时，由辅助电源 3 提供定频定压的 AC 460 V/60 Hz 三相交流电源；二是机车在库内进行 DC 110 V 电源充电时，由库用电源提供 AC 380 V/50 Hz 的三相交流电源。装置工作的温度范围为−40～+40 ℃。

电源模块具有输入过压、欠压，输出过流、输出过压、短路，过热等保护功能和输出电压、电流显示功能，当某个电源模块发生任何故障且进行内部自动处理后不影响另一个电源模块正常工作。

电源柜电气原理如图 5.4、图 5.5 所示。

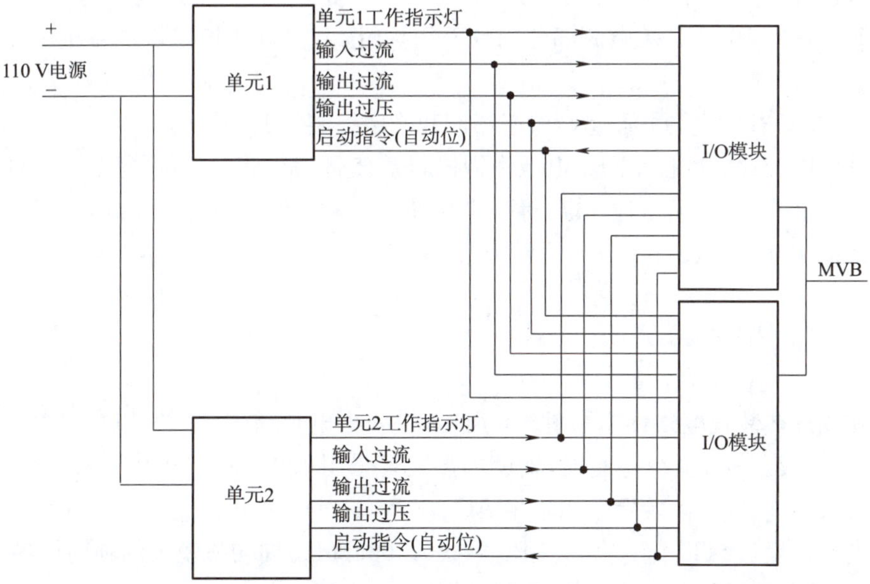

图 5.4 控制回路原理

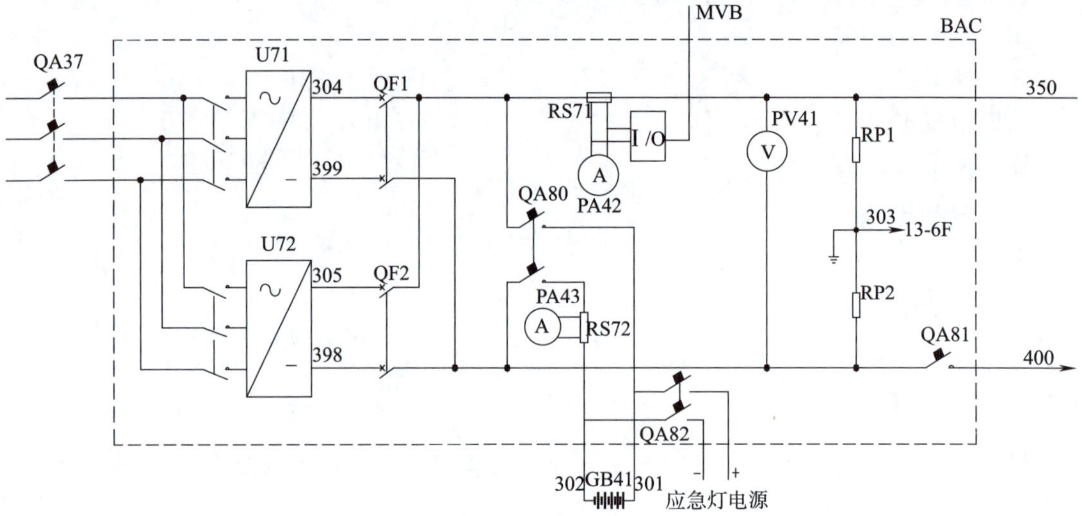

图 5.5　电源柜电气原理

5.5　蓄 电 池

蓄电池柜(含蓄电池)作为机车上备用控制电源和启动电源，它与电源柜并联运行，起着十分重要的作用，主要作用有：

(1)当机车启动时由蓄电池柜提供升弓、低压试验和照明用的低压电源。

(2)当运行中 110 V 开关电源部分因故障切除时，由蓄电池柜提供维持机车故障运行的控制电源。

(3)与 110 V 开关电源并联运行时起滤波和稳定控制电源的作用。

机车采用阀控式免维护铅酸蓄电池作为控制系统启动和后备电源，每节蓄电池标称电压 2 V，每节车上装有 48 节蓄电池串联，标称电压 96 V，采用浮充电方式工作，其额定安时量为单体安时量即 170 A·h。

5.6　辅助加热电路

机车辅助加热装置电路具体如图 5.6 所示，主要由电热玻璃、膝炉、脚炉、壁炉、后墙暖风机、微波炉等构成。机车正常运行时，辅助加热装置采用单相 AC 230 V/60 Hz 供电，机车在库用电源模式下，辅助加热装置采用单相 AC 200 V/50 Hz 供电。

辅助电源 3 经过 AT1 辅助隔离变压器(460/400)降压，向司机室内的辅助加热设备、电热玻璃、撒沙加热装置、微波炉、卫生间等提供单相交流电源。

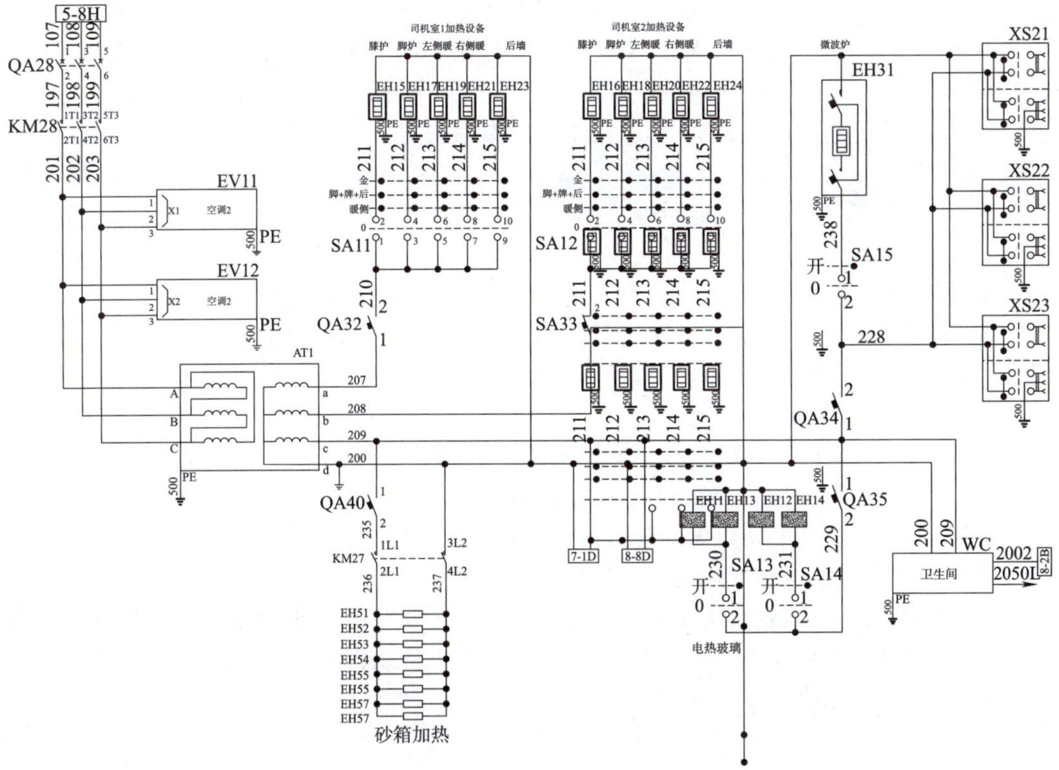

图 5.6　辅助加热装置电路

5.7　库用电源电路

机车每侧各设 1 个 AC 380 V/50 Hz 的三相库用电源插座，可以分别满足机车库内动车、辅助电机试验及蓄电池的充电需要。

5.7.1　库用电源回路构成

机车 AC 380 V/50 Hz 的三相库用电源回路如图 5.1 所示，库用电源经库用插座 XS11 或 XS12 引入，首先经相序检测装置确认相序正常后，闭合库用接触器 KM10，使库用电源经库用转换开关和库用接触器，与辅助电源 3 回路连通。在辅助电源 3 回路中，设有预充电接触器、预充电电阻和滤波电容切换接触器，通过变流器 3 完成库内动车。同时库用电源向 DC 110 V 充电回路提供 3 相输入电源，保证 DC 110 V 充电模块的正常工作。

5.7.2　三相库用电源操作模式

在微机显示屏上设有库用模式选择开关，通过操纵该开关，可以实现机车库内动车和各类辅机的库用试验，如压缩机、牵引风机电机和油泵等。

主断路器断开条件下，司机可进行库用电源模式操作。首先应保证升弓钥匙开关在正常位，将位于 ADC 辅助电源柜的库用开关打至Ⅰ端库用位或Ⅱ端库用位，然后将 ADC 辅助配电柜和 AFC 辅助滤波柜的门闭合到位，并将地面电源插座插入机车对应的库用插座，再闭合电源开关。地面电源送电后，首先经相序检测装置确认库用电源相序正常，库用接触器才可闭合，库用电源送入机车。司机将电钥匙从“0”位打至“2”位，微机系统上电，蓄电池充电模块开始工作，操纵端司机室被确认，机车可以实现以下库用功能：

(1)库内动车

在操纵端司机室，通过微机显示屏选择库内动车模式，辅助变流器 3 的预充电回路接通，对变流器 3 的中间直流回路开始充电。在库内动车模式下，机车制动只能采用空气制动，因此库内动车前，机车控制系统 VCU 首先确认总风压力是否满足要求，如果风压低于 750 kPa，首先控制压缩机进行打风，并闭合辅助变流器 3 的风扇和水泵及 AFC 滤波柜的风扇，司机根据微机显示屏提示确认库内动车条件具备后，才可操纵司控器实现机车的库内动车。

(2)辅机库用试验

在库用模式下，司机通过微机显示屏进入辅机试验界面，激活不同的辅机软开关，可实现对不同辅机的动作和旋向等的确认。辅机库用试验时，通过软件互锁只能投入一台辅机，司机需根据微机显示屏提示，手动操纵一些自动开关的开闭，来保证单个辅机逐个进行试验。

(3)DC 110 V 充电电源模块的库内动作试验

机车在库内动车模式或辅机库用试验模式下，DC 110 V 充电电源模块均可以工作，对蓄电池进行库内充电；如果微机控制系统不上电，但库用电源条件具备的情况下，DC 110 V 充电电源模块仍可工作，完成对蓄电池的充电。

5.8 辅助电器

5.8.1 辅助滤波柜

辅助滤波柜主要由辅助滤波变压器、滤波电容、接触器、自动开关、预充电接触器及预充电电阻等构成。机车三组辅助变流器输出的三相 PWM 辅助电源经过辅助滤波柜进行降压、隔离和滤波，再分别向各类辅机供电。外形如图 5.7 所示。

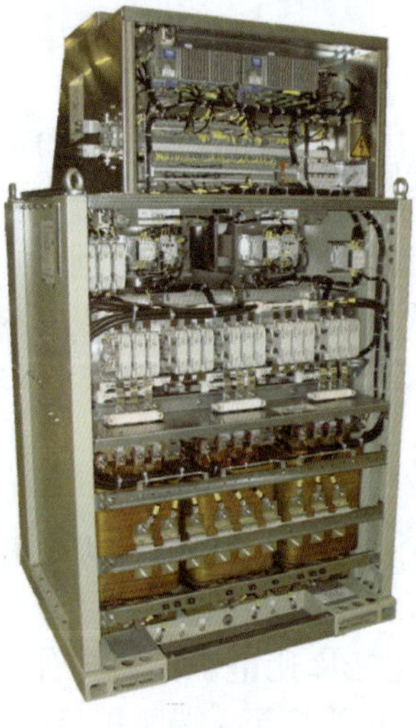

图 5.7 辅助滤波柜外形

通过辅助滤波柜滤波后的三相辅助电源可以满足输出电源的畸变率小于 8%。滤波柜采用强迫风冷，柜内设有 2 个通风机。辅助滤波柜电气原理如图 5.8 所示。

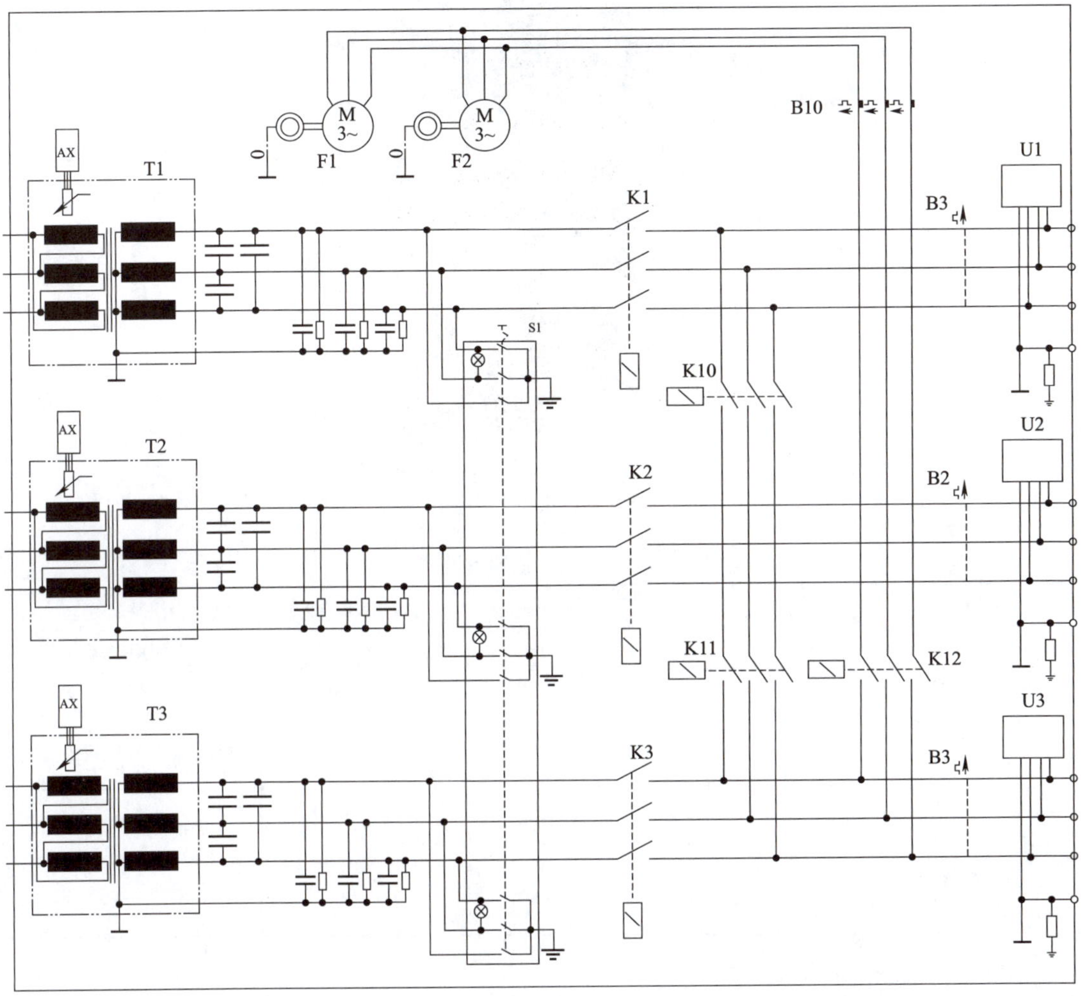

图 5.8 辅助滤波柜电气原理

5.8.2 辅助电器柜

机车设有一个辅助电器柜，用来安装控制各类辅机的三相接触器、三相自动开关、控制各路直流负载的单极自动开关、全自动过分相控制装置、用于分布式网络控制的输入输出(I/O)模块及提供单相辅助电源等部件。辅助变压器装在辅助电器柜的后部，辅助电器柜如图 5.9 所示。

5.8.3 接 触 器

接触器在电力机车上用以控制辅助电路中各辅助电动机的接通和开断，具体见表 5.1。

图 5.9　辅助电器柜设备布置

表 5.1　接触器参数

型号	数量(个/台)	主触头	工作电压(V)	线圈电压(V)	控制设备
AF145-30-11RT	1	3 常开	AC 460	48～130	库用电源
AF110B-30-11RT	3	3 常开	AC 460	48～130	主压缩机、空调
TAL9-30-10RT (加 RV 5/133)	8	3 常开	AC 460	77～143	变流器水泵、风机等负载
TAL12-30-10RT (加 RV 5/133)	1	3 常开	AC 460	77～143	辅助加热负载
TAL26-30-10RT (加 RV 5/133)	2	3 常开	AC 460	77～143	油泵

接触器结构如图 5.10 所示。

5.8.4　辅助变压器

辅助隔离变压器向司机室内的辅助加热设备、窗加热玻璃、撒沙加热装置、微波炉、卫生间等提供单相交流电源。辅助变压器装在辅助电器柜的后部，结构如图 5.11 所示。

辅助变压器主要参数：

额定容量	28 kV·A
冷却方式	干式自冷
频率	60 Hz
一次电压	460 V(Δ)
二次电压	398 V/230 V(Y)
电压变动率	≤5%

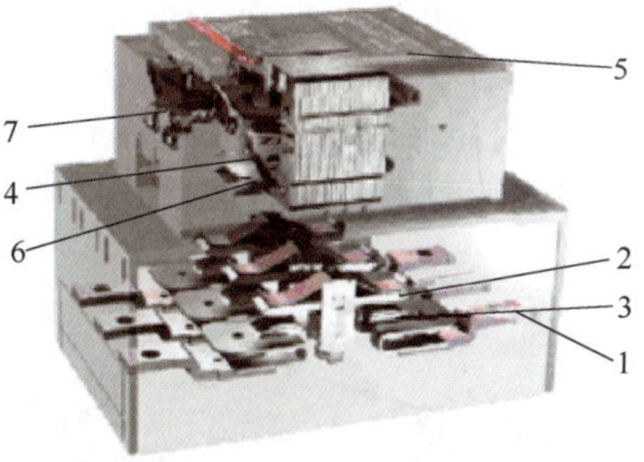

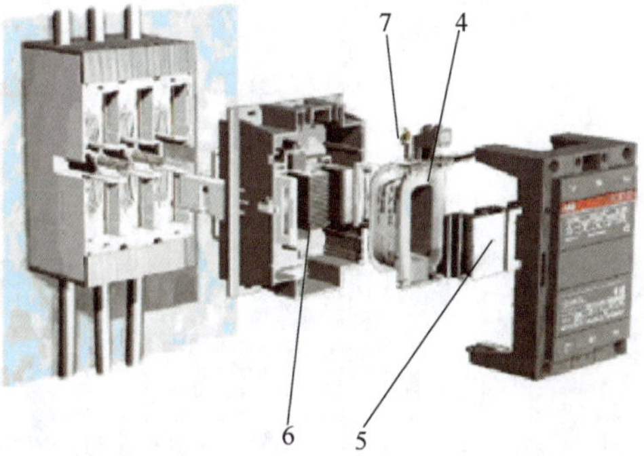

图 5.10 接触器外形结构

1—端子排；2—动触头；3—静触头；4—线圈；5—罩盖；6—铁芯；7—线圈端子

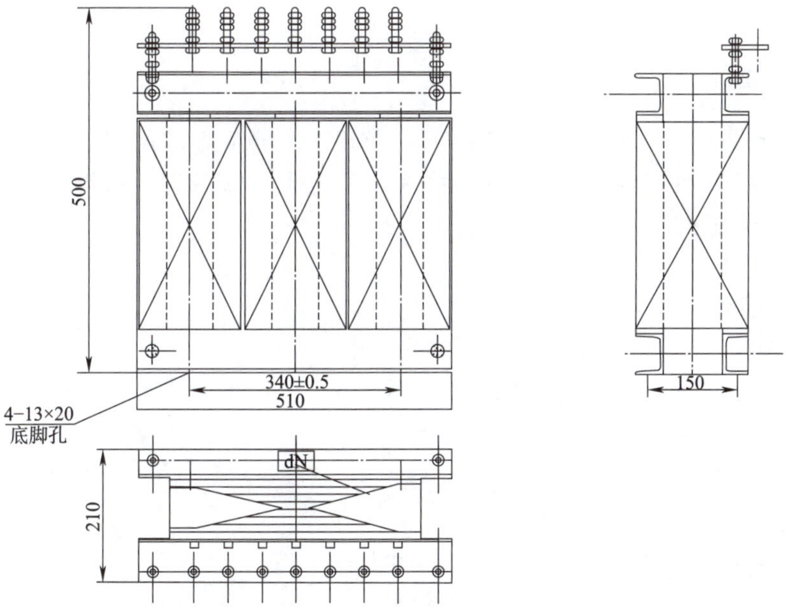

图 5.11 辅助变压器

绝缘等级	F
温升限值	85 K

5.8.5 库用转换装置

库用转换装置在Ⅰ端库用位或Ⅱ端库用位时，可在 130A 额定电流下长期工作，在运行位时处于空载。应严格注意的是“该装置不允许在带电情况下操作！”。库用转换装置如图 5.12 所示。

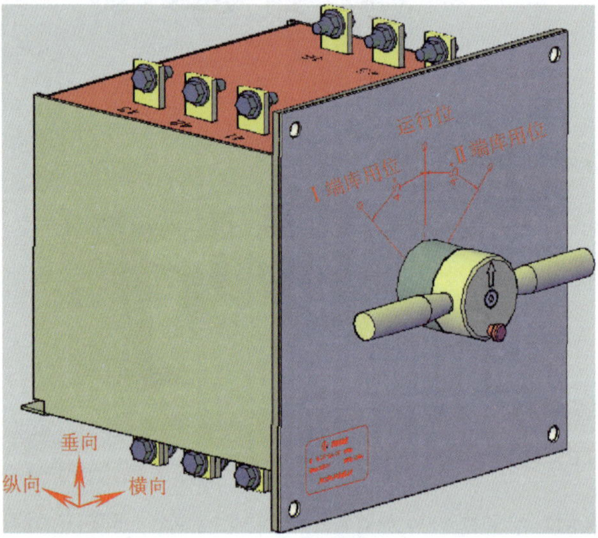

图 5.12　库用转换装置

5.8.6 中间继电器

瞬动中间继电器 D-U204-KLC 是 MORS-SMITT 公司生产的小型插入式铁路专用瞬动继电器，带有四组转换接点，装有反电动势保护和电磁吹弧装置。可插入标准的 V22BR、V23BR 型继电器底座。

主要技术参数

线圈数据（直流）

型号	D-U204-KLC
额定电压	DC 110 V
电压范围	DC 77～137.5 V
线圈电阻	5 830 Ω
额定功耗	2.2 W
额定电压下的感应系数 L/R	加电 11 ms
	放电 8 ms

接点数据

额定电流	10 A（AC 阻性），按照 IEC 947（AC1）
最大工作电流	16 A
最大转换电压	DC 350 V，AC 440 V

最小转换电压/电流	12 V/10 mA
最大接触电阻	15 mΩ
断开接点之间的绝缘接触力	2.5 kV；50 Hz；1 min，>200 mN
分断容量及寿命	DC 24 V　1 A　*L*/*R*=0 ms 电气寿命:550 万次
	DC 110 V　0.5 A　*L*/*R*=40 ms 电气寿命:100 万次
	220 V/50 Hz　1 A　*PF*=1 电气寿命:350 万次

主要数据

绝缘等级	C 级，380 V，50 Hz/DC 450 V，IEC 255-5
脉冲承受力	5 kV　(1.2/50 ms)
冲击	5 g，30 ms，在 *X*、*Y*、*Z* 方向上
机械寿命	30×10^6次
最大开关频度	1 200 次/h
质量	125 g
环境温度	−40～+70 ℃
湿度	95%，允许短暂冷凝
防护等级	IP 50

5.9　机车照明

机车照明分为车内照明和车外照明两个部分。

每台车的车外照明包括两个前照灯(Ⅰ端和Ⅱ端各一个前照灯)，四个辅照灯(两个位于Ⅰ端司机室前端，两个位于Ⅱ端司机室前端)、四个标志灯(两个位于Ⅰ端司机室前端，两个位于Ⅱ端司机室前端)。

5.9.1　机车外部照明

5.9.1.1　前照灯

前照灯由氙灯构成。

前照灯的控制开关布置在司机室操纵台扳键开关组上。前照灯具有强光和弱光功能。

前照灯的布置如图 5.13 所示。

前照灯技术参数

工作电压	DC 110 V(允差为−30%～+25%)
额定功率	2×50 W(双 50W 氙灯)
光源	氙灯
光源寿命	大于 2 500 h

5.9.1.2　辅照灯和标志灯

标志灯和辅照灯采用整体式结构。每套灯具包括一个辅照灯和一个标志灯。

辅照灯和标志灯的控制开关布置在司机室操作台扳键开关组上。

辅照灯和标志灯在司机室前端的布置如图 5.14 所示。

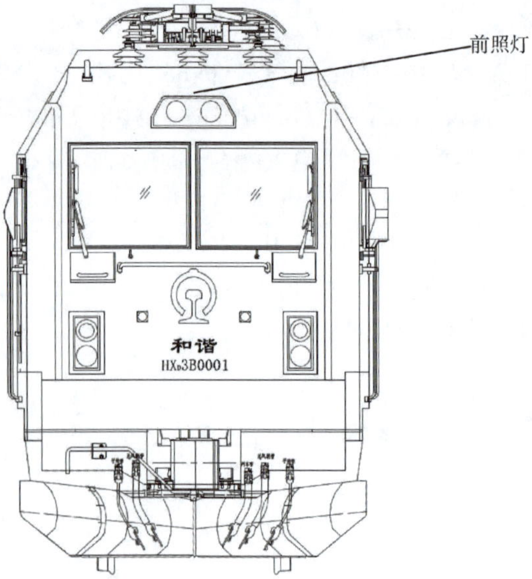

图 5.13　前照灯布置

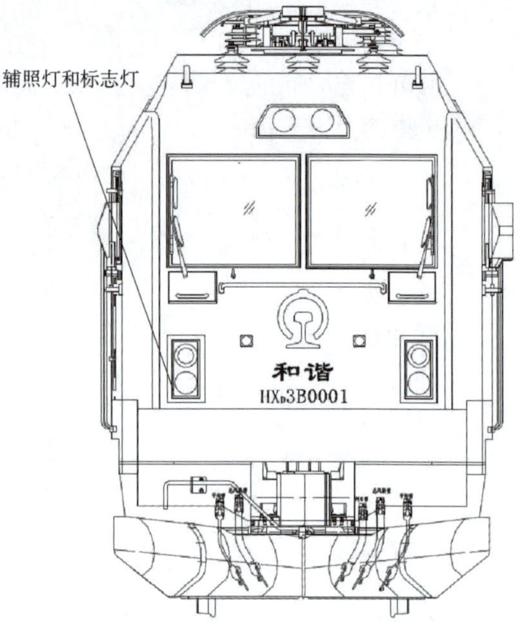

图 5.14　辅照灯和标志灯在司机室的布置

技术参数

辅照灯	DC 110 V / 200 W
标志灯	DC 110 V / 8 W
发光强度	辅照灯＞65 000 cd;标志灯＞25 cd

5.9.2　机车内部照明

机车内部照明包括司机室照明和机械间照明。

5.9.2.1　司机室照明

司机室照明包括司机室灯照明和记点灯照明。在每个司机室有两个司机室灯和两个记点灯。

司机室灯和记点灯布置于司机室的顶棚,其中司机室灯位于司机座椅的正上方,记点灯位于操纵台平台的主、副司机的正上方。

司机室灯和记点灯的控制开关布置于司机操纵台主台面的扳键开关布置。

司机室灯技术参数

机车司机室顶灯	
额定电压	DC 110 V
电压范围	DC 110 V(允差为－30%～＋25%)
额定功率	2×18 W(长灯),18 W(短灯)
记点灯	
工作电压	DC 110 V(允差为－30%～＋25%)

额定功率　　　　　　　　　　　12 W

5.9.2.2 机械间照明

机械间内安装有 6 个机械间灯，机械间灯的控制开关布置于司机操纵台主台面的扳键开关布置。

机械间灯的技术参数

额定工作电压　　　　　　　　　DC 110 V

电压范围　　　　　　　　　　　DC 110 V(允差为－30％～＋25％)

额定功率　　　　　　　　　　　2×18 W

5.9.3 侧面照明

机车提供了 2 个供侧面照明的行灯插座。

5.10 典型故障分析及处理

辅机不工作时：

5.10.1 故障说明

机车受电弓升起后，主断路器闭合后，辅机不工作。

5.10.2 故障分析

机车全部辅机不工作分多种故障情况。

若机车所有辅机都不工作，需检查辅助变流器状态，机车设置三组辅助电源，辅助电源 1 和辅助电源 2 中任何一个故障时，通过切换接触器，转由另一个辅助电源为辅助电源 1 和辅助电源 2 的负载供电，此时该辅助电源由变频变压改为定频定压供电方式。当辅助电源 3 故障时，通过切换接触器，转由辅助电源 2 为辅助电源 3 和辅助电源 2 的负载供电。

若机车单独某辅机，如牵引风机、冷却塔风机或空压机等辅助不工作，需详细检查该辅机的电气回路。

5.10.3 处理方法

若机车所有辅机都不工作

(1)首先保证牵引/制动手柄回“0”位，断开主断路器。

(2)在微机显示屏点击“过程数据”，然后点击“辅助界面”，查看 K501、K502、K503 是否闭合，如果有一个未闭合，点击“控制”，点击“隔离界面”，手动隔离相应的辅助变流器。点击过程数据，点击“驱动界面”，查看 3 个牵引变流器的中间直流电压，对中间直流电压达不到规定值的牵引变流器进行手动隔离。

(3)重新闭合主断路器，辅机若能正常工作，证明故障原因为某变流器故障，需进一步详细检查变流器状态。

若机车单独某辅机不工作，检查辅助电源供电是否送到负载侧，详细检查该辅机电气回路中接触器或断路器的控制回路状态。

6 通风、冷却系统

6.1 概　　述

HXD3B 型电力机车上的电器设备，如牵引变压器、牵引变流器、牵引电动机等，这些电器都是功率器件，工作时因铁耗、铜耗及其他损耗，将产生大量的热量，为使这些部件的温升不超过允许值，机车采用强迫通风的冷却方式降温，以确保机车可靠工作。

司机室空调通风系统的作用是为司机提供一个舒适的工作环境。

6.2 机车通风方式

HXD3B 型电力机车的通风系统主要包括冷却塔通风支路、牵引电机通风支路、辅助设备通风支路、机械间通风支路、司机室空调通风支路，如图 6.1 所示。机车的通风系统采用独立通风系统，按机车纵向中心线斜对称布置在机车中间走廊两旁，各通风回路有各自相对独立的通风管道，各风路系统之间相互不影响，不需进行风量分配。

此外，在车体顶盖安装了 2 个通风机，一部分洁净空气吹入机械间，使机械间产生微正压，有利于机械间密封和防止漏水。并在机械间形成循环的气流，既保证了机械间的环境清洁，又有利于降低车内空气温度。进入机械间内的空气，一部分由空压机系统消耗，一部分则通过底架排出，当机械间的空气压力大于 70 Pa 时，有一单独连接车外的装置，在压力作用下自动打开，降低车内压力。

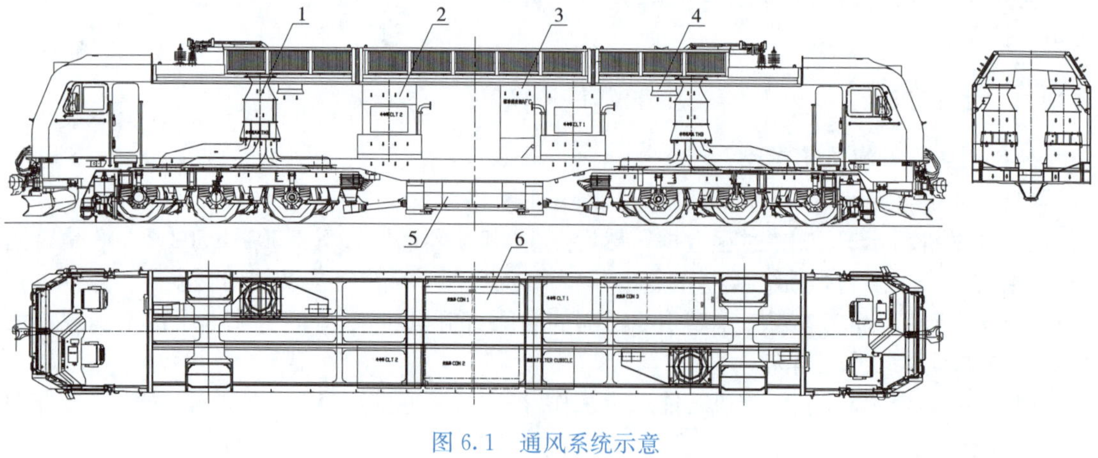

图 6.1　通风系统示意

1—牵引风机；2—冷却塔；3—辅助设备；

4—机械间通风机；5—牵引变压器；6—牵引变流器

6.2.1　牵引电机通风支路

机车设两组牵引电机的独立通风支路，采用独立通风方式冷却牵引电机。每一独立通风支路由离心沉降式过滤器、棕纤维过滤网、牵引通风机组、过渡风道、风机底座等组成，分别冷却一个转向架的3台牵引电机。牵引电动机通风支路如图6.2所示。

牵引电机通风支路的冷却空气走向如下：

车外空气→离心沉降式过滤器→棕纤维过滤网→牵引通风机进风口→牵引通风机→牵引通风机底座→车体风道→牵引电机→车底大气

牵引电机通风机由辅助电源提供变频电源，机车控制系统根据机车工况自动调节其运行频率，来改变风机的转速，以使风量适合于牵引电机当时的冷却需要。

6.2.2　冷却塔通风支路

冷却塔通风支路主要通过冷却油、水等传热介质用于冷却机车牵引变流器和牵引变压器。

冷却塔通风系统空气走向如下：

车外空气→离心沉降式过滤器→板式粗滤器→过渡风道→冷却塔→底座→车底大气。

冷却塔通风冷却系统示意如图6.3所示。

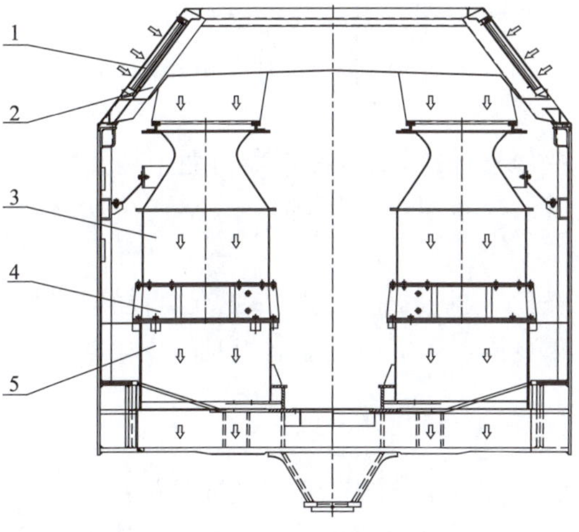

图6.2　牵引电机通风支路示意

1—离心沉降式过滤器；2—棕纤维过滤网；
3—牵引通风机组；4—过渡风道；5—风机底座

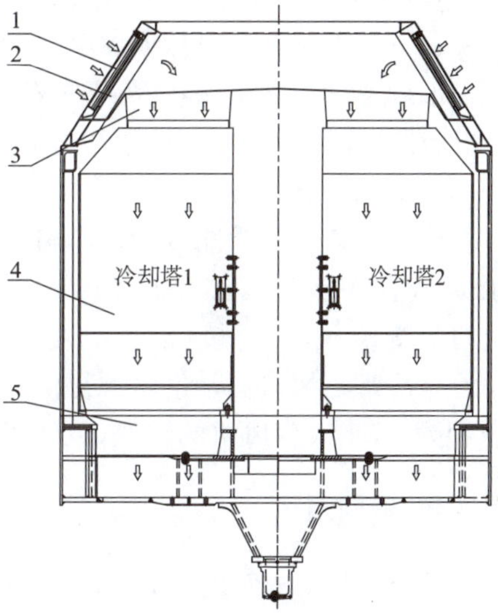

图6.3　冷却塔通风支路示意

1—离心沉降式过滤器；2—进气室；
3—过渡风道；4—冷却塔；5—底座

机车有2个冷却塔，用来给机车牵引变压器和3个牵引变流器的冷却介质强迫通风冷却。其中1号冷却塔组成包括2个水散热器、1个油散热器、1个通风机及柜体和其他附件；2号冷却塔组成主要包括1个水散热器、1个油散热器、1个通风机、1个变压器储油柜及柜体。冷却塔工作原理如图6.4所示。

机车牵引变流器采用水冷技术，即变流器柜水冷却回路中使用水、防冻剂的混合物作为传

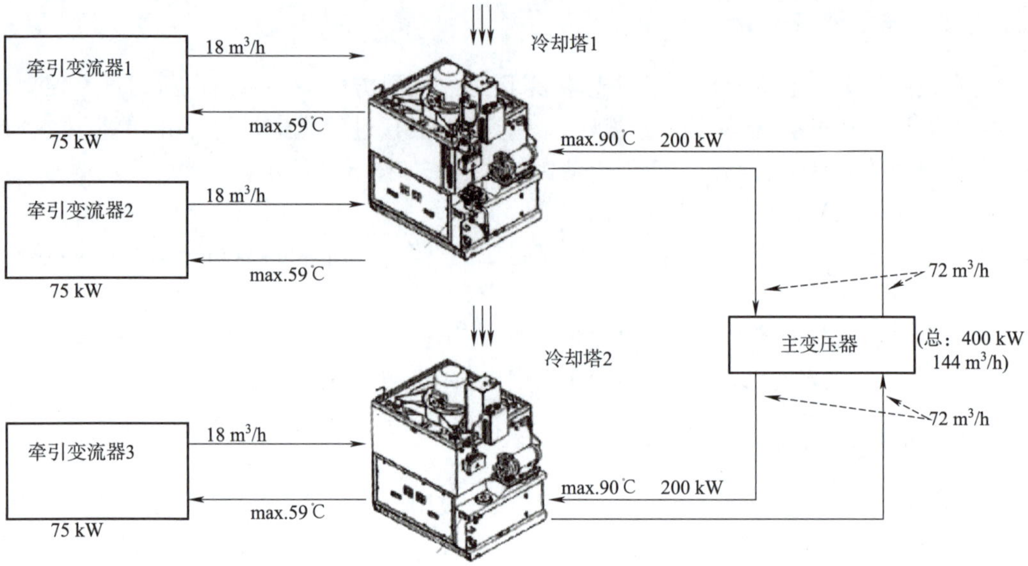

图 6.4　冷却塔工作原理

热介质，机车牵引变压器采用油冷技术，即牵引变压器油冷却回路中使用矿物油为传热介质。

复合冷却器是复合冷却通风支路的热交换设备，变流器柜的冷却水进入冷却器上层，牵引变压器油进入冷却器下层，变流器和牵引变压器的热量，在复合冷却器中与空气进行交换，使水、油冷却到要求的温度。被冷却后的水和油，分别进入变流器和牵引变压器内，对牵引变流器和牵引变压器进行冷却。

复合冷却器通过管路分别与牵引变流器和变压器连接，复合冷却器由两个隔开的流体支路组成，是一个板翅式全铝热交换器，通过风机、油泵、水泵的作用，油、水、空气在复合冷却器中进行热交换。

复合冷却器风机由辅助电源提供变频电源，机车控制系统根据机车工况，自动调节其运行电压和频率，来改变风机的转速，以使风量适合于变压器和牵引变流器当时的冷却需要。

6.2.3　机械间通风

在机械间前、后顶盖对称布置了两个机械间通风机，车外的空气经过过滤器和棕纤维过滤网过滤后，清洁的空气吹入机械间。其主要作用是保证机械间始终保持微正压，其次是保证和提供空气压缩机所需的清洁空气，最后带走机械间电器设备所散发的热量。

机车在运行过程时，冷却空气由车顶通风机吹入，部分空气通过车体出风口排出，将机械间的热量带走，实现空气对流，保证机械间的温度不至过高。如果冷却空气不能顺利排出，则因机械间的压力升高，会与外界之间形成压力差，当压力差过大时，司机室进入机械间将会困难，并感到不适。为此，在机械间安装了压力平衡装置，当机械间压力大于 70 Pa 时，在压力作用下会自动打开由压力平衡装置控制的与车外连接的小门，冷却空气直接排向车外，从而降低机械间压力。机械间通风支路如图 6.5 所示。

6.2.4　辅助设备通风支路

辅助设备通风系统用来冷却辅助滤波柜和保证牵引变流器内空气的流通，以保证发热的电器元件不至过热。

辅助滤波柜冷却空气的走向如下：

车外大气→离心沉降式过滤器→棕纤维过滤网→车顶独立风道→辅助滤波柜→车体底架→大气

6.2.5　司机室空调通风系统支路

空调及风道是由出风口、铝风道、软风道、回风栅、空调机组、出风道、回风道及冷凝风道等组成。空调机组布置在机械间，降低了司机室内的噪声。空调出风口布置在司机操纵台的前方，并具有八个可自由旋转风向和调节风量的出风口，给司乘人员提供最舒适的工作环境。

空调机组选用全封闭制冷压缩机，制冷系统采用全封闭焊接结构，可有效地避免制冷剂泄漏。空调机组的框架材料采用防锈铝或不锈钢材料，满足结构强度需要，紧固件采用不锈钢材质，空调具有较高的耐腐蚀性。空调冷凝水、雨水排出通畅，避免漏入或吹入机械间或司机室内。空调冷凝水及雨水排到空调底部室外出风风道中。空调机组内设过滤网，过滤网采用长久耐用材料制造，清洗后可重复使用，并可方便的拆卸、更换。

正常运行时，新风与经过回风口的室内空气在空气过滤器前混合，再由通风机经过蒸发器和加热器吸入，然后再通过机组底部的送风口向下排出。在制冷时，压缩机开始工作。冷凝风机吸入室外的冷风并通过冷凝器和压缩机，再通过机组底部的风口压出。在送风温度太低时，通过一个热气旁通阀来降低蒸发器制冷量。通风运行时，压缩机和电加热器都不工作，送风机根据司机的要求工作在高速或低速状态。司机室空调通风支路如图 6.6 所示。

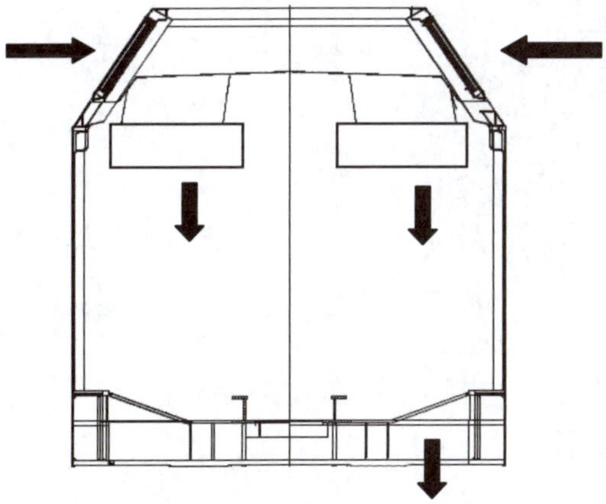

图 6.5　机械间通风支路示意

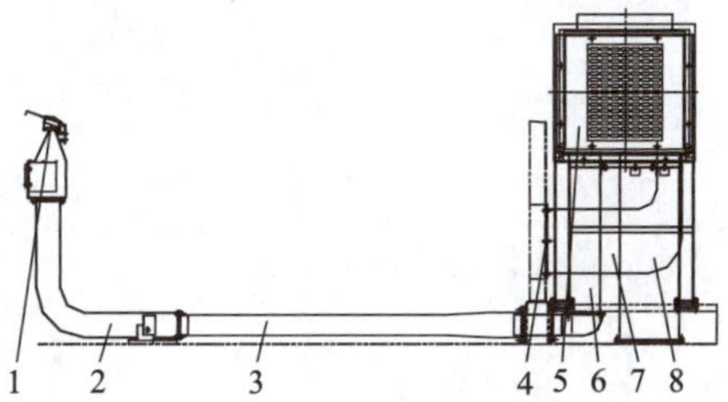

图 6.6　司机室空调通风支路示意

1—出风口；2—铝风道；3—软风道；4—回风栅；5—空调机组；6—出风道；7—回风道；8—冷凝风道

空调机组的主要技术参数如下：

形式	内置单元式
制冷量	5.8 kW
型号	TTK17-5.8GD
制热量	5.4 kW
电源　主回路	AC 460 V/60Hz
控制回路	DC 110 V
库用电源	AC 380 V/50 Hz
制冷功率	3.5 kW
制热功率	6.2 kV·A
循环风量	750 m^3/h(高速)，500 m^3/h(低速)
冷媒	R134a
噪声	满足 TB/T 2866—1997 第 4.5.11 条要求

6.3 空气过滤装置

由于牵引电动机及辅助变流器通风冷却要求空气过滤精度较高，故采用离心沉降式过滤器＋棕纤维过滤器的二级过滤方式，以提高过滤效率和精度，降低系统阻力，增强防雨性能。其他通风系统(机械间进气、复合冷却器进气等)中仅采用离心沉降式过滤器，即可满足使用要求。

6.3.1 离心沉降式过滤器

整车的进气系统均采用离心沉降式过滤器，对各支路所需要的空气进行过滤，过滤器安装在机车左右侧的顶盖进气间中。过滤器断面结构如图 6.7 所示。

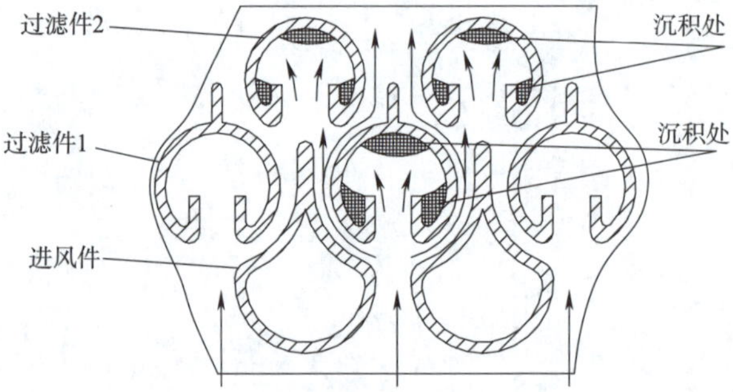

图 6.7　离心沉降式过滤器断面示意

离心沉降式过滤器的过滤原理：空气在进入进风件的风口处加速，加速后的灰尘和水滴因含有较高的冲量而进入过滤器，由于自身的重力而下坠并汇集到下部排尘槽中排出车外。

离心沉降式过滤器的优点：低压降、低噪声、免维修和质量轻。

6.3.2 棕纤维过滤器

棕纤维过滤器作为通风系统中的精滤器，具有阻力小，容尘量大的优点。滤器采用板状结构，其主要过滤材料为喷涂乳胶的棕纤维，喷涂乳胶主要是使松散的棕纤维更加紧密，密度、孔隙均匀，并且乳胶还具有一定的粘接能力，过滤精度更高。

6.3.3 侧墙板式粗滤器

侧墙板式粗滤器安装在复合冷却器通风支路中，其主要作用是夏季可以有效地过滤空气中的柳絮及漂浮物，该滤器为 24 目板式钢丝网结构，阻力小，安装简单，清洗方便。

6.4 典型故障分析及处理

牵引风机故障时：

6.4.1.1 故障说明

机车主断路器闭合后，司机室微机屏报出“牵引风机故障”，辅助配电柜“牵引风机”断路器无法闭合。

6.4.1.2 故障分析

机车运行时，牵引风机发生绕组短路、接地、轴承抱死等问题时，风机电流瞬间增大，此时牵引风机断路器断开，就会出现司机室微机屏报出“牵引风机故障”，辅助配电柜“牵引风机”断路器无法闭合的情况。

6.4.1.3 处理方法

机车运行过程中牵引风机故障，可切除对应转向架 3 台牵引电机，回段后解体通风机检查叶轮、电机以及轴承，及时处理或更换有问题的零部件。

7　微机网络控制系统

7.1　概　　述

HXD3B 型电力机车采用基于 TCN 列车通信网络和 Ethernet（以太网）的分布式微机网络控制系统，控制系统包括中央控制单元 VCU、网关 TCNGW、输入输出设备、人机接口设备 DDU 以及以太网交换单元等。机车网络控制系统通信采用两级结构，分为列车级和车辆级。其中，车辆级通信采用 MVB 总线，用于完成机车内部的控制功能；列车级通信采用 WTB 总线，用于机车之间的通信和重联控制。

7.2　机车网络系统结构

HXD3B 型电力机车采用先进的分布式微机网络控制系统，其通信方式基于 TCN 列车通信网络和 Ethernet（以太网）。TCN 网络采用二层总线结构，由绞线式列车总线 WTB 和多功能车辆总线 MVB 组成。其中 WTB 用于实现重联机车之间的信息交换；MVB 用于机车内部设备之间的控制而进行的信息传输；Ethernet 主要用于软件下载、信息采集、程序调试及 VCU 与显示屏之间的信息传输。机车网络拓扑结构如图 7.1 所示。

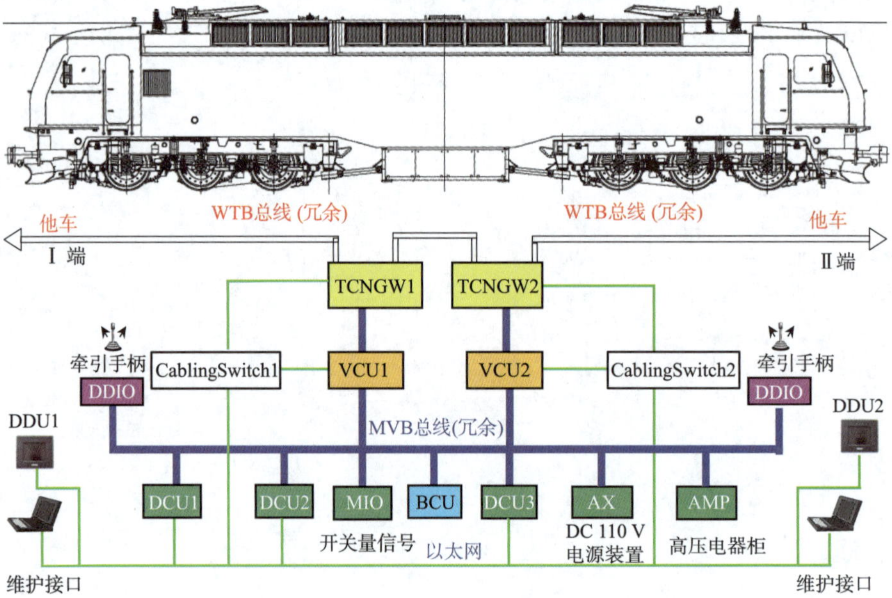

图 7.1　HXD3B 型电力机车微机网络控制系统拓扑结构

每台机车的微机网络控制系统由 2 组机车控制单元（VCU1 和 VCU2）、2 组网关

(TCNGW1 和 TCNGW2)、3 组牵引控制单元(DCU2-1～3)、5 组以太网交换单元(CablingSwitch1～5、)2 组司机显示单元(DDU1 和 DDU2)、1 组制动控制单元(BCU)以及分布于各个电器柜内的输入输出(I/O)模块和高压柜内的模拟量监测保护装置(AMP)等构成。整套微机网络控制系统采用模块化设计,所有设备均采用冗余配置模式,从而提高了机车微机网络控制系统的可靠性,实现了机车微机网络系统的冗余控制。

7.2.1 控制系统主要部件及其功能

7.2.1.1 机车控制单元 VCU

机车安装有两个 VCU,采用热备份冗余方式。正常情况下,VCU1 为主控单元,VCU2 为备份单元。在 VCU1 发生故障时,VCU2 将自动投入工作,不影响机车的正常运行。

机车控制单元主要具有以下功能:实现列车的控制,包括控制受电弓、主断路器、空气压缩机、牵引系统及电传动系统等;故障诊断与保护;管理司机室显示器;控制直流电源回路;管理通信网络等。

在两台机车重联运行时,本务机车的主 VCU 成为两台重联机车的主控 VCU。主控 VCU 通过 WTB 列车总线向其他从控 VCU 发出控制指令。从控 VCU 根据 WTB 车辆总线传递过来的指令控制它们各自的子系统,从而保证 1 台机车只有 1 个 VCU 投用时,两台机车也可以实现重联控制功能。

7.2.1.2 网关 TCNGW

列车总线 WTB 和车辆总线 MVB 之间通过 TCN 网关连接,网关采用冗余配置,两个网关串行的接到冗余的 WTB 线上(WTB_A 和 WTB_B)。WTB 故障由网关检测,这种故障作为诊断信息存储并显示给司机。在 WTB_A 出现故障时,有效的网关将自动切换到 WTB_B 上。

7.2.1.3 牵引控制单元 DCU2

每台机车有 3 个变流柜,每个变流柜由 4 个相同的牵引控制单元(DCU2)硬件构成。根据安装的软件的区别决定它们相应的功能,其中 DCU2/L 为网侧变流器控制单元,DCU2/M1 和 DCU2/M2 为电机变流器控制单元,DCU2/A 为辅助变流器控制单元,通过它们完成整车驱动级的控制。

7.2.1.4 司机显示单元 DDU

每台机车有 2 个司机显示单元 DDU,分别安装在Ⅰ、Ⅱ端操作台面板上。司机显示单元 DDU 用于实现司机与机车微机网络控制系统之间的人机对话,主要包括牵引系统显示界面、制动系统显示界面、过程数据显示界面、参数设定界面和故障及维护界面。

7.2.1.5 输入/输出装置(I/O)

微机网络控制系统通过输入/输出装置读入机车相关状态信息或通过他们向机车发出控制命令,I/O 装置分别安装在机车的各个电器屏柜及操纵台内。HXD_{3B} 型电力机车采用了三种类型的 I/O 装置:操纵台输入/输出模块 DDIO;数字量输入/输出模块(MIO);模拟量输入/输出模块(AX)。

(1)操纵台输入/输出模块 DDIO

DDIO 模块安装在司机室操纵台内,用于读取司机操作指令(如:受电弓、主断路器、空压机、司控制器等操纵设备);同时还可以输出模拟信号用于驱动显示仪表(如:力矩表等)。每个 DDIO 模块有 20 路 DC 110 V 输入信号,12 路 DC 110 V 输出信号,2 路模拟量输入信号和 2

路模拟量输出信号。

(2)数字量输入/输出模块(MIO)

MIO 模块安装在机械间内的 TCMS 柜、高压电器柜、辅助配电柜、低压电源柜、空气管路柜、辅助滤波柜、行车安全柜等处,通过 MVB 网络与 VCU 连接。每个 MIO 模块由数量不等的基本模块和一个电源及通信模块构成,每个基本模块有 12 路 DC 110 V 输入信号,6 路 DC 110 V 输出信号,电源及通信模块用于提供电源及管理 MVB 通信。

(3)模拟量输入/输出模块(AX)

AX 模块安装在机械间内的 TCMS 柜、辅助滤波柜、和低压电源柜内,每个 AX 模块有 4 路模拟量输入信号和 2 路模拟量输出信号。

7.2.1.6 模拟量监测保护装置(AMP)

AMP 模块是专门用于网侧电压和网侧电流监测和保护的控制装置。AMP 通过传感器测量网侧交流电压和交流电流,若出现超负荷状况,能实现机车快速断开主断。

7.2.2 司机显示单元 DDU 显示界面

7.2.2.1 显示屏介绍

显示屏采用触摸式液晶屏,是机车微机网络控制系统人机接口的重要部件,安装在机车两端操纵台上,用于显示微机控制系统监测的各种信息,并且集成了制动系统的状态信息显示。通过屏幕上的触摸开关,可以切换到不同界面,完成对机车电气部件的转换、隔离、设置、测试等相关操作。

机车的各种运行数据显示、设备状态显示、制动系统设置、主断路器和辅助设备测试及输入到机车控制单元 VCU 的软开关命令等都是通过微机显示屏来实现的;微机显示屏还用于机车控制软件仿真测试、即时发生的故障信息显示、故障确认、故障处理及显示故障发生时的有关数据信息等。

微机显示屏分为两种模式:操纵界面模式和维护界面模式。其中操纵界面模式是机车正常运用时向司机提供的界面模式,维护界面模式是机车维护检修时向维护人员提供的界面模式。某些界面功能只适用于维护界面模式,但操纵模式下的所有界面功能均适用于维护界面。

7.2.2.2 主 界 面

图 7.2 为操纵模式下的主界面,上端部为按钮区域,分为两行,点击第一行的“列车信息”“控制”“空气制动系统”或“过程数据”按钮可分别进入到下一级界面;第二行分别为“背景灯开闭”“白天/夜间色彩调节”“屏幕亮度调节(含手动减弱、手动加强和自动控制)”“语言更换”“清理屏幕”及“操纵/维护界面转换”等功能按钮,可以对显示亮度、色彩、语言等进行设定。

屏幕中部左侧显示了一些机车当前的状态,例如运行方向、受电弓状态、主断路器状态、弹停状态等。

屏幕中部显示机车正常运行的状态信息,如网压、总风压力、均衡风缸压力、列车管压力、列车管流量、制动缸Ⅰ的压力、制动缸Ⅱ的压力、机车输出的牵引/制动力等。中下部显示所选定的制动模式如本机、货车投入和列车管不补风等信息。

屏幕中部右侧可显示机车定速模式下的机车实际速度、设定速度及司控器手柄级位,并设有定速调节按钮。

如果有故障发生，左下角会有信息提示。右下角显示的是对司机操纵的提示信息。

图 7.3 为维护模式下的主界面，与操纵模式下的主界面相比，显示的机车状态信息完全一致，只是上端部第一行又额外增加了进入下一层界面的开关如“数据输入”“维护测试”“数据浏览器”等一级显示界面，因此维护模式可选的下一级界面要多于操纵模式的下一级界面。点击“控制”区域后，上端部的第二行将显示“控制”菜单下的第二级选择菜单，如图 7.3 所示，“控制”级下还包括了“隔离”“受电弓预选择”“操纵测试”“距离计数器”四个二级显示界面。

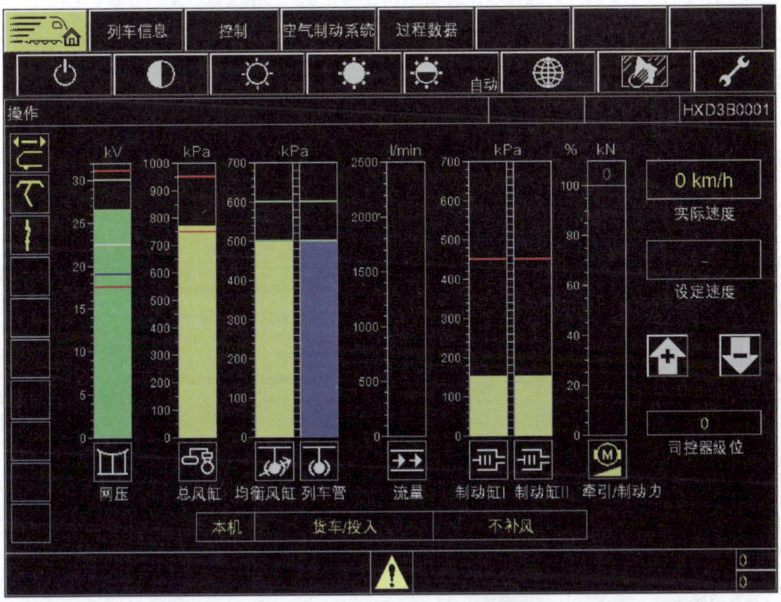

图 7.2　主界面—操纵界面

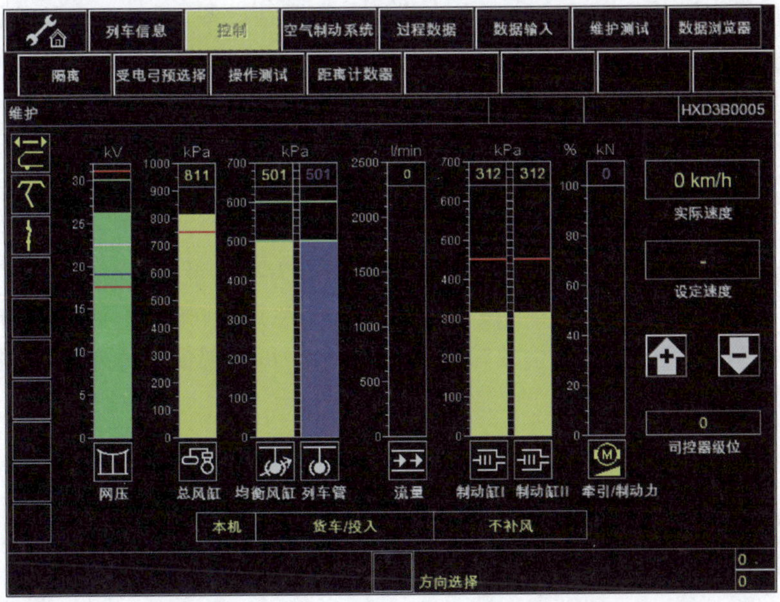

图 7.3　主界面—维护界面

7.3 通信网络

7.3.1 TCN 列车通信网络

TCN 列车通信网络采用二层总线结构，由绞线式列车总线 WTB 和多功能车辆总线 MVB 组成。其中 WTB 用于实现重联机车之间的信息交换；MVB 用于实现机车内部设备之间的信息传递。

7.3.1.1 WTB 列车总线

WTB 列车总线采用两路动态冗余(通道 A 和通道 B)，当其中一路出现故障时，另一路仍可实现信息传递。HXD3B 型电力机车最多可实现 3 台机车的重联，重联机车 WTB 总线连接如图 7.4 所示。

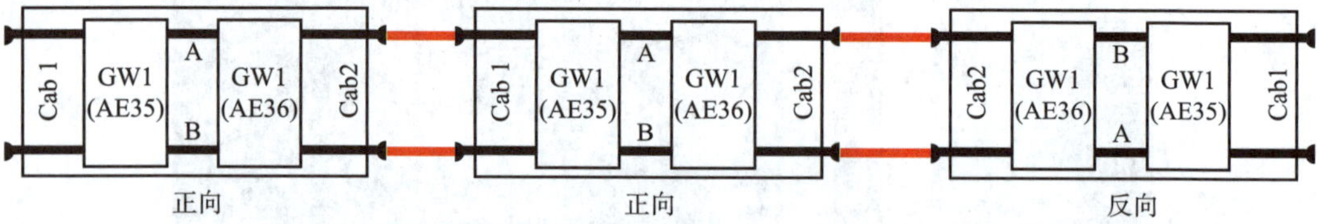

图 7.4　重联机车 WTB 总线连接

WTB 列车总线的传输介质为双绞屏蔽线，最多可连接 32 个节点(无中继器)，传输距离为 860 m(无中继器)，传输速率为 1 Mbit/s。

7.3.1.2 MVB 多功能车辆总线

MVB 多功能车辆总线用于连接机车内部的各个网络设备，机车总线管理器位于 TCMS 柜内的机车控制单元 VCU1 和 VCU2 内。为提高系统的电磁兼容性能，HXD3B 型电力机车 MVB 多功能车辆总线的传输介质采用两种类型的介质：ESD＋双绞屏蔽线和光纤(OGF)。ESD＋双绞屏蔽线主要用于电气屏柜内部部件的连接，光纤(OGF)主要用于屏柜之间的连接。MVB 总线的拓扑结构采用总线型和星型混合的拓扑结构，具体拓扑结构如图 7.5 所示。

MVB 总线采用双路冗余结构进行数据传输，同时为提高系统的可靠性，MVB 总线被分割成 3 段，设为第一段、第二段及第三段，三段传递的信息是相同的，各个电气屏柜均采用双段信息输入，当某一段 MVB 总线通信故障时，其他两段仍可实现信息传递，从而确保机车的安全可靠运行。

7.3.2 Ethernet(以太网)

Ethernet 主要用于软件下载、信息采集、程序调试及 VCU 与显示单元之间的信息传递，其具体拓扑结构如图 7.6 所示。

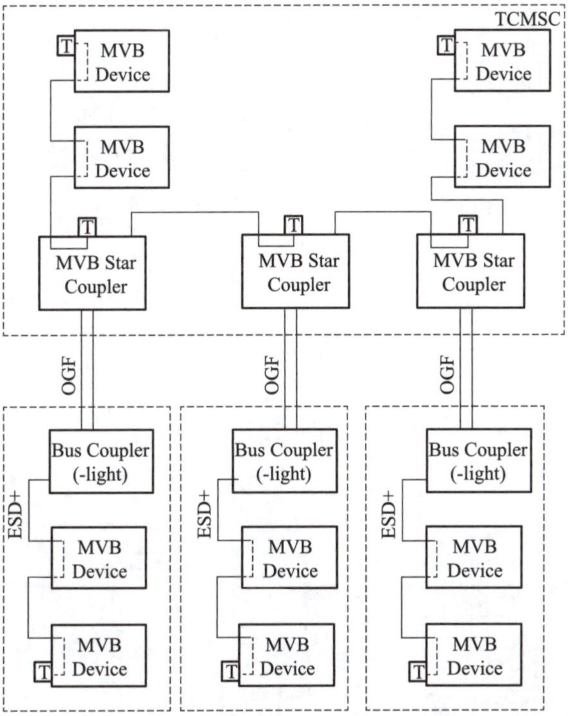

图 7.5 MVB 总线拓扑结构

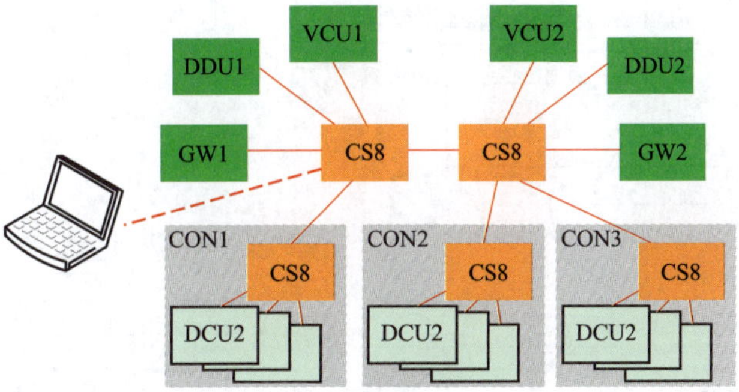

图 7.6 以太网拓扑结构

7.4 网络控制系统硬件

7.4.1 简 介

HXD3B 型电力机车的微机网络控制系统为分布式网络控制系统 MITRAC©，其硬件由控制单元和输入输出模块组成，可实现列车控制级、车辆控制级及驱动控制级的功能。硬件模块分为以下几种：

(1)机车控制单元 VCU；

(2)网关 TCNGW；

(3)司机显示单元 DDU；

(4)输入输出模块 IO；

(5)模拟量监测保护装置 AMP。

MITRAC© 系统是由多微机环境组成，这些控制单元是为满足特定牵引变流器高速处理等要求而设计的。

7.4.2 模块介绍

7.4.2.1 机车控制单元 VCU

机车控制单元 VCU 外形及结构尺寸如图 7.7 所示。

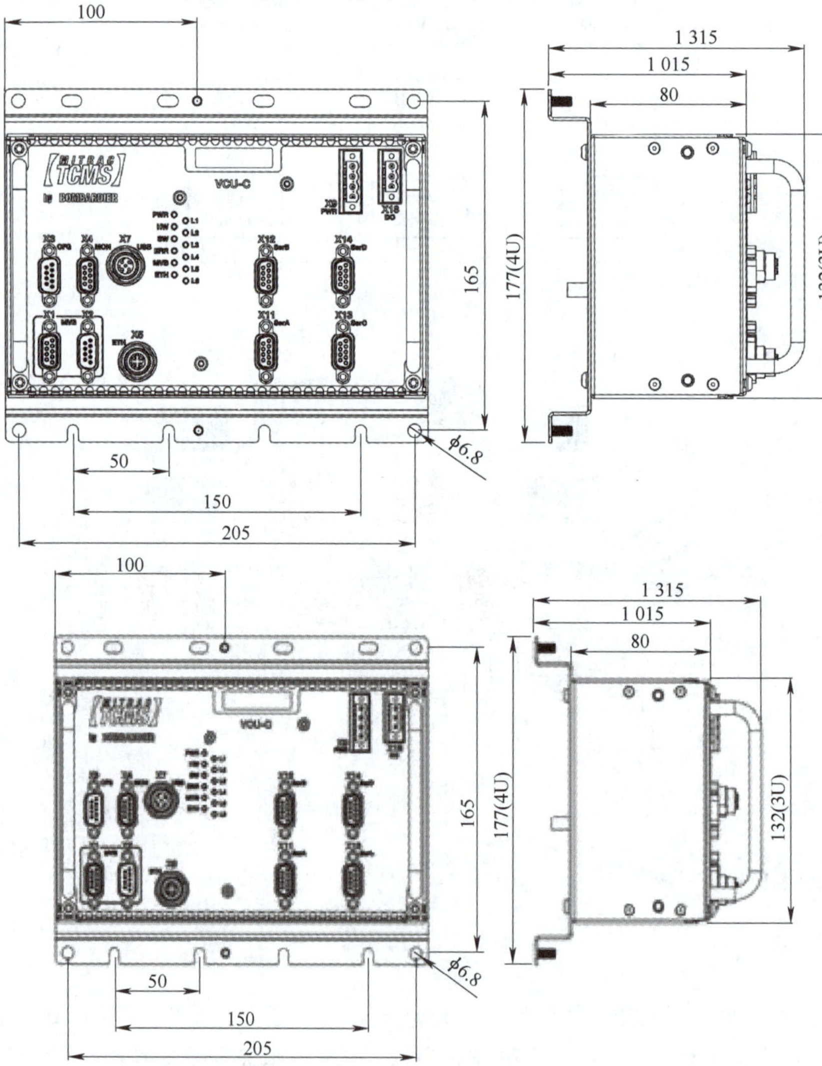

图 7.7　VCU 外形结构

每台 VCU 由单元机箱和托架组成，VCU 托架固定安装在微机柜中，可方便地进行整体单元更换。

VCU 对外电气接口见表 7.1。

表 7.1 VCU 电气接口连接

连 接 器	型 号	部件单元接口
X1	9 芯(孔)D-Sub	MVB 接口
X2	9 芯(针)D-Sub	MVB 接口
X3	9 芯(针)D-Sub	MOBAD 接口
X4	9 芯(孔)D-Sub	服务端口
X5	D-coded(孔)M12	以太网接口
X7	A-coded(孔)M12	USB
X9	4 芯 Phoenix Combicon	供电电源
X11	9 芯(孔)D-Sub	WTB A 接口
X12	9 芯(孔)D-Sub	WTB B 接口
X13	9 芯(孔)D-Sub	WTB C 接口
X14	9 芯(孔)D-Sub	WTB D 接口

7.4.2.2 网关 TCNGW

机车网关 TCNGW 外形及结构尺寸如图 7.8 所示。

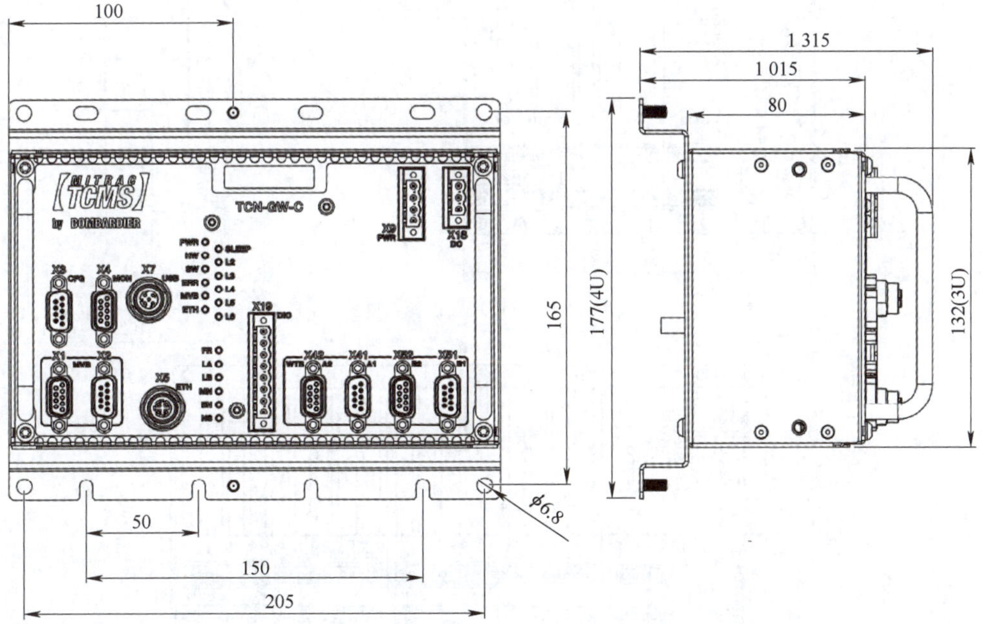

图 7.8 TCNGW 外形结构

网关 TCNGW 电气接口见表 7.2。

表 7.2 TCNGW 电气接口连接

连接器	型号	部件单元接口
X1	9 芯(孔)D-Sub	MVB 接口
X2	9 芯(针)D-Sub	MVB 接口
X3	9 芯(针)D-Sub	MOBAD 接口
X4	9 芯(孔)D-Sub	服务端口
X5	D-coded(孔)M12	以太网接口
X7	A-coded(孔)M12	USB
X9	4 芯 Phoenix Combicon	供电电源
X11	9 芯(孔)D-Sub	串行通道 A 接口
X12	9 芯(孔)D-Sub	串行通道 B 接口
X13	9 芯(孔)D-Sub	串行通道 C 接口

7.4.2.3 IO 模块

IO 模块分为开关量输入输出模块 MIO、模拟量输入输出模块 AX、操纵台输入输出单元 DDIO。

(1)开关量输入输出模块 MIO

开关量输入输出模块 MIO 包含 DCX 2000A、DCX 2200A、DCX 2220A 三种形式。外形及结构尺寸如图 7.9 所示。

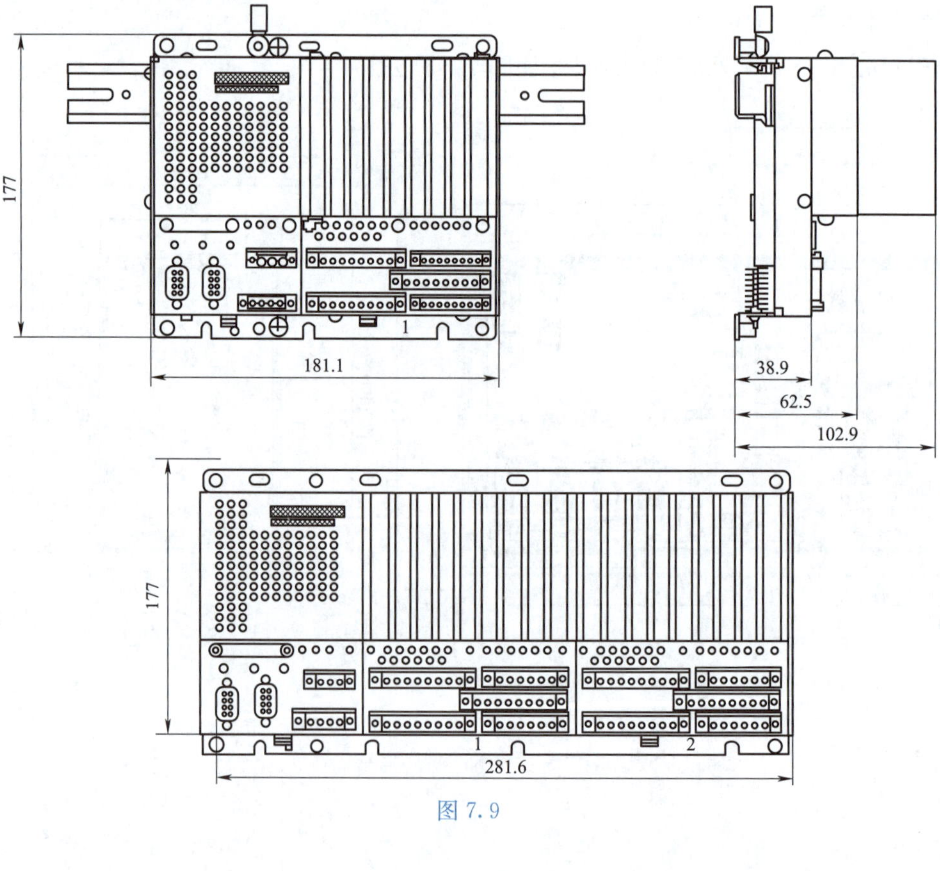

图 7.9

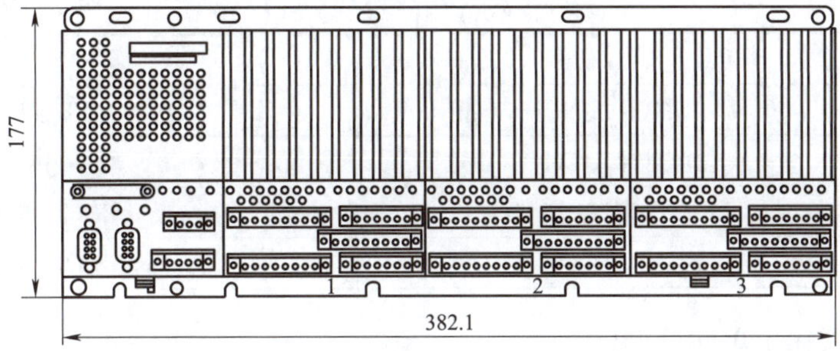

图 7.9 MIO(DCX 2000A、DCX 2200A、DCX 2220A)外形结构

开关量输入输出模块 MIO 电气接口见表 7.3。

表 7.3 MIO 电气接口连接

连 接 器	型 号	部件单元接口
X1	9 芯(孔)D-Sub	MVB 接口
X2	9 芯(针)D-Sub	MVB 接口
X3	4 芯(针)	供电电源
X4	9 芯(针)	工作继电器
X11	8 芯(孔)	DI/O 接口
X12	8 芯(孔)	DI/O 接口
X13	6 芯(孔)	DI/O 接口
X14	8 芯(孔)	DI/O 接口
X15	6 芯(孔)	DI/O 接口

(2)模拟量输入输出模块 AX

模拟量输入输出模块 AX 外形及结构尺寸如图 7.10 所示。

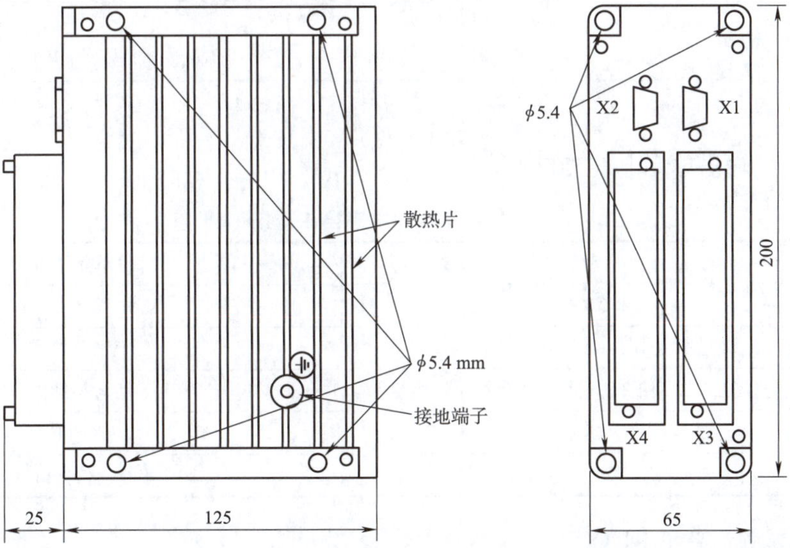

图 7.10 AX 外形结构

模拟量输入输出模块 AX 电气接口见表 7.4。

表 7.4　AX 电气接口连接

连 接 器	型　　号	部件单元接口
X1	9 芯(孔)D-Sub	MVB 接口
X2	9 芯(针)D-Sub	MVB 接口
X3	48 芯(孔)混合连接器	AX I/O 接口
X4	48 芯(孔)混合连接器	AX I/O 接口

3)操纵台输入输出单元(DDIO)

操纵台输入输出单元(DDIO)外形及结构尺寸如图 7.11 所示。

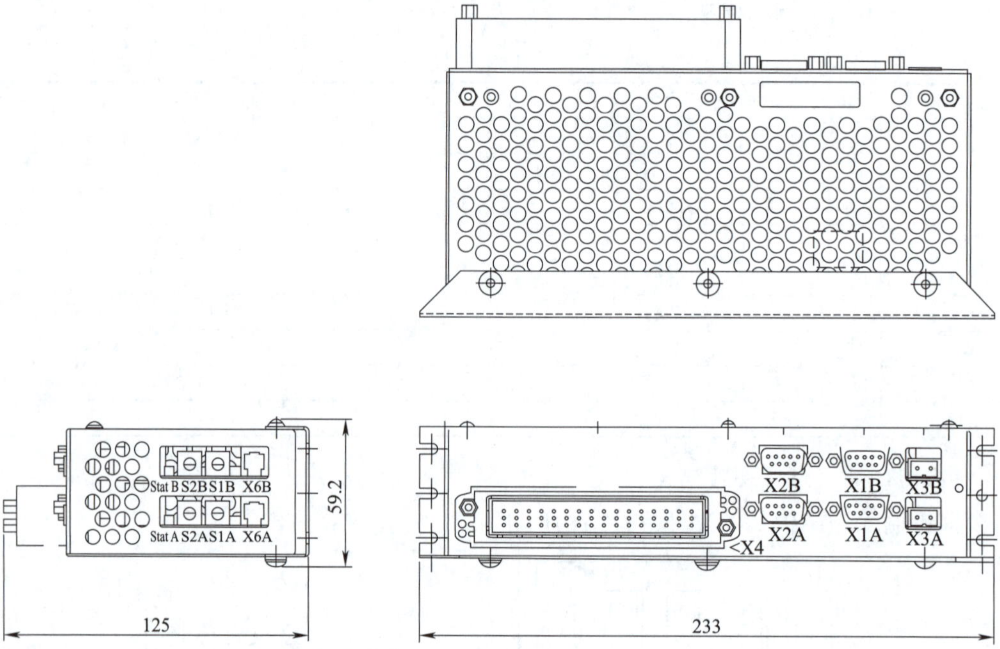

图 7.11　DDIO 外形结构

操纵台输入输出单元电气接口见表 7.5。

表 7.5　DDIO 电气接口连接

连 接 器	型　　号	部件单元接口
X1 A、XIB	9 芯(孔)D-Sub	MVB 接口
X2 A、X2B	9 芯(针)D-Sub	MVB 接口
X3 A、X3B	2 芯(针)WAGO	供电电源
X4	48 芯(孔)	I/O 接口
X6	4 芯(孔)	串行通信接口

7.4.2.4　司机显示单元 DDU

司机显示单元 DDU 外形及结构尺寸如图 7.12 所示。

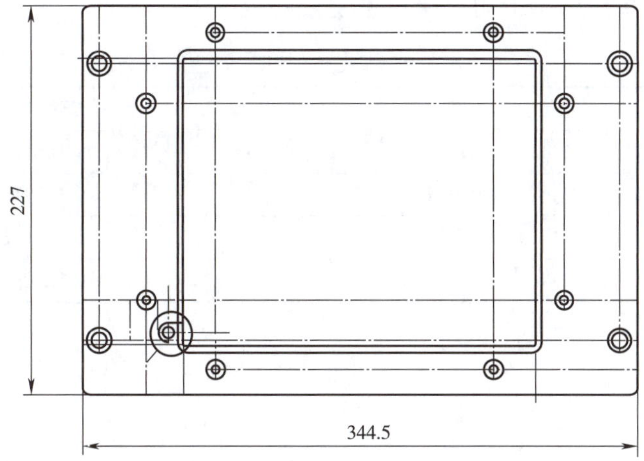

图 7.12 DDU 外形结构

司机显示单元 DDU 电气接口见表 7.6。

表 7.6 DDU 电气接口连接

连 接 器	型 号	部件单元接口
X1	4 芯(针)A-Code M12	供电电源
X2	4 芯(孔)A-Code M12	以太网接口
X3	4 芯(孔)A-Code M12	以太网接口
X5	8 芯(孔)A-Code M12	串行通信接口
X8	5 芯(孔)A-Code M12	USB
X9	5 芯(孔)A-Code M12	USB

7.4.2.5 模拟量监测保护装置 AMP

模拟量监测保护装置 AMP 外形及结构尺寸如图 7.13 所示。

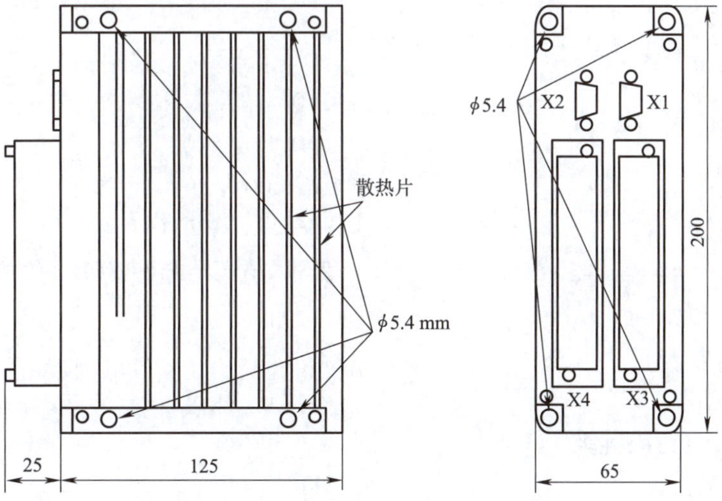

图 7.13 AMP 外形及结构尺寸

模拟量监测保护装置 AMP 电气接口见表 7.7。

表 7.7 AMP 电气接口连接

连接器	型　号	部件单元接口
X1	9 芯(孔)D-Sub	MVB 接口
X2	9 芯(针)D-Sub	MVB 接口
X3	48 芯(针)电源连接器	AMP 电源接口
X4	48 芯(针)混合连接器	AMP I/O 接口

7.5 机车控制电器

7.5.1 司机控制器

司机控制器是机车乘务员用来操纵机车运行的主令电器，乘务员利用它来实现对机车运行状态的控制。HXD3B 型电力机车采用的是 S640U-B CC.001 型司机控制器，在机车的两端司机室操纵台上各装有一台。

7.5.1.1 技术参数

(1)触头 S847W2A2b 额定值

①额定电压　　DC 110 V

②约定发热电流　　DC 10 A

③额定电流　　DC 1.0 A

(2)触头特点

①接点为速动型；

②密封式结构；

③接点具有自净功能，可提高用作计算机信号时的可靠性。

(3)电位器特性

输出电位器型号为　　FSG PW70

独立线性度　　1.0%

输出平滑性　　≤0.1%

绝缘电压　　AC 500 V

工作温度范围　　−55～+125 ℃

额定功耗　　2 W(70 ℃)或 0 W(125 ℃)

(4)手柄操作力

主手柄操作力　　不大于 49 N

换向手柄操作力　　不大于 49 N

(5)防护等级 (污染等级 3)

整机　　IP00

触头 S847W2A2b　　IP00 (接线部分)

	IP60（触点部分）
(6)逆变器输入电压	DC 110 V
(7)寿命	
机械寿命	$>1\times10^6$次
电寿命	$>1\times10^5$次
(8)质量	约 10 kg

7.5.1.2 工作原理

司机控制器的面板上有主手柄、换向手柄和牵引联锁按钮三种可操作机构。主手柄有："0"位、牵引指示挡位"＊-1-3-5-7-9-11-13"和制动指示挡位"＊-1-3-5-7-9-11-12"；换向手柄有："后""0""前"三个挡位。

司机控制器的主手柄挡位为无极调节、换向手柄在所有挡位有定位；在牵引工况下主手柄向前推，在制动工况下主手柄向后拉，通过齿轮传动带动驱动电位器调节输入到 DDIO 的电压指令，从而达到调节机车牵引力和电制动力的目的；换向手柄在每个挡位均定位，换向手柄稳定在相应的挡位中。

主手柄和换向手柄之间相互机械联锁；主手柄在"0"位自联锁。

主手柄是固定式；换向手柄是可取式(钥匙式)，且只能在"0"位插入或取出。这样整台机车的司机控制器合用一只活动手柄(钥匙手柄)，从而保证了机车在运行中，只能操作一台司机控制器，另一台被锁在"0"位，不致引起电路指令发生混乱。

7.5.1.3 结构说明

S640U-B CC.001 型司机控制器外形尺寸为 272 mm×200 mm×229 mm，如图 7.14 所示。为了防止可能产生的误操作，S640U-B CC.001 型司机控制器的主手柄与换向手柄之间设有机械联锁装置，具体联锁方式如下：

主手柄和换向手柄相互联锁，主手柄在"0"位自联锁(即：换向手柄位于"0"位时锁定主手柄，换向手柄位于"前"位、"后"位时，控制手柄是不能直接从"制动"区直接转动到"牵引"区的，手柄在通过"0"位往"牵引"区转动时必须按下手柄头部的按钮，但手柄从"牵引"区向"制动"区转动时不存在此联锁，即手柄在任何状态下均可直接从"牵引"区转动到"制动"区，主手柄在"牵引"或"制动"区时换向手柄被锁定在"前"或"后"位)换向手柄在"0"位时，主手柄被锁在"0"位。

在使用时，先由换向手柄选定机车的行车方向和工况，再操作主手柄来控制机车的速度。在行车过程中，如需要改变机车的工况时，必须将主手柄放回"0"位后，才可进行换向手柄的操作。如司机需要进行异端(或调车)操作时，必须将本端主司控器的主手柄置"0"位，且换向手柄置"0"位取出，方可进行异端(或调车)操作。

S640U-B CC.001 型司机控制器采用 S8472W2b 触头其外形结构如图 7.15 所示。触头接点为速动型；采取密封式结构；接点具有自净功能，可提高用作机车微机控制信号时的可靠性。

司机控制器挡位的夜间显示用"仪表照明"扳钮开关控制。夜间行车时，打开"仪表照明"扳钮开关，司机控制器的级位和机车仪表同时发光。

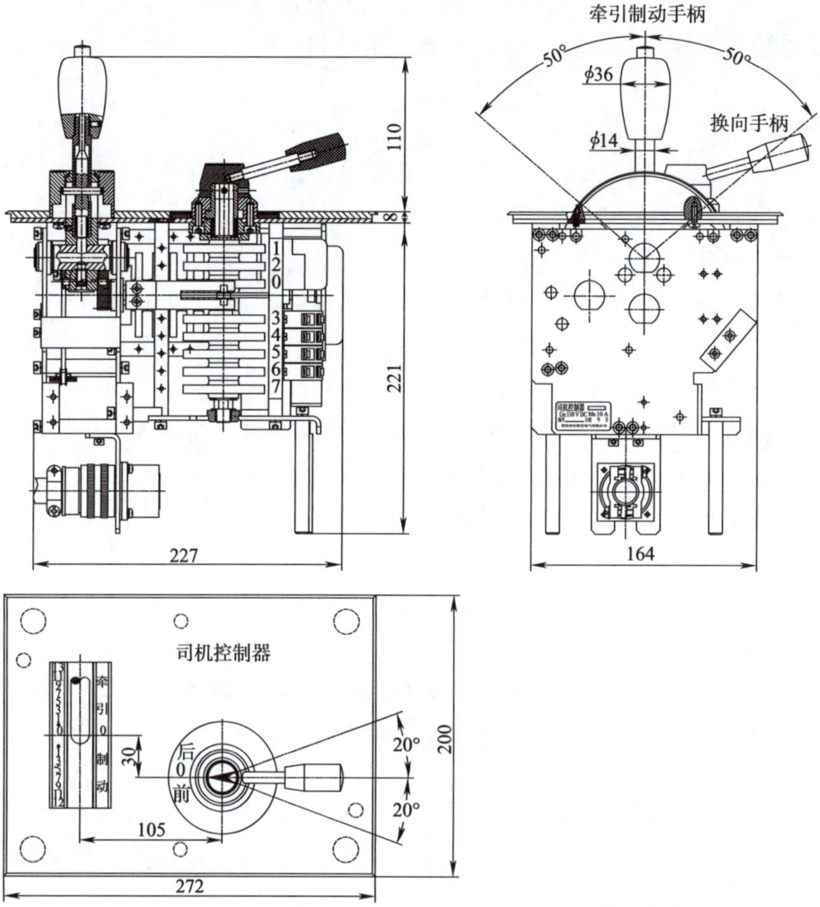

图 7.14　S640U-B CC.001 型司机控制器外形示意

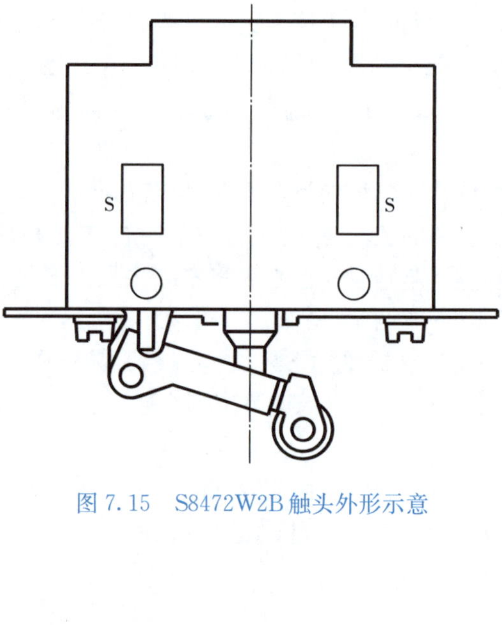

图 7.15　S8472W2B 触头外形示意

7.5.2 扳键开关组

HXD3B 型电力机车操纵台上安装有 S460A CC.456 型扳键开关组，是利用控制电路的低压电器间接控制主电路的电气设备。

7.5.2.1 技术参数

(1)触头 S826a/L

额定电压	DC 110 V
约定发热电流	DC 10 A
额定电流	DC 0.5 A

(2)触头 S800a/SB

额定电压	DC 110 V
约定发热电流	DC 10 A
额定电流	DC 1 A

(3)防护等级（污染等级 3）

整机	IP00
速动开关 S826a/L(接线部分)	IP00
速动开关 S826a/L(触点部分)	IP40
速动开关 S800a/SB(接线部分)	IP00
速动开关 S800a/SB(触点部分)	IP40

(4)寿命

机械寿命	$>1\times10^6$次
电寿命	$>1\times10^5$次

(5)质量　　8 kg

7.5.2.2 结构与技术说明

S460A CC.456 型扳键开关组外形如图 7.16 所示。

为了防止可能产生的误操作，S460A CC.456 扳键开关组中扳键开关“主断路器”～“备用”设有机械联锁装置，具体联锁如下：

当钥匙转换开关处于“0”位和“1”位时，“主断路器”～“备用”的扳键开关均被锁定，不能进行操作。

当钥匙转换开关处于“2”位时，“主断路器”～“备用”的扳钮开关能够正常操作。

触头 S826a/L、S800a/SB 外形图如图 7.17 所示。

7.5.2.3 工作原理

在使用时，先将司机钥匙打至“1”位或“2”位，然后即可进行正常操作。操作完毕后必须将扳钮开关打至“0”位，方能将 “司机钥匙”锁闭。

7.5.3 自动过分相装置

HXD3B 型电力机车装有 GFX-3S 型电力机车自动过分相系统，其主要功能是当电力机车通过分相区时，系统根据当时机车速度、位置自动平滑降牵引电流、断辅助机组和分断主断路

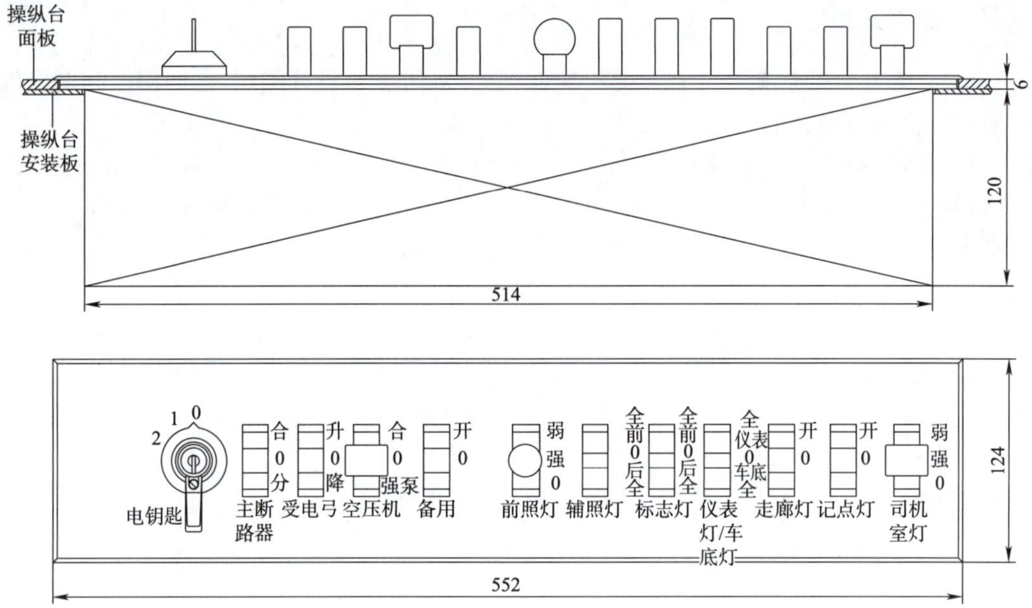

图 7.16　S460A CC.456 扳键开关组外形和结构

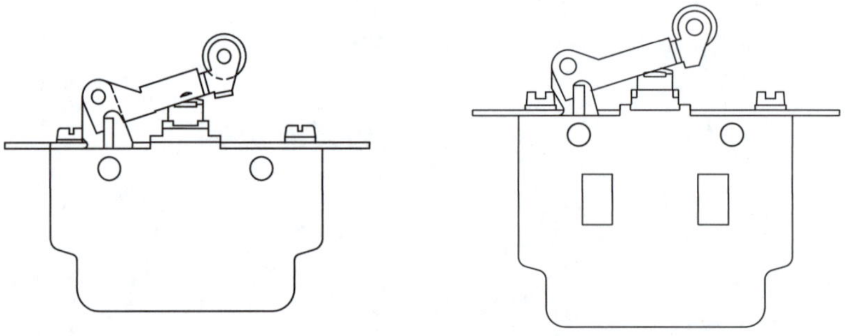

S826a/L　　S800a/SB

图 7.17　触头 S826a/L、S800a/SB 外形

器，通过分相区后，自动闭合主断路器、闭合辅助机组和控制牵引电流平滑上升，从而实现电力机车通过分相区时操作的自动化，大大地减轻了乘务员的工作强度。系统采用了高可靠 PLC 作为控制单元、免维护的地面定位方式，实现精确控制电力机车通过分相区。

7.5.3.1　主要技术参数

(1)额定参数

型号	GFX-3S 型自动过分相装置
工作电压	DC 77～137.5 V
绝缘电阻	≥500 MΩ
工作温度	−25～+70 ℃
适用速度范围	10～250 km/h
感应接收器直流电阻	620×(1±5%) Ω

(2)工作性能

左边地感器信号输出点	110 V、脉宽 1 000×(1±10%) ms
右边地感器信号输出点	110 V、脉宽 3 000×(1±10%) ms
接收响应时间	≤0.05×(1±10%) s

7.5.3.2 结构及外观

系统由感应接受器(简称车感器)、自动过分相信号处理器和信号指示三部分组成,系统结构如图 7.18 所示。主机外形如图 7.19 所示。

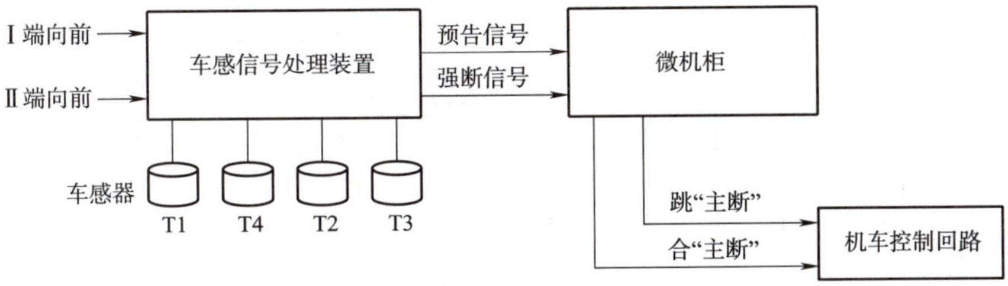

图 7.18 车载自动过分相系统结构

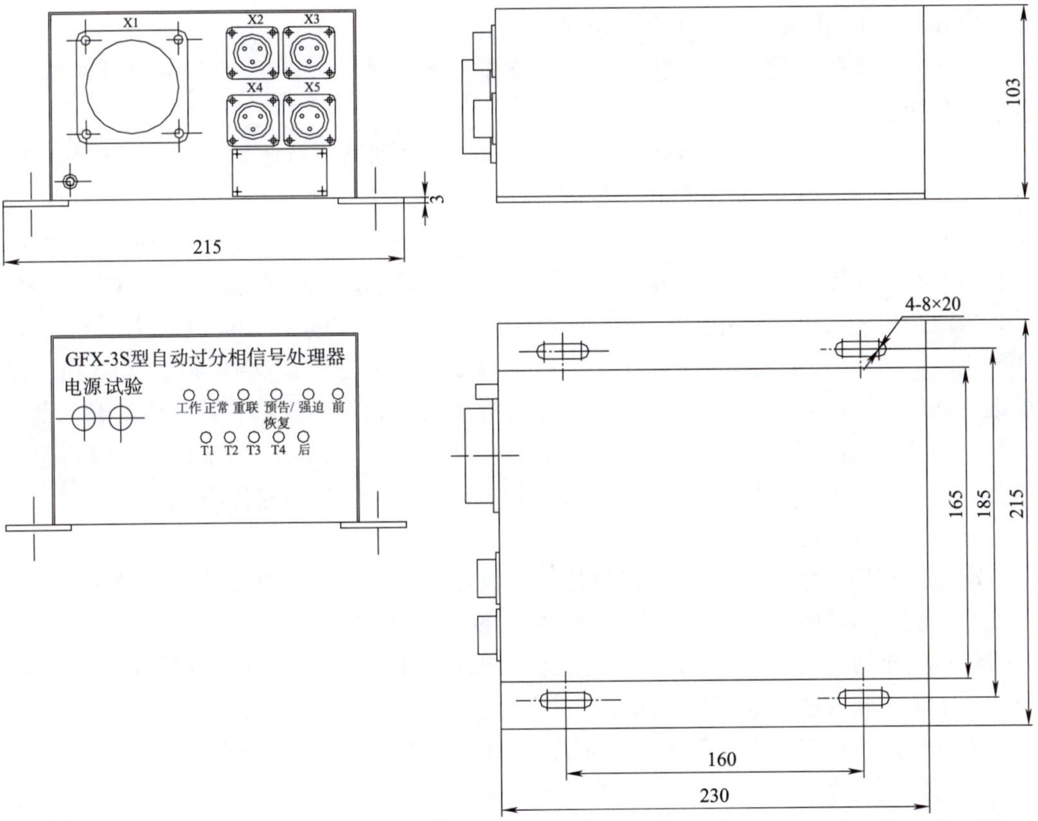

图 7.19 自动过分相主机外形

7.5.3.3 工作原理

本系统是基于免维护地面定位技术的车载自动过分相控制系统。机车通过感应地面定位信号确定机车与分相点的相对位置，地面定位和机车感应信号分别采用斜对称埋设和备份接收，以保证自动过分相的安全和可靠。

如图 7.20 所示，预先根据要求在每个分相区前后分别埋设两个地面感应器。

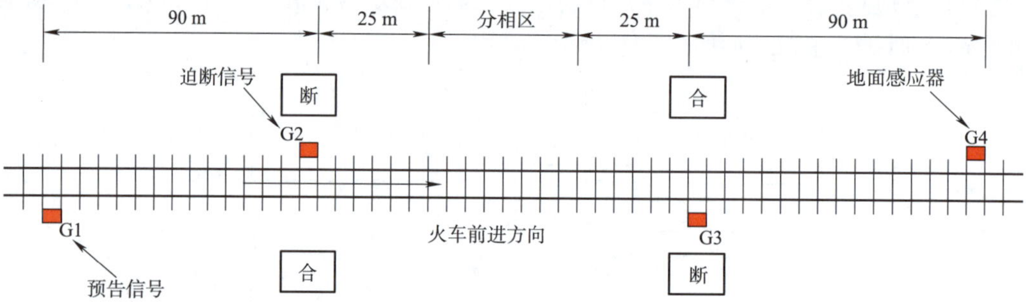

图 7.20 地面感应器的埋设方式

机车过分相信号的感应、处理，由地面磁感应器、车感器和车感信号处理装置共同完成。机车过分相的控制，由微机柜及机车控制回路完成。

微机柜对机车过分相的自动控制，与司机操作控制并联，当司机操作控制过分相，自动控制起监视作用。

机车运行至 G1(G4)点，自动过分相信号处理器接收到感应接收器感应的预告地面定位信号，信号处理器向微机发出过分相预告信号，微机根据此时机车运行速度，控制电机电流平稳下降到 0，发出断“主断”信号给控制电路，断“主断”(预告模式)。当 G1(G4)信号失效时，机车运行至 G2(G3)点，自动过分相信号处理器接收到感应接收器感应的强迫地面定位信号，信号处理器向微机柜发出过分相强迫断信号，微机立即封电机电流，发出断“主断”信号给控制电路，断“主断”。在正常接收到 G1(G4)信号时 G2(G3)信号不起作用(强迫断模式)。机车通过无电区后，根据接收 G3(G1)点，自动过分相信号处理器接收到感应接收器感应的合闸地面定位信号，则向微机送出合“主合”信号给控制电路，合“主断”。预备好后，微机控制电机电流缓慢恢复到过分相前工况。在正常接收 G3(G1)信号时 G4(2)信号不起作用。

(1)地面感应信号接收器

自动过分相的关键技术是定位，定位是否准确是系统准确性和可靠性的关键。地面感应信号安装在机车的转向架上，采用密封防水、防震设计处理，保证系统的可靠运行。

安装在机车转向架上的地面感应信号接收器通过地面感应器时，在地面感应信号接收器上感应一个幅值和宽度与机车运行速度相对应的信号。

地面感应接收器安装于机车下部转向架的两侧，共四个。前后相互备份。

①地面感应接收器

地面感应接收器基于电磁感应原理，感应接收线圈与地面感应器的磁场相结合，完成系统的定位识别。具有识别准确高、相应时间短、抗干扰能力强、无故障运行时间长等优点。识别时间约为 7 ms，试验的最高速度达 302 km/h。

②地面感应器

地面感应器是嵌入到轨枕里的永久磁铁，具有耐高温、耐腐蚀、不会损坏等特点，适合安装在室外。

(2)控制系统

控制系统是由系统信号处理单元以及控制单元组成。系统信号处理器采集感应接收器接收的定位信号、机车运行方向、处理相应的信息、发出相关的信息指令、自诊断故障信息、输出显示信息等功能。系统控制单元则由机车的微机柜来实现，主要功能是采集由系统信号处理器输出的定位信息、机车速度、司机指令、牵引电流、供电网压等相关机车信息，并根据接收到信号处理器输出的定位信息、机车运行速度，确定控制牵引电流下降的速率和确定断开主断路器的位置。通过分相区后，根据接收到信号处理器输出的定位信息，控制闭合主断路器和控制牵引电流平稳上升。

信号处理器在通电、屏蔽接收信号结束或通过分相点后进行一次自检。信号处理器在前进方向右侧两个感应接收器分别接收到预告感应器信号和反向强迫感应器信号，以及前进方向左侧两个感应接收器分别接收到强迫感应器信号和反向预告感应器信号，则屏蔽接收信号 16 s 开始接收感应信号，否则屏蔽接收信号 2 min 开始接收信号。

故障指示灯：信号处理器进行自检，当检测到有一路到三路的感应接收回路有故障时，故障指示灯闪亮。当检测到所有感应接收回路有故障时，故障灯长亮。

工作指示灯：信号处理器工作时，工作指示灯亮。信号处理器不能正常工作，则工作指示灯灭。

外接插头：信号处理器具有 4 个与感应接收器的插头和一个与微机系统、110 V 电源的连接插头。

电源开关：信号处理器的电源开关。信号处理器故障时可以关闭电源。

试验按钮：可用于试验自动过分相系统工作是否正常。在Ⅰ端司机室的手柄放在“前”位，按动试验按钮，可模拟自动过分相强迫断。等 2 min 后或断合一次信号处理器的电源开关。在Ⅰ端司机室的手柄放在“后”位，按动试验按钮，可模拟自动过分相预告断。自动过分相预告断在机车静止状态时，要等 30 s 后断主断路器。

7.6　典型故障分析及处理

微机系统故障时：

7.6.1　故障说明

TCMS 显示屏通信中断、不启动、黑屏。

7.6.2　故障分析

机车运行途中会遭遇外部环境的电磁干扰，导致机车通信信号的丢失，使显示屏通信中断；显示屏自身软硬件问题可能导致点击触摸屏按键无反应；显示屏电源中断导致显示屏黑屏。此时若力矩表上显示有牵引力输出，则可维持机车运行(到后端司机室查看显示屏，注意故障提示)。有条件时在停车状态下，采取微机复位措施。

7.6.3 处理方法

途中机车发生故障需对 TCMS 进行复位时，将机车电源钥匙开关 SA51(SA52)由“2”位转至“0”位，使机车控制系统 TCMS 失电，间隔 1 min 以后(监控装置及其他控制系统不失电)，将机车电源钥匙开关 SA51(SA52)由“0”位转至“2”位，使机车控制系统 TCMS 得电，从而达到对机车控制系统复位的目的。采取 TCMS 复位方法时，应在停车状态下进行，显示屏启动过程中，不得对显示屏进行任何操作。若采取 TCMS 复位方法产生惩罚制动后，应对制动系统进行复位，同时对停放制动进行缓解。

8 制动系统

8.1 概　　述

制动系统直接关系到机车的运行安全，是机车的重要组成部分。制动系统主要由风源系统、制动控制系统、基础制动装置和其他气动辅助系统等组成。

HXD$_{3B}$型电力机车采用 CCBⅡ微机控制制动系统。

该制动系统具有以下技术特点：

(1)控制准确性高，反应迅速；

(2)安全性较高；

(3)部件集成化程度高，部件更换方便，维护简单；

(4)具有自我诊断、故障显示及简单的处理方法提示功能。

空气系统的结构组成如图 8.1 所示。

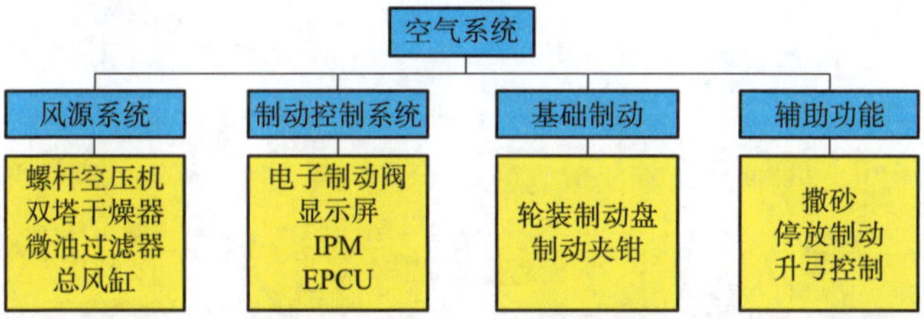

图 8.1　空气系统结构

空气系统控制关系如图 8.2 所示。

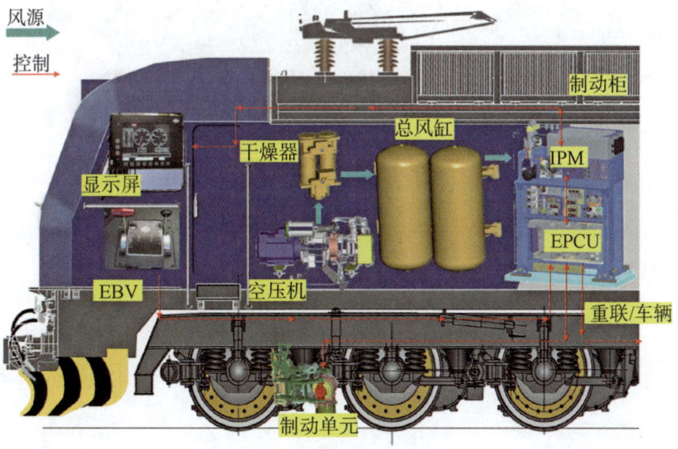

图 8.2　空气系统控制

8.2 风源系统

风源系统的作用是为机车及车辆的制动系统提供符合要求的干燥、洁净的压缩空气。HXD3B 型电力机车采用两台 SL20 型螺杆式空气压缩机组作为系统风源，排风量为每台 2 400 L/min，空压机 1 有独立通风道，将散热空气直接排到车外，空压机 2 散热空气直接排到设备间内部。配套使用两个 LTZ2.2-H 型双塔干燥器，和两个 OEF2 型微油过滤器作为风源滤水、滤油的处理装置。其双塔干燥器的空气处理量为每个不小于 2 400 L/min。处理后的压缩空气可以满足 ISO8573-1 固体颗粒 2 级，油 2 级，水 2 级的标准。机车采用 2 个容积均为 800 L 的风缸串联作为压缩空气的储存容器，风缸采用车内立式安装。在机车端部设置了总风管和平均管能够满足机车重联控制功能。

8.2.1 空气压缩机组

空气压缩机组型号为 SL20-5(图 8.3)，为螺杆式压缩机组，由三相交流电动机驱动。此空气压缩机组具有温度、压力控制装置，可以实现无负荷启动。空气压缩机组的启停状态由总风压力开关及总风压力传感器进行自动控制，也可以通过手动按钮强行控制开停。

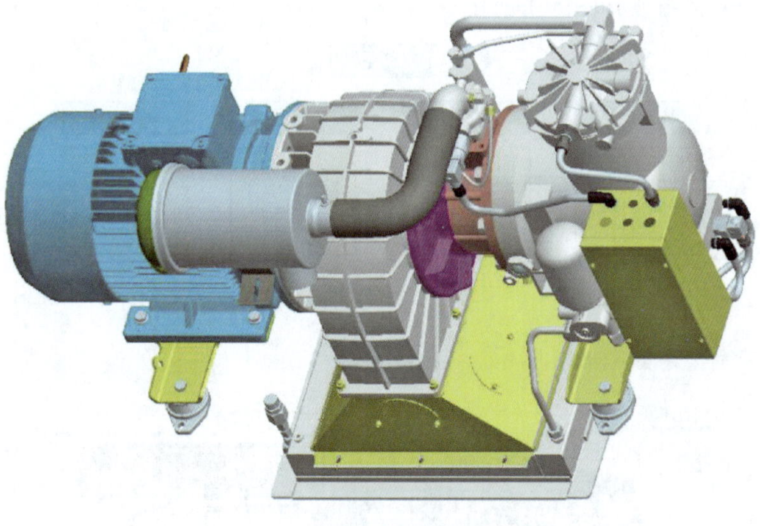

图 8.3 空气压缩机组 SL20-5

8.2.1.1 技术参数

型号	SL20-5
转速	3 515 r/min
流量	2 400×(1±6%)L/min
工作压力	1 000 kPa
工作温度范围	−40～+50 ℃
工作电压	$460\times(1^{+10\%}_{-10\%})$ V

工作电流	$37\times(1^{+20\%}_{-10\%})$ A
启动电流	254×(1+20%) A
保护等级	IP55
控制电压	DC 110×(1±30%) V

8.2.1.2 工作原理

机车螺杆空气压缩机为间歇工作制。动作阈值为 750 kPa 启动，900 kPa 停止。

HXD_{3B} 型电力机车装有两台空气压缩机组，在正常使用状态下，只有一台空气压缩机组投入运用。空气压缩机组是否投入运用，由软件计算压缩机的工作率后决定，工作率低的压缩机首先启动。当总风缸压力下降速度过快使得总风压力降至 680 kPa 以下时，两台空气压缩机组同时投入运用。

螺杆压缩机有两个螺杆形的转子。空气输送几乎没有波动，900 kPa 的压缩空气压力是一级压缩产生的。

8.2.1.3 构造说明

螺杆空气压缩机组由三大主要部件构成：驱动装置、空气压缩机组体和风冷却装置。它们用螺栓连接在一起，组成一个紧凑的支承的机组，采用弹性减震器平稳地固定机车车体的安装座上。

图 8.4 干燥器 LTZ2.2-H

8.2.2 空气干燥器

干燥器型号为 LTZ2.2-H(图 8.4)，属于双塔吸附式干燥器。该干燥器具有低温加热功能，位于空气压缩机组和总风缸之间，具有过滤压缩空气中油、水，降低压缩空气露点的功能，保证空气系统在正常使用时，不会出现液态水。

8.2.2.1 技术参数

工作压力	最大 1 050 kPa
	最小 300 kPa
进气温度	最高 60 ℃
环境温度	−40～+50 ℃
空气处理量	2 400 L/min
再生方式	无热、常压

8.2.2.2 结　构

空气干燥器结构如图 8.5、图 8.6 所示，主要包括：

两个干燥塔，每个塔内集成一个油分离器。

带有计时功能的脉冲电磁阀。

带可更换再生节流孔的双逆止阀。

排放阀。LTZ-H 型单元的排放阀还配备了一个恒温器控制器。

消音器和冷凝排放盖。

每个电磁阀的工作状态用一个气动压力指示器显示。当电磁阀作用时，压力指示器弹起，对应的塔处于再生状态。

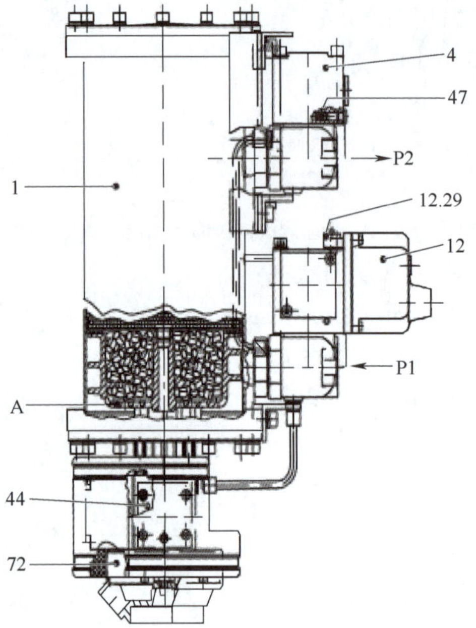

图 8.5　空气干燥器结构

1—干燥剂塔；4—双逆止阀；12—脉冲电磁阀；
12.29 —压力指示器；44—排放阀；
47—节流孔；72—消音器；A—油分离器；
P1—压缩空气入口；P2—压缩空气出口

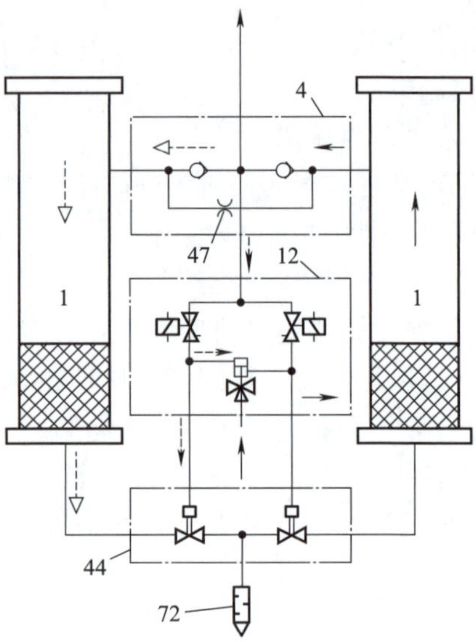

图 8.6　空气干燥器气动控制示意

1—干燥塔；4—双逆止阀；12—脉冲电磁阀；
44—排放阀；47—节流孔；72—消音器
→ 主气流　--▷再生空气　--►控制空气

8.2.2.3　工作原理

无热吸附式双塔干燥器的再生和吸附工作在两个塔中同时进行，当压缩空气在一个塔内通过干燥剂进行干燥时，另一塔内的干燥剂被干燥的空气吹扫进行再生处理。

到达干燥器的饱和压缩空气里的油和冷凝物在通过油分离器时首先被提取出来。饱和的压缩空气接着通过干燥塔的干燥剂，压缩空气里水分子被吸收，干燥器出口压缩空气的相对湿度达到 35%以下。

部分干燥后的压缩空气通过再生节流孔进入再生塔，吸收饱和干燥剂表面的水分，并将其排放到大气。

两个工作塔交替作为干燥塔和再生塔进行工作。

8.2.3　总 风 缸

使用两个 800 L 的总风缸作为储风设备，设计压力为 1 000 kPa，风缸缸体采用 6 mm 厚的钢板按直径 750 mm 卷制后焊接，风缸端盖采用 8 mm 厚钢板热压成碟形封头。

总风缸按照 TB/T 304《机车用储风缸》制造。

8.2.4　辅助风源

该装置采用 LP115 型辅助压缩机组作为辅助风源(图 8.7)，将其和升弓控制模块、升弓风缸及风表相连。辅助压缩机组的控制开关位于空气控制柜上，点动开关后，辅助空压机开始工作，当风压达到(735±20) kPa 时，自动切断辅助压缩机的电源。

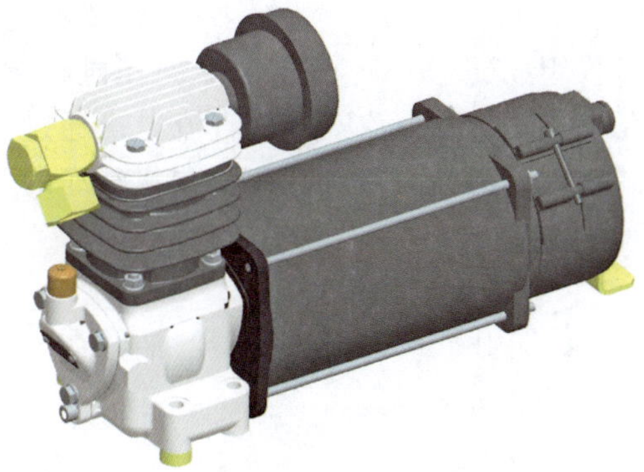

图 8.7 辅助压缩机 LP115

为保证压缩空气和管路的清洁，辅助压缩机配有小型的单塔干燥器和再生风缸。

8.2.4.1 技术参数

型号	LP115
工作形式	单缸往复式空压机
压缩方式	一级压缩
最大出口压力	800 kPa
最大出口温度	220 ℃
允许连续运行时间	10 min
工作温度范围	－40～＋50 ℃
额定电压	110 V
防护等级	IP54
电机	直流电机

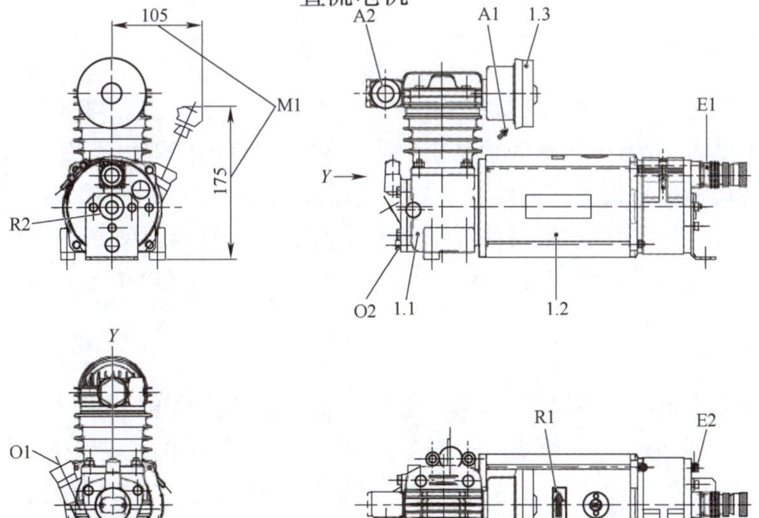

图 8.8 辅助压缩机结构

1.1—压缩机；A1—空气入口；E1—连接器；1.2—直流电机；A2—压缩空气出口；E2—接地装置；
1.3—干式空气过滤器；O1—加油口；R1—电机旋向指示牌；M1—拆卸尺寸；O2—排油口；R2—电机旋向观察孔

8.2.4.2　辅助压缩机组成

辅助风源由下列主要部件组成(图 8.8):直流电机、空压机和干式空气过滤器。该装置结构紧凑。辅助空压机为单级压缩,自带法兰安装。直流电机通过连接器和空压机连接。干式空气滤清器可以为压缩机提供纯净的空气。

8.2.4.3　工作原理

空压机单级工作,吸入的空气由干式空气过滤器清洁并在气缸内进行压缩。工作原理如图 8.9 所示。

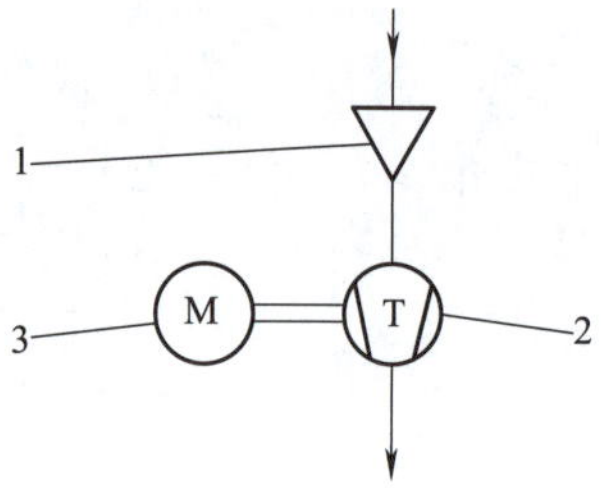

图 8.9　电动空压机组气路
1—干式空气过滤器;
2—空压机;3—直流电机

8.3　空气管路布置

8.3.1　空气制动系统管路布置原则

空气制动系统管路,是用来连接制动部件的桥梁。制动管路的布置是否规范合理,直接影响到制动系统的性能与美观。

HXD3B 型电力机车制动系统管路是本着规范、捷径、美观的原则进行设计的,设计过程中需同时兼顾制动部件布置的合理性,以便尽量使制动部件之间的管路最为捷径。

8.3.2　司机室管路

司机室空气管路是电子制动阀、车长阀、风压表以及端部不锈钢折角塞门等部件与机械间大排管的连接管路。由于 HXD3B 型电力机车的 CCBⅡ制动系统采用微机网络控制,因此司机室管路相比 JZ-7、DK-1 制动系统的管路少了许多。风表连接管路采用扣压胶管。

8.3.3　机械间管路

机械间管路是连接机车两个司机室、风源系统、制动控制柜及其他辅助设备的管路。由于机车采用中间走廊方式,所以机械间管路主要集中在中间走廊的地板下面。本车的机械间管路充分借鉴了庞巴迪原型机车的设计方案,既空气管路与电气线路整体组合布置,采用安装支架分层固定,先在地面组装完成后再通过吊具整体吊装并用粘接胶粘在车体底架上。机械间管路与制动控制柜之间采用波纹管连接,与风源系统管路、辅助气路板之间采用胶管连接。

8.3.4　风源系统管路

风源管路是用来连接风源设备的,包括空气压缩机、空气干燥器、微油过滤器及总风缸等。HXD3B 型机车风源系统部件主要集中布置在机械间。为了尽量保证空气干燥器的可靠性,在空气压缩机出口至空气干燥器进口之间采用不锈钢管路和接头,以提高管路的耐腐蚀性。

8.3.5　底架管路

底架管路是用来连接车上管路与转向架管路的,包括制动缸、弹停制动缸、砂箱、轮缘润滑装置等。考虑到转向架与车体之间存在相对运动,其连接管路采用扣压胶管,而且为了保证胶管之间不产生接摩，各胶管之间增加了固定管卡。

8.3.6 管接头

HXD3B 型电力机车使用卡套式管接头，卡套式管接头的优点非常明显：首先，组装后会使卡套嵌入钢管，以达到密封和固定的目的，而且连接时有一定的力矩要求，可以保证其连接强度；其次，该接头通过处理，抗腐蚀性较强，可以提高其使用寿命。缺点是成本较高。

8.4 制动机

制动机（控制系统）采用 AAR 标准的 CCBⅡ型制动机。

CCBⅡ型制动机是基于网络的微机控制电空制动系统，除了紧急制动作用，所有逻辑都是由微机控制的。

CCBⅡ设计结合 LonWorks 网络技术，用网线连接模块化的“在线可更换单元”（LRU）。这些 LRU 之间通信稳定，并能够很好地控制制动系统。

通过机车显示屏（制动系统与微机系统采用同一显示屏）可对 CCBⅡ型制动机的状态，自检、校准及故障查询等功能进行设置。

CCBⅡ系统具有备份功能，当系统故障或断电情况发生时，自动启动备用功能，实现机车的基本功能。

CCBⅡ型制动机包括 5 个主要部件

（1）制动显示屏（LCDM）；

（2）电空控制单元（EPCU）；

（3）微处理器（M-IPM）；

（4）电子制动阀（EBV）；

（5）继电器接口模块（RIM）。

各部分控制关系如图 8.10 所示。

8.4.1 主要部件的构造及作用

8.4.1.1 电子制动阀（EBV）

电子制动阀是 CCBⅡ型制动机的人机接口。操作者通过电子制动阀（图 8.11）直接给电空控制单元（EPCU）发送指令，并通知微处理器（IPM）进行逻辑控制。

电子制动阀采用水平安装结构。自动制动手柄位于左侧，单独制动手柄位于右侧，中间为手柄位置的指示标牌。在 EBV 内部有一个机械阀，当自动制动手柄置于紧急制动位时机械阀动作，保证机车车辆在任何状态下均能产生紧急制动作用。

自动制动手柄和单独制动手柄均采用推拉式操作方式，并具有自保压特性。自动制动手柄位包括运转位、初制动位、全制动位、抑制位、重联位和紧急制动位等操作位置。在初制动位和全制动位之间的是常用制动区。单独制动手柄位包含运转位和全制动位等操作位置。在运转位和全制动位之间的是制动区域。通过侧压单独制动手柄可以实现机车的单独缓解功能。

HXD3B 型电力机车的每个司机室均装有一个电子制动阀。当操纵端选定后，微处理器

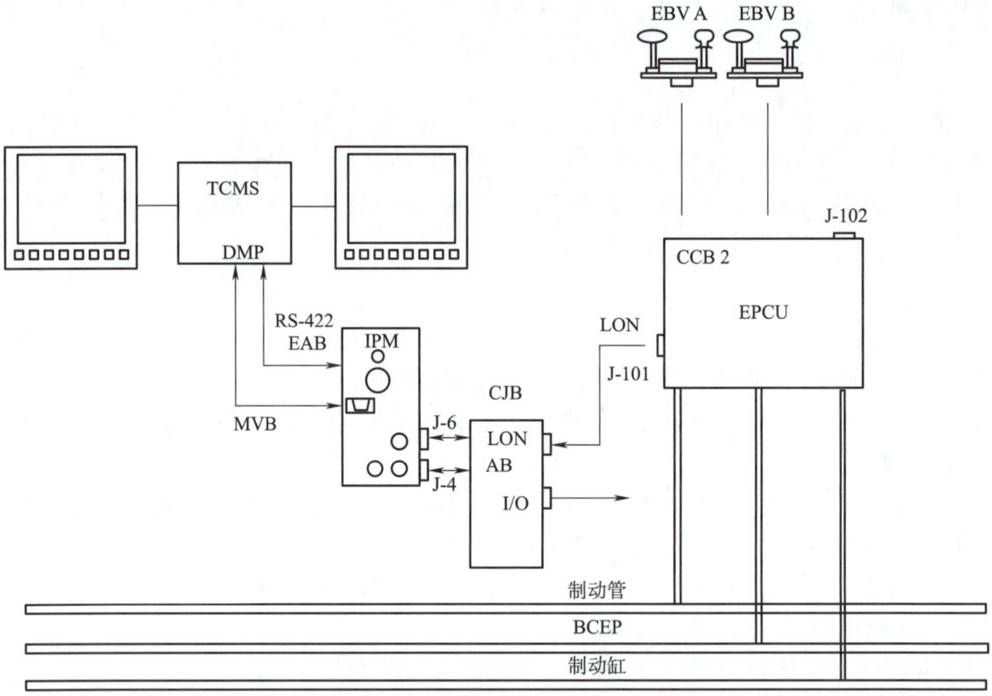

图 8.10　制动机各部件控制关系

(IPM)将激活操纵端的电子制动阀,操作者可以用来进行制动控制;此时非操纵端司机室的电子制动阀未被激活,也不能够送出制动指令。未被激活电子制动阀的自动制动手柄,需用销子将其锁定在重联位上,以免误动作触发紧急制动,单独制动手柄应放置在运转位。

8.4.1.2　制动显示屏(LCDM)

制动显示屏是 CCBⅡ型制动机的主要显示和操作装置。HXD3B 型电力机车每个司机室的操纵台上装有一个显示屏,制动显示屏与机车微机显示屏合并使用(以下简称制动显示屏)。

图 8.11　电子制动阀(EBV)

制动显示屏在机车正常操作时,实时显示均衡风缸、制动管、总风缸和制动缸的压力值,也实时显示制动管流量和空气制动模式的当前状况。制动屏显示内容如图 8.12 所示。

通过显示屏还可以实时显示制动机故障信息,并将其记录。

通过显示屏还可以对制动机进行如下操作:对制动机各模块进行自检,可以进行本机/补机,均衡风缸压力设定,制动管投入/切除,客车/货车,补风/不补风,压力传感器标定,故障查询等功能的选择和应用。

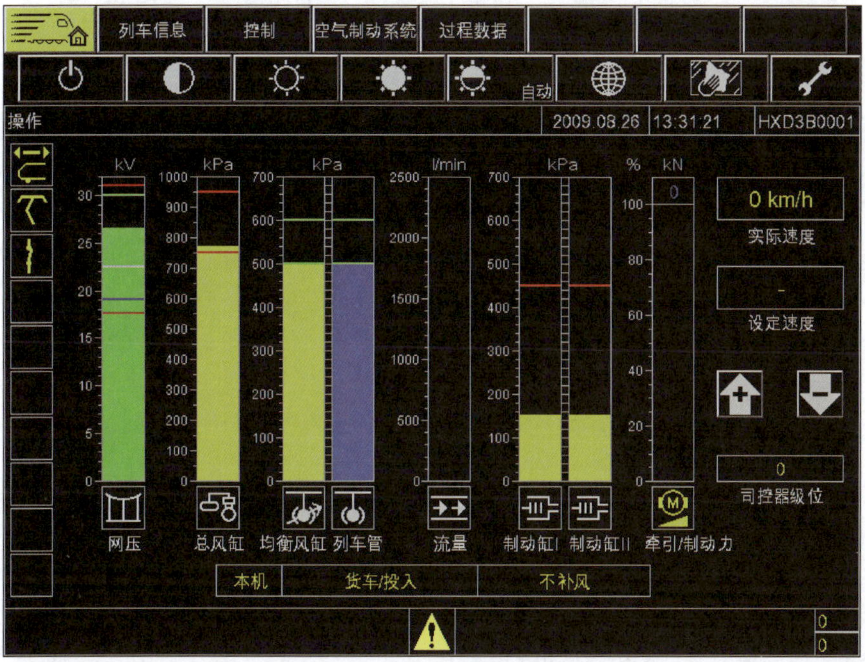

图 8.12　制动屏显示内容

8.4.1.3　微处理器(M-IPM)

微处理器(图 8.13)是 CCBⅡ制动机的中央处理器,进行各制动功能的软件运算,并对各部分软件状态进行检测和维护。它处理所有与制动显示屏(LCDM)有关的接口任务,并通过 LON 网络传送制动命令给电空控制单元(EPCU)。

HXD3B 型电力机车的微处理器具有 MVB 网络通信功能,通过 MVB 网络同机车控制系统(TCMS)进行数据交换;同时也通过继电器接口模块(CJB/RIM)与机车控制系统(TCMS)和安全装置(ATP)进行硬线通信。

图 8.13　微处理器 M-IPM

微处理器前端设有 13 个指示灯,用来提供制动系统状态的反馈信息。若制动系统处于正常工作状态,微处理器顶端两个绿色的指示灯处于指示状态,而其他指示灯没有指示信息。

8.4.1.4　电空控制单元 EPCU

电空控制单元(EPCU)由电空阀和空气阀组成来控制机车空气管路的压力。它是制动系统的执行部件,所有电空阀和空气阀集成到八个“在线可更换模块”(LRU),如图 8.14 所示。

其中五个 LRU 是“智能的”可以通过软件进行自检并通过 LON 网络和 EBV、IPM 进行通信。

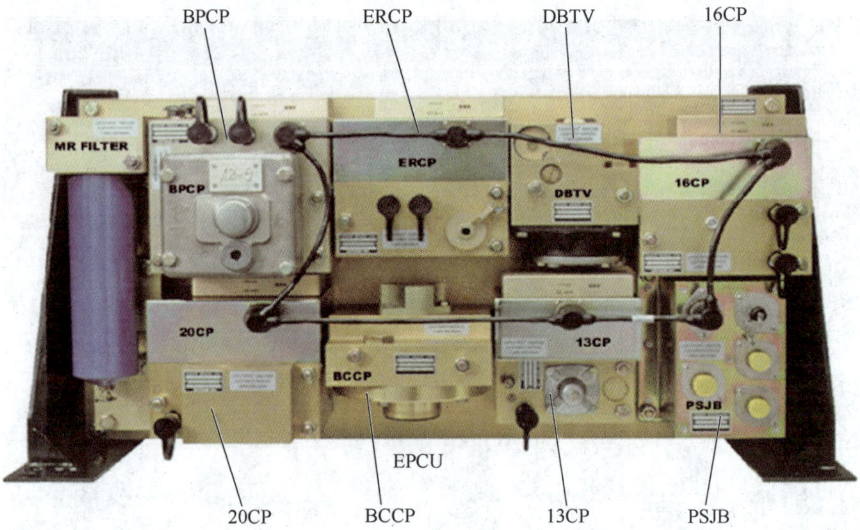

图 8.14　电空控制单元(EPCU)

(1)均衡风缸控制部分(ERCP)

通过改变均衡风缸压力产生制动管控制压力。

(2)制动管控制模块(BPCP)

BPCP 模块由来自 ERCP 模块控制的均衡风缸的压力来控制，其内部的 BP 作用阀响应均衡风缸压力的变化并快速的产生与之相同压力的制动管的压力，从而完成列车的制动、保压和缓解。

(3)13 控制部分(13CP)

该模块用以单独缓解机车制动缸压力。

(4)16 控制部分(16CP)

响应列车管的减压量，平均管压力，单缓指令，来产生制动缸管的控制压力；功能类似 JZ-7 型制动机的分配阀或 DK-1 型制动机中分配阀主阀部的作用。

(5)20 控制部分(20CP)

通过响应列车管减压量和单独制动及单缓指令产生平均管压力。

EPCU 也包括以下部件：

(6)制动缸控制部分(BCCP)

响应 16CP 压力变化，产生机车制动缸压力。

(7)DB 三通阀(DBTV)部分

响应制动管的减压量产生制动缸管的控制压力，作为 16CP 的备份模块。

(8)电源接线盒(PSJB)

PSJB 内置电源，为 CCBⅡ型制动机供电(将 110 V 转换到 24 V)，在外部具有多个接插件，允许 EPCU，EBV，M-IPM，和 RIM 相互连接。

电源箱 PSJB

电源箱位于电空控制单元(EPCU)上，内置变压器，将电源箱(PJB)提供的 110 V 直流电源转换为 24 V 直流电源后提供给 CCBⅡ系统，供电空控制单元、电子制动阀等部件使用。在外部具有多个接插口，允许电空控制单元，电子制动阀，微处理器和继电器接口模块相互连接通信。

均衡风缸控制模块 ERCP

均衡风缸控制模块接收来自电子制动阀(EBV)的自动制动手柄指令，微处理器(M-IPM)以及机车监控系统(ATP)的指令来控制机车均衡风缸的压力。本系统中的均衡风缸控制模块通过电子信号能够准确地控制均衡风缸的压力，且具有自保压功能，如果此模块发生了故障，会自动由其他模块(16CP)来代替其功能。

无动力回送装置也集成在均衡风缸控制模块内部。

它由外壳、管座、均衡风缸、REL 缓解电磁阀、APP 作用电磁阀、MVER 均衡模块电磁阀、MRT 总风压力传感器、ERT 均衡风缸压力传感器、TPER 均衡压力测试点，TPMR 总风测试点，过滤器等部分组成，其中无动力回送装置由 DE 无动力塞门，DER 压力调整阀，C2 充风节流孔，CV 单向止回阀等部分组成。

制动管控制模块 BPCP

BPCP 模块接收来至均衡风缸的压力，由内部 BP 作用阀响应其变化并使制动管快速的产生与均衡风缸具有相同的压力，从而完成列车的制动、保压和缓解。

此外 BPCP 模块实时监测制动管的压力变化，并接收自动制动阀、IPM 的指令。当发现制动管压力快速下降或接收到来自自动制动阀、IPM 的紧急制动指令，BPCP 模块会加快制动管减压产生紧急制动。

16CP 控制模块

此模块用来产生制动缸的控制压力。

在本机状态时，通过对机车制动管的减压量，平均管的压力，机车单独缓解指令以及单独制动阀的控制指令来产生制动缸的控制压力，即 16 号管压力；在补机状态时，除了制动管压力降到 140 kPa 以下并且总风重联管压力开关动作以外不再根据制动管的减压而产生制动缸的控制压力，重联机车的制动缸压力由平均管的压力来控制。

当接收到单独缓解命令，或列车管压力增加 14 kPa 时，制动缸压力开始缓解。

当出现电源故障时，16CP 对制动缸的控制压力自动进行释放，然后通过 DBTV(本务状态)或者从 20CP 到制动缸中继阀的先导压力对制动缸压力进行控制。

在 ER 控制单元故障情况下，16CP 与制动缸隔离，通过 3 个电磁阀的动作连接到均衡风缸(上电 ERBU，断电 MV16 和 MVER)，这样 16CP 可以控制均衡风缸的压力。制动缸的控制压力则由 DBTV 控制。

在 20CP 故障情况下，16CP 可以根据单独制动手柄的位置产生制动缸控制压力。这种方式可以在本务机车上产生相应的制动缸压力，但是不能在本务机车上产生相应的平均管的压力。

20CP 控制模块

20CP 根据制动管减压量、单独缓解命令、本机/单机模式下单独制动手柄位置等信号，产生本机和补机的制动缸、平均管压力。

平均管压力直接根据单独制动手柄命令产生，从在运转位的 0，直到全制动时的 300 kPa，平均管可实现阶段变化；平均管压力取常用制动或单独制动命令中压力较高者；20CP 在电源故障时进行管路保压作用；20CP 只在本务机车上有效，制动系统故障状态时，将保持制动缸原压力值。当 20CP 故障时，16CP 会根据本务机单独制动命令产生制动缸压力，但不再产生平均管压力；20CP 在补机中不起作用，将保持在失电状态。

制动缸控制模块 BCCP

BCCP 从 16CP 或平均管接收到制动缸控制压力，产生制动缸压力。BCCP 属大通道的空气中继阀，它用总风缸作为供风风源、16 号管和平均管作为控制压力，对机车制动缸进行充风和排风控制。在失电情况下，BCCP 会使制动缸通过 PVPL 与平均管连接，产生平均管压力，这样补机就可以同本务机一样产生制动。PVPL 在均衡风缸后备管路压力大于 69 kPa 时开通。失电时，13CP 模块缩堵限制均衡风缸压力的释放，从而本务机的 PVPL 可以将其制动缸与平均管相连而产生平均管压力，用于产生补机制动缸压力；空电互锁电磁阀也位于 BCCP 模块的 16 号管路中。

DBTV 控制模块

在 16CP 故障情况时，DBTV 三通阀作为 16CP 的空气备份，来控制制动缸中继阀。制动管充风缓解时，DBTV 使制动管向 EPCU 上的辅助风缸充风。当制动管压力降低时，辅助风缸通过 DBTV 向 16TV 管充风。当产生常用全制动时，DBTV 会使辅助风缸与 16TV 管和 3 号风缸压力均衡，而达到全制动压力。

8.4.2 CCBⅡ制动系统气路控制关系

控制列车：

自动制动阀→ERCP→BPCP→制动管压力→车辆制动机

↓

16CP→BCCP→机机车制动缸

控制机车：

单独制动阀→20CP→BCCP→机车制动缸

↓

平均管压力→重联机车制动缸

8.5 辅助管路系统

辅助气动控制装置用来实现某些辅助控制功能，来改善机车运行条件，确保行车安全。HXD3B 型电力机车设有停放制动装置、升弓控制装置、轮缘润滑、撒砂、风喇叭等辅助气动系统。

8.5.1 停放制动装置

司机通过位于操作台的按钮开关可以对停放制动进行控制。当旋到制动位，脉冲电磁阀的作用电磁阀得电，于是停放制动缸制动；当旋到缓解位，脉冲电磁阀的缓解电磁阀得电，于是停放制动缓解。同时设置了停放制动和空气制动的连锁，即当制动缸充风制动时，自动缓解停放制动缸。

停放制动装置的控制关系如下：

总风管→脉冲电磁阀→双向止回阀→减压阀→停放制动缸
↑
制动缸压力

在发生供电故障的情况下，也可以使用脉冲电磁阀的手动装置对停放制动装置进行手动操作。在系统无风的情况下，可以使用停放制动单元的手动缓解装置（位于制动缸夹钳上）缓解停放制动。手动缓解后，不能再次实施停放制动。如果需要重新实施停放制动，必须使系统总风压力达到 550 kPa 以上，方可实施停放制动。

8.5.2 撒砂和鸣笛装置

机车设有八个砂箱和撒砂装置，每个走行部上设有四个砂箱，容积为 100 L/个，撒砂量为 0.5～1 L/min。撒砂动作与司机脚踏开关、紧急制动、防空转、防滑行等功能配合使用，撒砂方向与机车实际运行方向一致。

机车两端均设有两个高音喇叭、一个低音喇叭，由电空阀控制，电空阀由司机操纵台面板上的喇叭按钮、操纵台下的喇叭脚踏开关分别控制。

8.5.3 升弓控制

机车升弓指令投入后，若升弓风缸压力低于 480 kPa 时，压力开关(.02)动作发出指令，辅助压缩机自动投入工作，当升弓风缸压力高于 735 kPa 时，压力开关(U84)动作发出指令，辅助压缩机自动停止工作，同时干燥风缸(U83)中的干燥空气将干燥器中的水和油污排出。如果通过按钮手动控制辅助压缩机启动，压力开关(.02、U84)将不再对压缩机的启停进行控制。

8.5.4 轮缘润滑

HXD_{3B} 型电力机车采用油脂式轮缘润滑方式，通过电磁阀控制油脂的喷涂。

8.6 基础制动装置

8.6.1 主要技术参数

基础制动采用轮盘制动方式。在平直道上，制动初速 120 km/h 时的紧急制动距离≤1 100 m(25 t 轴重)。

单元制动器由单元制动缸和夹钳机构组成。

制动系统单元制动缸参数见表 8.1。

表 8.1 制动系统单元制动缸参数

项　点	参　数
数量×直径	12×15 英寸
是否带有闸瓦(片)间隙自动调整装置	是

续上表

项　　点	参　　数
基础制动装置传递效率(在紧急制动时)	>0.97
每转向架停放制动个数	2(保证在 30‰坡道上安全停车)

基础制动系统制动闸片参数见表 8.2。

表 8.2　基础制动系统制动闸片参数

项　　点	参数(克诺尔)
闸片的材料	合成闸片
闸瓦片的平均摩擦系数	0.35
闸片温度限值	350(持续)～430(短时) ℃
轮盘温度限值	>闸片限值温度

8.6.2　基本原理介绍

制动装置是对运行中的机车执行减速和停车的一种装置。HXD3B 型电力机车采用的是轮盘式制动,每个车轮安装一套独立的制动夹钳单元,制动夹钳单元采用三点吊挂式,无踏面清扫装置,采用 KNORR 制动盘,闸片采用合成闸片。每个转向架有两个带弹簧停车制动的制动夹钳单元,分别布置在每个转向架的一轴和三轴右侧,如图 8.15 所示,以满足在 30‰坡道停车的要求。当机车制动时制动夹钳单元得到压缩空气,通过制动缸活塞推动制动夹钳和闸片,压力作用到安装在车轮辐板上的摩擦盘上,使闸片与摩擦盘产生摩擦,消耗功率,将动能转变为热能散发掉,从而使机车达到减速或停车的目的。

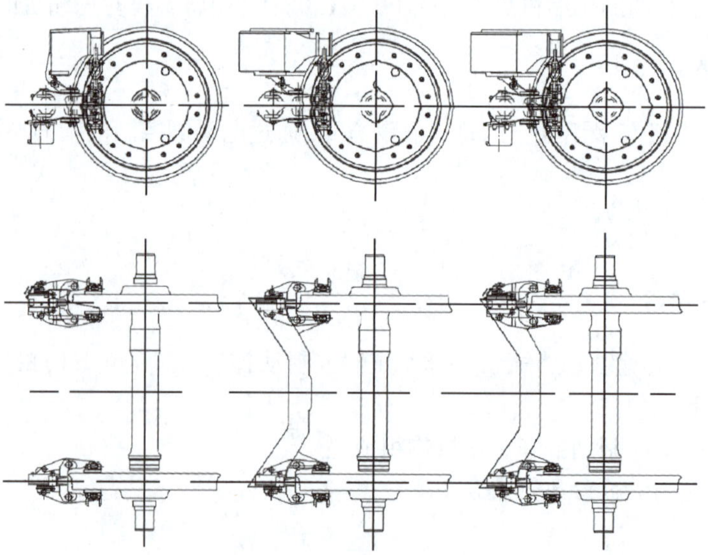

图 8.15　基础制动装置

轮盘制动和踏面制动同属于摩擦制动方式,但轮盘制动相对于踏面制动有如下优点:

(1)传统的踏面(闸瓦)制动方式大部分热能由车轮和闸瓦来承担。随着机车速度的提高和载重的增大，车轮的制动热负荷也相应增加。轮盘制动代替了闸瓦对车轮踏面的摩擦，增大了摩擦接触面积，改善了热负荷传递条件，也减少了车轮的磨耗，延长了车轮的使用寿命和改善了运行品质，保证了行车安全。

(2)在轮盘制动装置中，作为摩擦副的制动盘和闸片的材质及结构，可根据制动的要求进行多种方案的选择，可以获得较高的摩擦系数，并且比较稳定，受速度的影响小。因此可以减小制动压力，制动缸及杠杆的尺寸都可以缩小，减轻了制动装置的质量。

(3)轮盘制动装置的散热性能比较好，摩擦系数稳定，能得到较恒定的制动力。它的热容量允许它采用较高的制动率，可以在更高的速度下制动，获得较高的减速度，从而也就缩短了制动距离。

(4)轮盘制动装置结构紧凑，制动效率高，便于装拆和维护。

8.6.3　构造说明

轮盘制动装置包括制动夹钳单元(带制动缸和带停放缸)、制动盘及闸片组成，制动夹钳单元如图 8.16、图 8.17 所示。

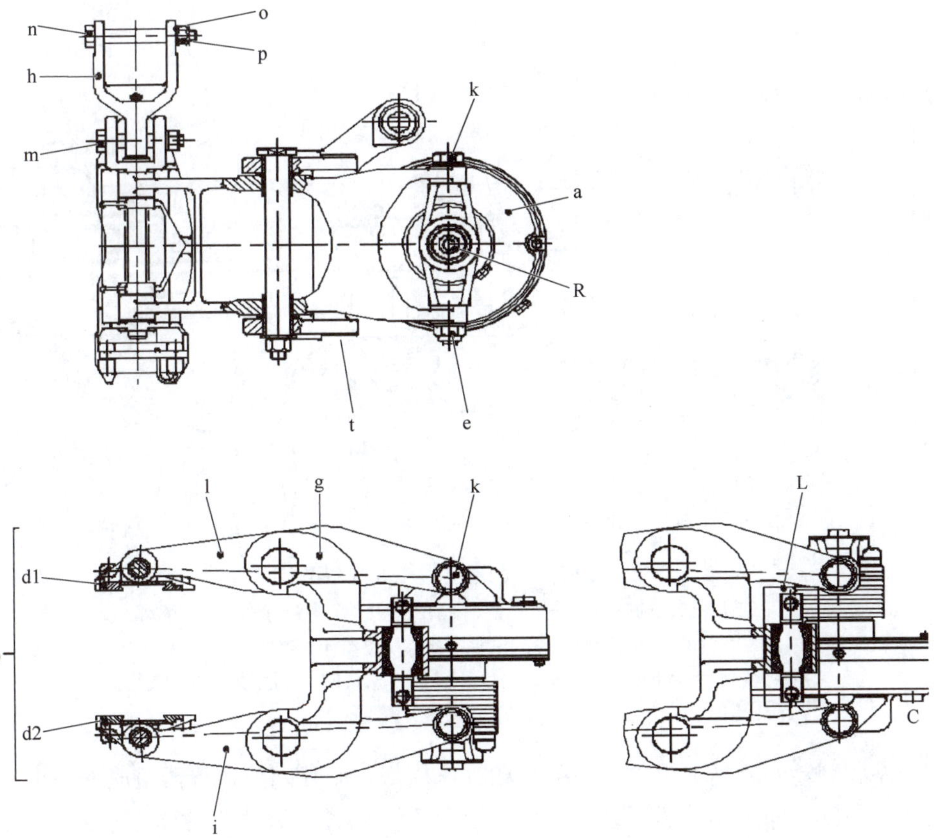

(a) 左置式　　(b) 右置式

图 8.16　制动夹钳单元(C02)

a—制动缸；b—制动钳；d1—制动闸片托架；d2—制动闸片托架；e— 排气螺栓；g— 拉杆；h—吊耳；i—制动夹钳杠杆；k—轴位螺栓；m—柱螺栓；n—柱螺栓；o—垫圈；p—防松螺母；t—铭牌；L—支点支座；R—制动缸上的复位螺母；C—制动缸的压缩空气接口

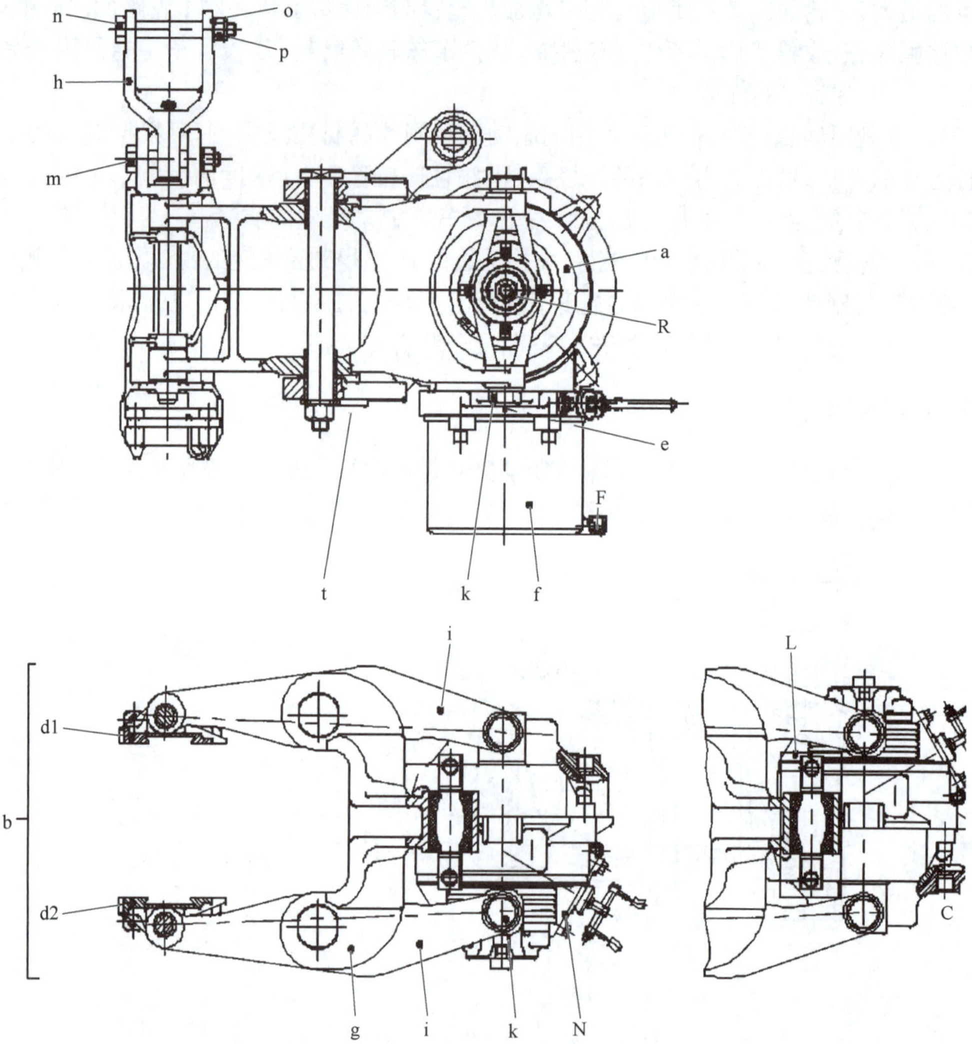

(a) 左置式　　(b) 右置式

图 8.17　制动夹钳单元(C04)

a—制动缸；b—制动钳；d1—制动闸片托架；d2—制动闸片托架；e—排气螺栓；f—停放缸；g—拉杆；
h—吊耳；i—制动夹钳杠杆；k—轴位螺栓；m、n —柱螺栓；o—垫圈；p—防松螺母；t—铭牌；L—支点支座；
R—制动缸上的复位螺母；C—制动缸的压缩空气接口；F—停放缸的压缩空气接口；
N—紧急缓解装置

不带停放制动的制动夹钳单元是由制动缸作用部与闸片间隙调整器组成的一个独立的制动单元结构。闸片间隙调整器可以使闸片和制动盘磨耗过大后使盘片间隙得到自动的调整，使间隙始终保持在正常的数值范围内。

带停放制动的制动夹钳单元是由制动缸作用部与停放缸作用部组成的一个独立制动单元。当用于正常的制动时，停放缸得到压缩空气，弹簧停放缸缓解。然后缸内一直保持 550 kPa 的压力空气。其制动缸作用与不带停放的制动夹钳单元制动缸相同。当用于停车制动时，停放制动缸排气，停放缸实施制动。通过停放弹簧的弹力带动楔块拉杆机构，带动制动缸的活塞部分，推动夹钳，使闸片抱紧制动盘，实现停车制动或坡道停车制动。停车制动或坡道停车制动后，拉动手动缓解拉柄，可对停放缸进行手动缓解。

制动盘材料采用高强度合金铸铁。结构为带散热筋的环状结构。通过均布的 6 个 ϕ25 圆键和 18 个 M12 的 10.9 级高强度螺栓、全金属锁紧螺母安装在机车车轮辐板上，制动盘抗热温度不小于 400 ℃；闸片为合成材料，它采用标准的燕尾插装式安装在闸片托上。制动盘与闸片的平均摩擦系数为 0.35。

8.7 典型故障分析及处理

空气压缩机机油乳化时：

8.7.1 故障说明

空气压缩机在使用一段时间后，某些情况下会出现机油变成乳黄色、乳白色的现象，此时空气压缩机机油的各种物理性能下降，不利于空气压缩机的继续使用。空气压缩机机油出现乳化现象时，要及时处理。

8.7.2 故障分析

空气压缩机机油发生乳化是因为空气压缩机运转的时候，有冷凝水进入到机油中，机油和水以一定比例混合就会产生乳化现象。本车采用螺杆式空气压缩机，当空气压缩机运转率不足的时候，空气压缩机机油发生乳化的概率较高。发生如乳化现象后，通过观察机油的乳化程度，可以初步判断机油是轻微乳化还是严重乳化，以便后续采取相应的处理方法。

8.7.3 处理方法

机油有轻微乳化时，可进行如下操作来去除乳化现象；

压缩机静置 1～2 h，微开压缩机排油口（位于机头底部和散热器底部），将位于下层的液态水排出，直至有油排出关闭排油口。

打开总风缸下方的排水塞门，使乳化的压缩机组连续运转 60 min 以上，停机后观察机油的状态，如果恢复正常可继续使用。

如果乳化现象减轻但没有完全恢复，再连续运转 30 min，观察机油状态，可重复进行上述操作，直至乳化消失。

使用延时工作模式，运行机车压缩机组减缓机油乳化。

机油严重乳化时，切勿自行处理，应及时联系主机厂及压缩机供货商进行分析处理。

9 车　　体

9.1 概　　述

车体既是机车大部分设备的载体，又是机车动力传递载体，除走行部件外的其他机械、电器设备以及附属装备都安装在车体上，同时在机车运行过程中，车体不但要传递牵引力和制动力给车钩以及承受垂直载荷，还要承受水平方向的冲击载荷和侧向力的作用。

HXD_{3B}型电力机车车体采用双司机室内走廊框架承载结构，车体主要由牵引缓冲装置、排障器、空调及风道、车体钢结构（由司机室钢结构、侧墙、底架组成）、车体通风机、顶盖、变压器防护、踏板及扶手、车门等组成。车体如图 9.1 所示。

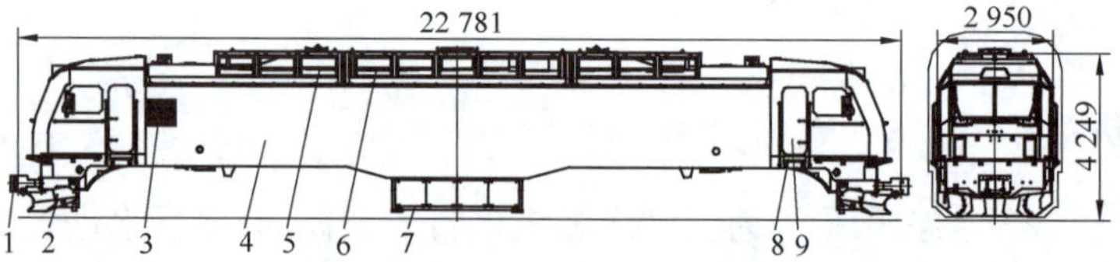

图 9.1　HXD_{3B}型电力机车车体

1—牵引缓冲装置；2—排障器；3—空调及风道；4—车体钢结构；5—车体通风机；6—顶盖；7—变压器防护；8—踏板及扶手；9—车门

9.2 主要结构参数及特点

9.2.1 车体主要结构及参数

HXD_{3B}型电力机车车体结构能够承受纵向压缩载荷为 3 000 kN，拉伸载荷为 2 500 kN，其他载荷条件依照 EN 12663 及 UIC 566。

HXD_{3B}型电力机车的车体钢结构材料采用低温性能好的 Q345E，能满足－40 ℃环境条件下的运行要求。

车体结构具体参数如下：

车体宽度	2 950 mm
车钩纵向中心线距离	22 781 mm
车钩中心线距轨面高度	(880±10)mm
底架上平面距轨面高	1 580 mm
前后旁承座中心距离	13 280 mm
车体顶盖距轨面高度	4 249 mm

排障器距轨面高度 110^{+10}_{0} mm

车体总重 56 809 kg

9.2.2 车体部件结构特点

(1)底架

底架是由端部牵引梁、中梁、旁承梁、变压器梁、边梁等组成的一个整体承载结构。底架所有承载零部件全部采用 Q345E 材料,如图 9.2 所示。

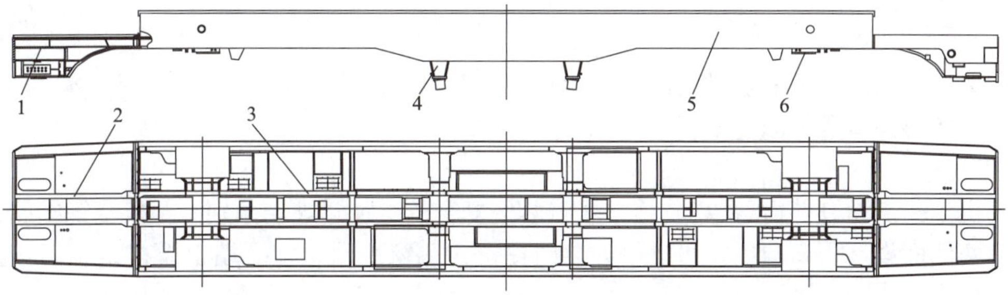

图 9.2 底架

1—端部牵引梁;2—中梁一;3—中梁二;4—变压器梁;5—边梁;6—旁承梁

底架采用以贯通式中梁为主承载的框架式结构,通过中梁承担部分纵向和垂向载荷,不仅能有效改善底架的受力状况,减缓边梁及边梁与两端牵引梁连接处的受力和应力集中,而且也能减少司机室和侧墙的局部应力。由于贯通式中梁承载结构设计,端部牵引梁采用框架结构,旁承座采用厚板箱型焊接结构,使整个底架的刚性和强度非常高。

底架边梁是由方管、旁承座、角钢以及蒙皮、上盖板、下盖板、隔板和内侧板组焊成的箱形梁,其中蒙皮、旁承座和上盖板为底架重要承载部件,边梁上的所有板根据应力计算优化,采用不同厚度的板,使边梁上的应力分布更加均匀,满足刚度和强度要求,隔板、内侧板的布置兼顾了工艺性。底架边梁如图 9.3 所示。

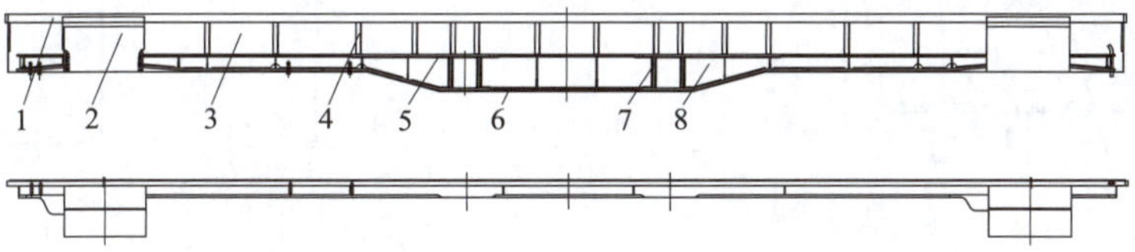

图 9.3 边梁

1—方管;2—旁承座;3—蒙皮;4—角钢;5—上盖板;6—下盖板;7—隔板;8—内侧板

底架端部牵引梁由侧梁、端梁、车钩箱和端板组焊成,端板为 50 mm 厚的钢板,车钩箱内装配有实体块的后从板,降低压缩时产生的应力。底架端部牵引梁如图 9.4 所示。

底架变压器梁由上下盖板、腹板组成箱形梁,箱形梁下面是牵引销座和牵引销。变压器梁既要承载变压器的吊装,又要固定牵引拉杆的,受力状况比较恶劣。上下盖板通过计算进行优化,采用不同的板厚。

底架变压器梁如图 9.5 所示。

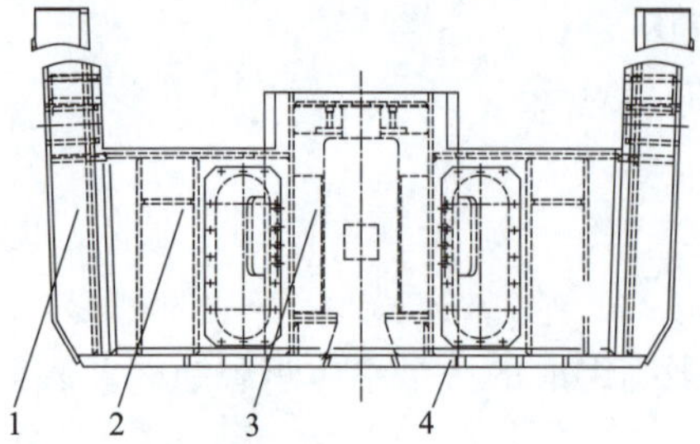

图 9.4　端部牵引梁

1—侧梁；2—端梁；3—车钩箱；4—端板

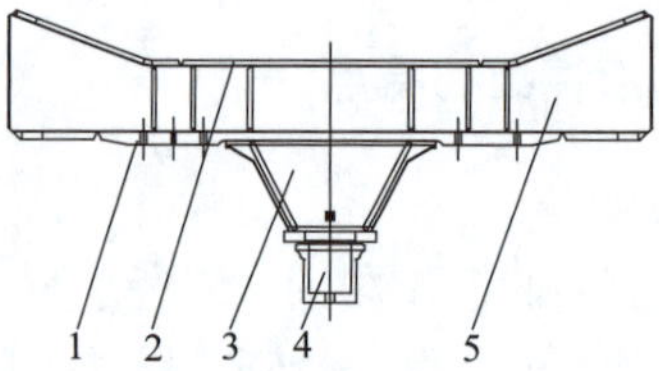

图 9.5　变压器梁

1—下盖板；2—上盖板；3—牵引销座；4—牵引销；5—腹板

底架旁承梁由上下盖板、筋板和腹板组成，主要承担左右旁承座的连接，是底架的重要承载部件。底架旁承梁如图 9.6 所示。

(2)司机室

司机室前部设有前窗，采用胶粘方式将两块复合的电加热玻璃分别与司机室钢结构粘接。司机室两侧面设有入口门以及可上下开启的提拉式侧窗。司机室后墙上设有走廊门，通向机械间中央走廊。

司机室钢结构主要由纵向、水平、横向三个方向的梁结构及两侧的门立柱等槽形梁组成。从结构上讲，司机室是一个整体焊接的，可以自行悬挂的箱体结构件，整体形成封闭断面环结构，使司机室具有足够的强度和刚度。

司机室前窗下部能承受 300 kN 的均布压力载荷，在司机室受到撞击时对司乘人员起到一定的保护作用。司机室顶盖的布梁相对简单，实现了用最轻的结构满足刚度要求。

司机室各主要骨架梁焊接前塞满防寒、吸音材料，司机室后墙内部也填充性能优良的防寒、吸音材料。司机室钢结构如图 9.7 所示。

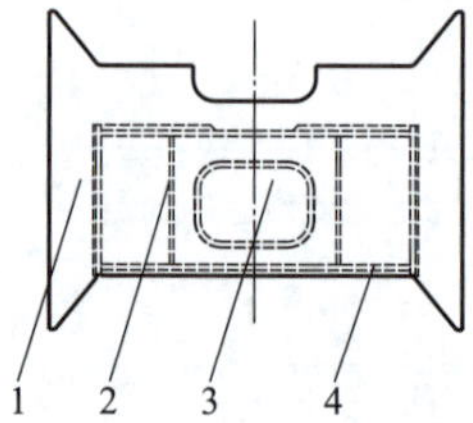

图 9.6　旁承梁

1—上盖板；2—筋板；3—下盖板；4—腹板

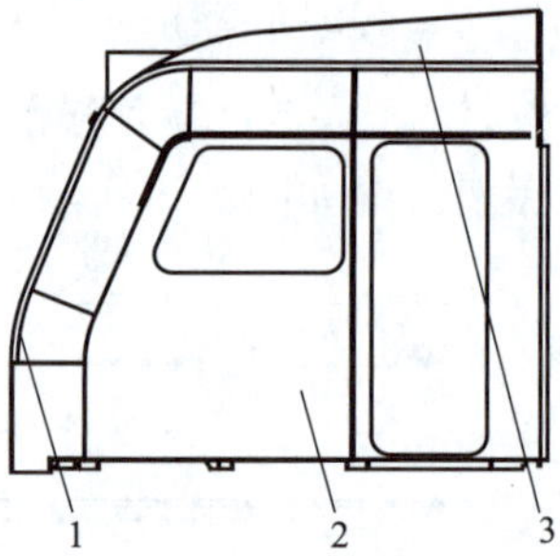

图 9.7　司机室钢结构

1—司机室前脸；2—司机室侧墙；3—司机室顶盖

(3)侧墙

侧墙由蒙皮、角钢、上弦梁等组成。蒙皮厚度为 14 mm，上弦梁由壁厚为 12 mm 的方管制成，蒙皮内侧衬角钢。蒙皮承载的侧墙结构，既提高了车体整体的垂向刚度，又保证了车体两侧应力分布均匀，且减少了焊接变形，侧墙整体平面度良好。侧墙如图 9.8 所示。

(4)顶盖

顶盖为带夹层的整体通风腔结构。顶盖分为Ⅰ、Ⅱ端顶盖和中央顶盖，顶盖之间由活动梁

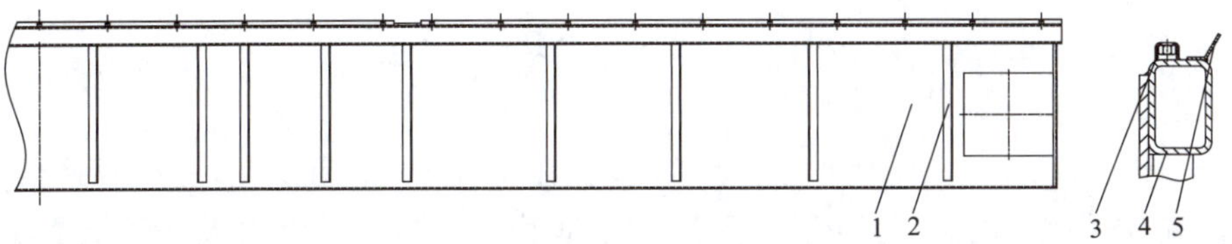

图 9.8 侧构结构

1—蒙皮；2—角钢；3—螺座；4—上弦梁；5—挡雨檐

连接。三个顶盖通风腔分别独立，顶盖侧斜面为通风进风口。在Ⅰ、Ⅱ端顶盖上有受电弓和避雷器等设备的安装底座。中央顶盖上安装人孔盖，用于登上车顶检修作业。车体顶盖的结构设计特点是主电机进风道由传统的车体侧墙进风改进为车顶进风。Ⅰ、Ⅱ端顶盖、中央顶盖结构分别如图 9.9、图 9.10 所示。

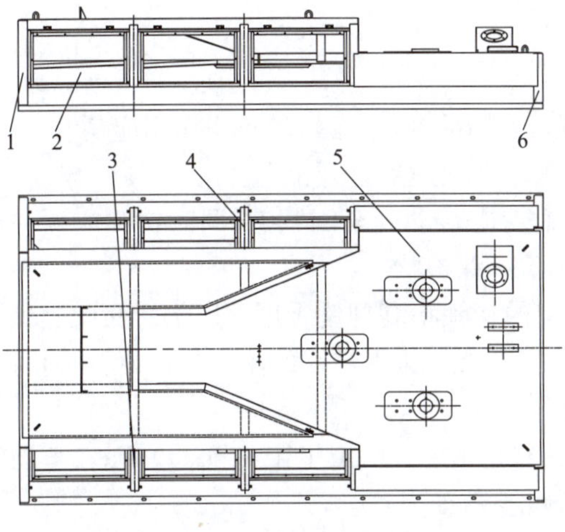

图 9.9 Ⅰ、Ⅱ端顶盖

1—端梁；2—底板；3—右侧墙；4—左侧墙；5—上盖板；6—端梁

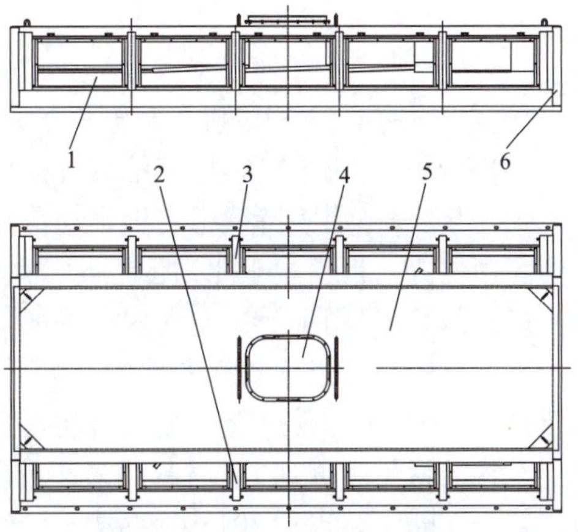

图 9.10 中央顶盖

1—底板；2—右侧墙；3—左侧墙；4—人孔盖；5—上盖板；6—端梁

(5)排障器

排障器由调整垫片、支板、排障器体及紧固件组成。排障器可根据轮缘磨耗的情况调整安装高度，以满足排障器底部距轨面高度为 110^{+10}_{0} mm 的限界的要求。调整垫片的最小厚度不小于 50 mm，以满足车轮全磨耗的要求。排障器如图 9.11 所示。

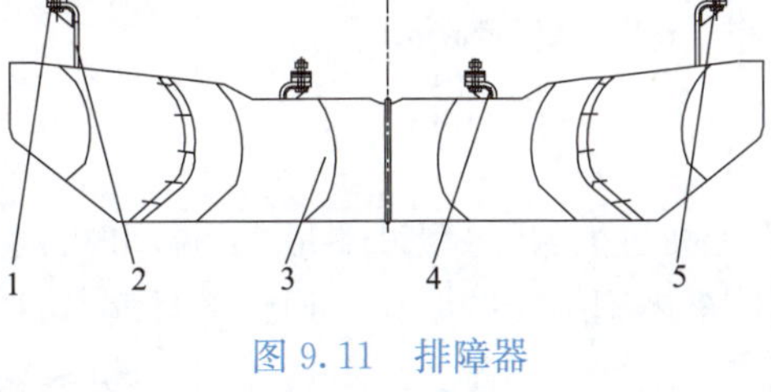

图 9.11 排障器

1—调整垫片；2—支板 1；3—排障器体；4—支板 2；5—紧固件

9.3 牵引缓冲装置及压溃装置(变形吸能元件)

HXD3B 型电力机车的牵引缓冲装置中车钩采用 E 级钢 13 号车钩,缓冲器采用 QKX100 型大容量弹性胶泥缓冲器。缓冲器后面设有压溃管。牵引缓冲装置及压溃装置如图 9.12 所示。

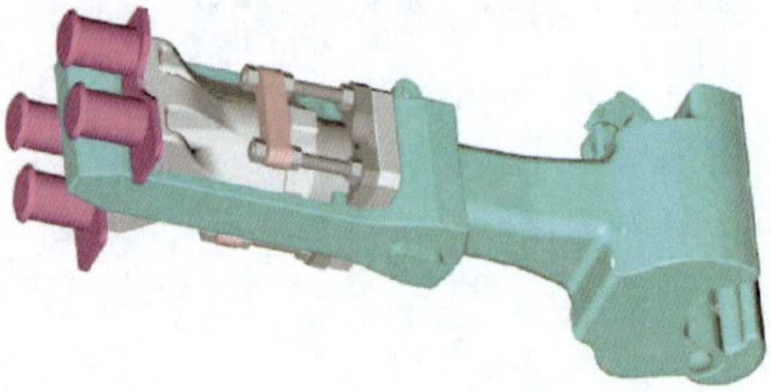

图 9.12 钩缓及压溃装置

按 TB/T 456—2008《机车车辆用车钩、钩尾框》等标准规定,车钩的三态作用应良好:

(1)全开——用手持续稳定地旋转提杆手把,钩舌必须达到全开位置。

(2)闭锁——用手持续稳定地推动钩舌鼻部,钩舌应转动到全闭状态,同时钩锁应顺利地落到闭锁位置。钩锁处于闭锁位置时,车钩应处于防跳保护状态。

(3)开锁——用手缓慢转动提杆手把,使闭锁位的钩锁抬高到钩舌尾部以上。在此过程中钩舌不许有转动。当回转提杆使钩锁落下时,钩锁应坐落在钩舌推铁的座锁前顶面上,此时用手扳动钩舌内腕,钩舌应能自由地转动至全开位置。

车钩的材料为 E 级钢,材料的最小拉伸极限为 830 MPa,屈服极限为 690 MPa。车钩的材料符合 TB/T 2942—2015 中的要求。车钩的强度参数如下:

钩体最小破坏载荷	4 005 kN
钩体最大永久变形	加载 3 115 kN 时,其变形量≤0.8 mm
钩舌最小破坏载荷	3 430 kN
钩舌最大永久变形	加载 1 780 kN 时,其变形量≤0.8 mm

QKX100 弹性胶泥缓冲器,主要由弹性胶泥芯子、壳体、连接板和螺杆等组成,容量大、吸收率高,能有效减少机车纵向冲击,满足 TB/T 1961—2016《铁道车辆缓冲器》标准的要求。

QKX100 弹性胶泥缓冲器的基本参数如下:

最大阻抗力	≤2 500 kN
工作行程	≤83 mm
缓冲容量	≥100 kJ
缓冲吸收率	≥80%

压溃装置是为了在车钩受力过大,超过缓冲器最大阻抗并可能对车体造成损害时,瞬间触发并吸收冲击能量,从而保护车体钢结构的装置。通俗的理解,可以认为压溃装置是一种保护车体钢结构的,初压力更大的一次性缓冲器。HXD3B 型电力机车采用折叠式压溃(管)装置。

HXD3B 型电力机车的压溃装置单元的技术参数如下(每截面用 2 个单元):

静态触发力	1 350×(1+10%) kN[每个截面 2 700×(1+10%) kN]
静态最小永久变形力	≥1 100 kN
行程	80 mm
动态容量	100 kJ

车体保护原理:钩缓系统不仅可以传递牵引动力和制动力,也可以缓解冲击而保护车体,在正常工况下,已能满足运行要求。本车作为重载机车,钩缓系统中加装压溃(保护)装置后,在制动或异常状态时,也能保护车体,提高了机车经济性。

钩缓系统在受压时的受力顺序为:车钩→前从板→缓冲器→压溃(保护)装置,在压溃装置变形失效后,如车钩继续有向后位移,此时车钩钩肩将与底架前端部的冲击座碰撞,冲击座变形减缓冲击保护车体。根据各部件的性能,在不同的冲击范围中先后作用,从而保护了车体钢结构。

9.4 典型故障分析及处理

弹性胶泥缓冲器失效时:

9.4.1 故障说明

弹性胶泥缓冲器使用一段时间后,出现胶泥少量泄漏,造成弹性胶泥缓冲器功能下降,随着胶泥泄漏量的逐步增多,弹性胶泥缓冲器会失效。

9.4.2 故障分析

车辆持续在长大坡道线路上运行或弹性胶泥缓冲器服役时间过长,导致弹性胶泥缓冲器的胶泥芯子的密封可靠性逐步降低,随着胶泥泄漏量的逐渐增多,继而弹性胶泥缓冲器失效。

9.4.3 处理方法

检查发现弹性胶泥缓冲器出现胶泥泄漏较多时,须及时更换弹性胶泥缓冲器。

10 转 向 架

10.1 概　　述

HXD_{3B} 型电力机车转向架采用了成熟先进的技术，如箱型梁焊接结构构架、轮盘制动、进口整体辗钢车轮、低位推挽式倾斜单牵引杆、单级斜齿轮传动、电机滚动抱轴悬挂方式、螺旋弹簧加单轴箱拉杆结构轴箱，二系悬挂装置采用高圆簧结构，配合横向减振器、二系垂向减振器、横向止挡、垂向止挡、摇头止挡、点头止挡等。保证机车在重载牵引条件下以较高的速度平稳运行。HXD_{3B} 型电力机车转向架主要技术特点：

(1)牵引电机采用内顺置布置。这种布置可使机车在牵引工况获得较小的轴重转移。现在大多数货运机车转向架均采用牵引电机内顺置。

(2)低位倾斜单牵引杆结构。加以合理的悬挂参数选择，使机车轴重转移减小，满足机车牵引要求。

(3)构架采用焊接结构，受力比较均匀，变形协调，构架刚度和强度高，侧架与端梁、横梁连接处采用圆弧连接的结构形式，降低连接处的应力集中。

(4)二系悬挂高圆弹簧组每侧一组，由两个弹簧组成，这种布置使弹簧接近回转中心，可减小弹簧的回转位移，降低弹簧的剪切应力。

(5)一系弹簧采用单圈、小静挠度值，使一、二系弹簧参数搭配趋于合理。

(6)基础制动采用轮盘制动，使轮对受力形式较踏面制动更加合理。

(7)驱动装置采用滚动抱轴式半悬挂结构。采用整体承载式齿轮箱。

HXD_{3B} 型电力机车转向架主要由构架、一系悬挂装置、轮对装配、二系悬挂装置、基础制动装置、撒砂装置、驱动装置、电动机悬挂装置、牵引装置、车梯、轮缘润滑装置、接地装置、附件装配(扫石器安装、转向架配管及牵引电机进风道)等组成，如图 10.1 所示。

10.2 技术参数

转向架主要技术参数：

轴重	$25\times(1^{+1\%}_{-3\%})$ t
转向架总重	28 400 kg
电机质量	2 150 kg
单轴簧下质量	5 400 kg
牵引电机悬挂方式	滚动抱轴悬挂
轴距	(1 950+1 950) mm
轨距	1 435 mm

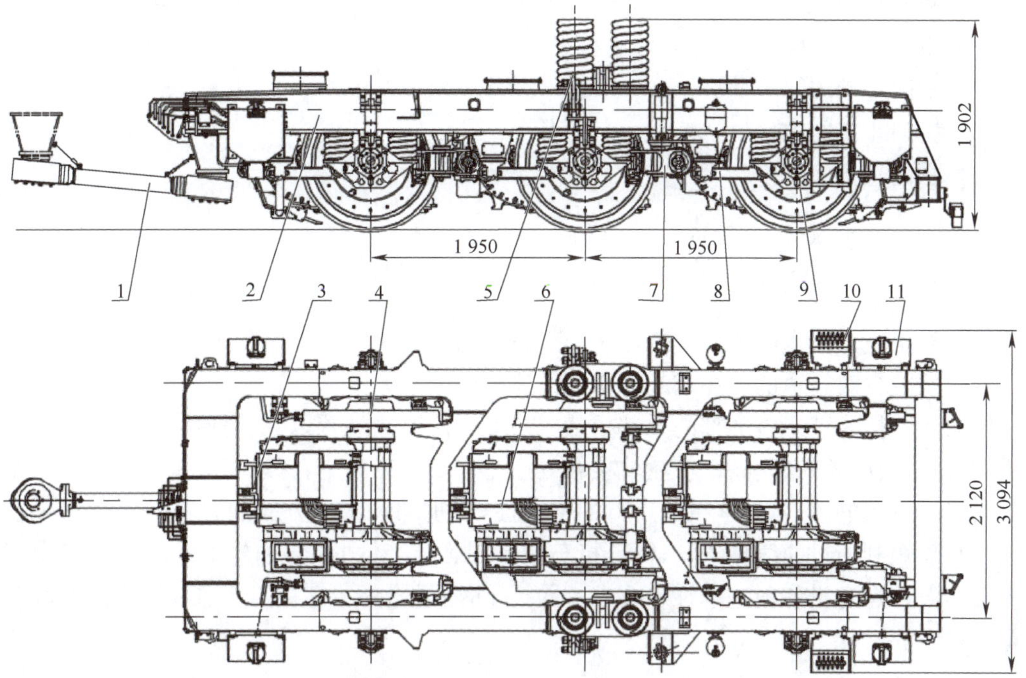

图 10.1 HXD3B 型电力机车转向架结构

1—牵引装置;2—构架;3—电机悬挂装置;4—轮对;5—二系悬挂装置;6—驱动装置;7—基础制动装置;8—轮缘润滑;9—一系悬挂装置;10—车梯;11—砂箱装置

转向架中心距	12 950 mm
轮对左右轴箱中心线间距	2 120 mm
二系支承点横向间距	2 120 mm
牵引方式	中间斜拉杆推挽式
牵引电机功率	1 632 kW
牵引点距轨面高度	25 mm
传动方式	滚动抱轴式单侧斜齿轮传动
齿轮传动比	104/21
轮径	新轮 1 250 mm
	半磨耗 1 200 mm
	全磨耗 1 150 mm
一系悬挂方式	钢弹簧+单轴箱拉杆+垂向减振器
一系弹簧静挠度	48.3 mm
二系悬挂方式	钢弹簧+垂向减振器+横向减振器
二系弹簧静挠度	119.6 mm
基础制动方式	轮装式盘形制动
限界	满足 GB 146.1—1983-1B

轴箱横向自由间隙	0-15-0 mm
一系横向止挡间隙	15-10-15 mm
一系垂向止挡间隙	25 mm
二系横向止挡间隙	40 mm
二系垂向止挡间隙	30 mm

10.3　工作原理

转向架是电力机车的关键部件之一，它对机车运行的安全性、舒适性、稳定性、可靠运行、延长寿命及减少对轨道的破坏均起着重要的作用。

转向架直接承载车体上部的全部重量，包括车体、动力装置以及各种辅助装置和电机电器设施；保证必要的轮轨间黏着，使轮轨接触处产生必要的轮轨力，保证机车正常的牵引和制动；缓和线路对机车的冲击，保证机车运行的平稳性，使垂向和水平方向均有较好的运行平稳性；保证机车能顺利通过曲线和道岔；保证机车在牵引力、制动力和各种外力作用下的安全运行；转向架的设计在满足各项基本性能要求的前提下，着重考虑机车黏着质量利用率、构架和牵引装置的强度。

10.4　构造说明

10.4.1　轮对轴箱

10.4.1.1　轮　　对

车轮采用直径为 1 250 mm 的整体辗钢车轮，材料为 R8T，并满足 UIC 812-3 标准要求；在车轮两侧装有制动盘，制动盘与车轮之间通过螺栓连接；车轮踏面采用符合 TB/T 449 的 JM3 磨耗型踏面。

车轴轴颈直径 160 mm，轮座直径 258 mm，轴身直径 220 mm，设计满足 EN 13104 标准；其材料采用 JZ50，并满足 GB 5068 的相关要求。

轮对内侧距 $1\ 353^{-1}_{+0.5}$ mm（未负载状态），其组装满足 TB/T 1463 的相关要求。

10.4.1.2　轴　　箱

轴箱采用独立悬挂，相对构架的上、下和横向移动靠弹簧、橡胶元件的弹性变形来实现。轴箱定位采用拉杆式定位结构，主要由轴箱体、端盖、后盖、防尘圈、压盖、轴承、接地装置等组成。轴箱装配结构如图 10.2 所示。

10.4.1.3　轴箱轴承

轴箱轴承采用轴承单元，这种轴承单元在制造厂已经填充了润滑脂，并且整体密封。在组装时采用专用压装设备将轴承整体压装到车轴上，不需解体。轴承的免维护周期可达 100 万 km，排除了由于轴承组装、润滑和清洁度等问题影响轴承的正常使用寿命。考虑到机车在线路上的运行状态，两个端轴和中间轴分别采用两种游隙的轴承，组装后两个端轴的轴承游隙为±(0.3～0.7) mm，中间轴的轴承游隙为±15 mm，端轴和中间轴轴箱组装如图 10.3、图 10.4 所示。

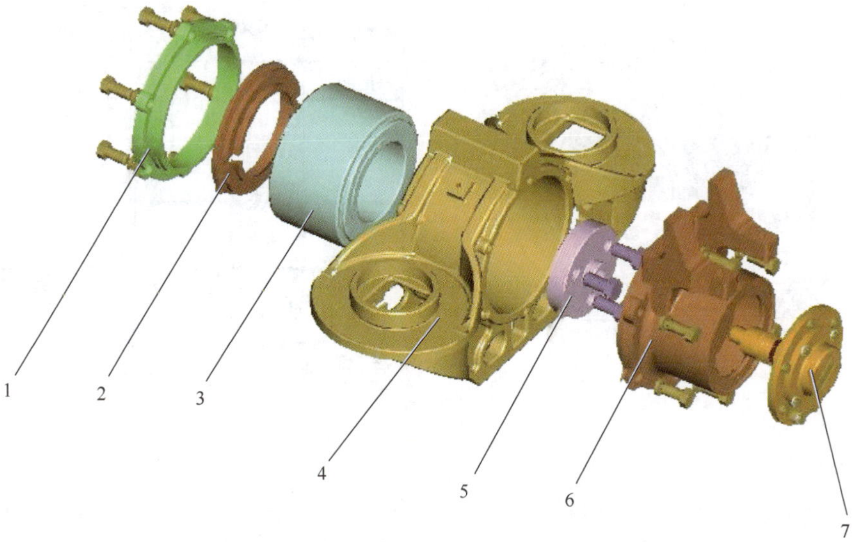

图 10.2 轴箱装配结构

1—后盖；2—防尘圈；3—轴承；4—轴箱体；5—压盖；6—端盖；7—接地装置

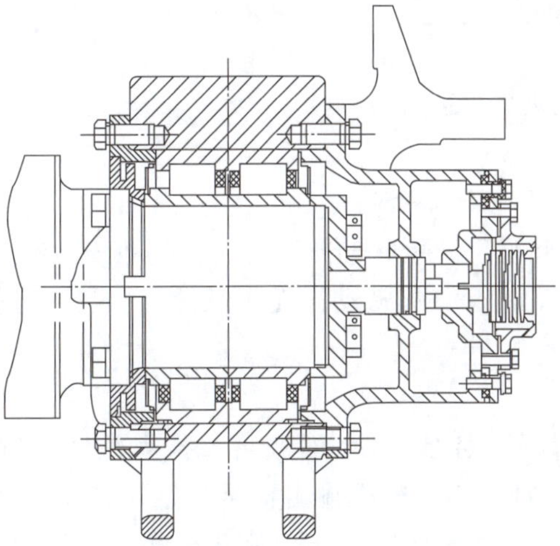

图 10.3 端轴轴箱组装(带接地装置)

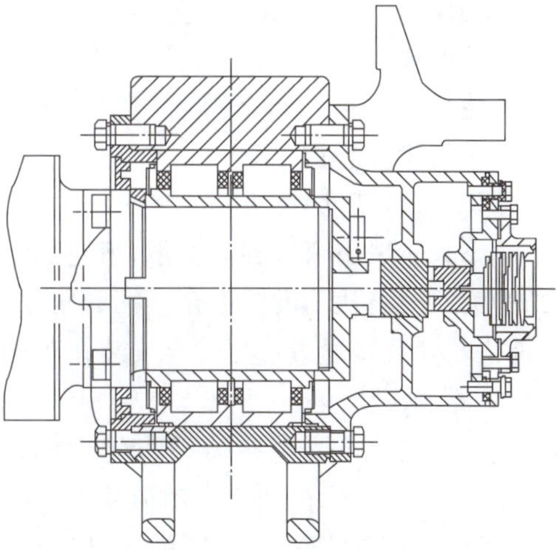

图 10.4 中间轴轴箱组装(带接地装置)

10.4.2 驱动装置

驱动装置(图 10.5)采用滚动抱轴驱动，主要包括：牵引电机、抱轴箱装配、齿轮箱装配等部分。驱动装置为单级斜齿轮传动，传动比为 4.952。由于采用斜齿轮传动，在提高啮合平稳性的同时，使其重叠系数达到 2 以上，保证传动时，有两对齿同时啮合，这样在保证齿轮强度的同时，可减小齿轮的模数。

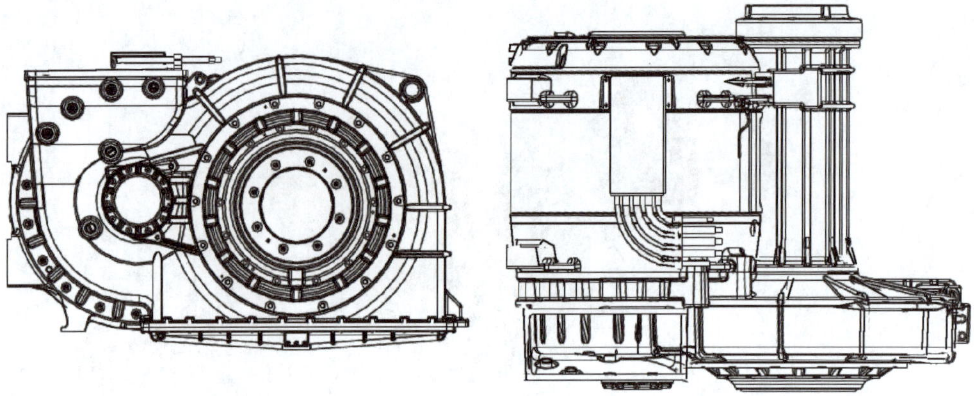

图 10.5　驱动装置

10.4.2.1　传动齿轮

机车牵引齿轮传递功率大(电机功率 1 632 kW)，齿轮线速度高(最大可达 30 m/s)，齿轮为高速重载传动，并能抵御瞬时 5～6 倍的冲击载荷。其主要参数如下：

螺旋角	12°
压力角	20°
传动比	4.95(104/21)
齿轮模数	8.75
齿轮材料	18CrNiMo7-6(EN 10084)
大小齿轮中心距	566.85 mm
轮齿质量(精度)等级	六级(根据 ISO 1328)

主动齿轮采用两端轴承支承，齿轮与电机轴之间采用薄板联轴器连接，改善了齿轮和电机轴的受力状况。从动齿轮由合金钢锻压成型后整体加工而成，从动齿轮用螺栓连接在齿轮毂上，而齿轮毂直接通过过盈配合安装在车轴上。

10.4.2.2　齿 轮 箱

整个齿轮箱主要包括铸造齿轮箱体、主从动齿轮、悬挂轴承、油底盘及各类盘件等(图 10.6)。单级斜齿轮传动。主动齿轮为实心齿轮轴结构，它与电机输出轴通过免维护的、抗扭转的、柔韧的薄板式联轴器连接，主动齿轮通过两端各设一个轴承，安装在齿轮箱上。为便于安装，从动齿轮设计为两体结构，齿圈通过螺栓连接在齿轮毂上，而齿轮毂直接通过过盈配合安装在车轴上。齿轮箱体为承载结构，采用球墨铸铁铸造结构。

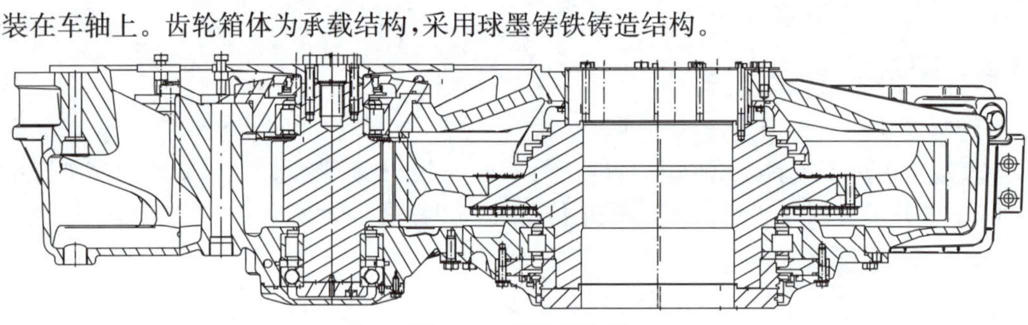

图 10.6　齿轮箱装配

HXD3B 型电力机车齿轮箱体(图 10.7)整体由球墨铸铁 EN-GLS-400-18L 铸造而成,齿轮箱同时是承载结构。齿轮箱上设有与牵引电机连接螺栓接口,与滚动抱轴箱接口,还有吊具接口,加油口,泄油口等。由于齿轮箱的结构采用的是优化的铸造结构,各处的应力分布比较均匀,没有明显的应力集中区,因此整个齿轮箱具有较高的强度,使用寿命能够完全满足使用要求。由于采用铸造结构,箱体壁较厚,分箱面与上下箱体铸为一体,使分箱面具有良好的刚度,同时分箱面上可布置多点螺栓连接,比焊接齿轮箱更易于实现平面密封。与传统设计比,齿轮箱与抱轴箱间的连接采用端面连接、密封,连接更加可靠,密封效果更好。齿轮箱与电机的连接支点更易于设计,保证受力均匀,提高使用寿命。

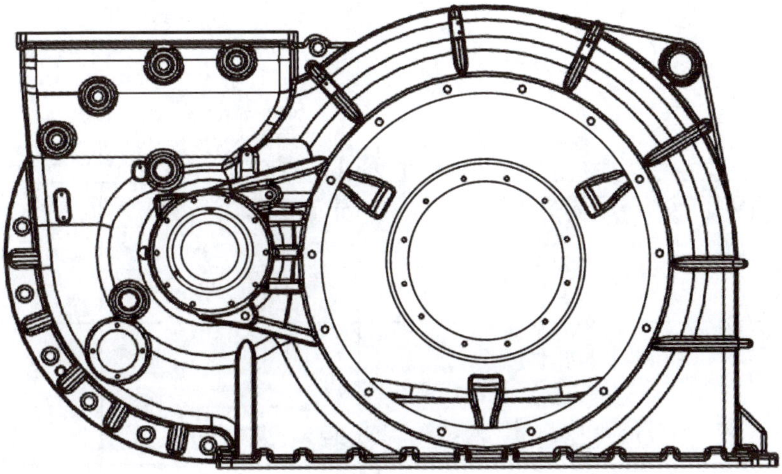

图 10.7 齿轮箱

10.4.2.3 抱 轴 箱

HXD3B 型电力机车抱轴箱由抱轴箱体、滚动轴承、各密封圈等组成。其结构特点如下:

(1)牵引电机、齿轮箱、抱轴箱、车轮组成一个刚性连接整体,相互间没有位移,可以避免相互间的冲击,提高使用寿命。

(2)采用金属密封环取代传统机车密封方式,设计成不受力结构,解决密封环拆卸难问题。

(3)采用圆柱轴承,改善了轴承的运行环境,提高了轴承的使用寿命,不存在轴承轴向游隙问题。

(4)抱轴箱的受力条件得到了改善,有利于提高使用寿命。

抱轴箱体为球墨铸铁,材料为满足 EN 1563 标准的 EN-GJS-400-18-LT ;铸造公差按照 ISO 8062-CT10-RMA6(H)质量等级;其结构如图 10.8 所示。

10.4.3 构 架

HXD3B 型电力机车构架由 Q345E 钢板焊接成箱型梁结构,具有高可靠性和轻量化特点。构架由两个侧架、一个牵引梁、两个横梁和一个前端梁及各种附加支座组成,构架组焊后成框架式目字形结构,如图 10.9 所示。为减少构架的应力集中,各梁连接处采用圆弧过渡。为了保证焊接质量,在对接焊缝两端的焊接钢板分别预留 20 mm,焊接完后进行打磨或加工。

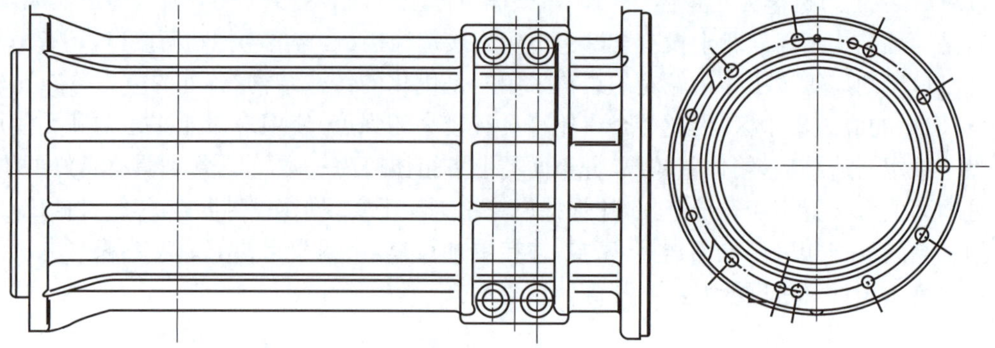

图 10.8　抱轴箱体结构

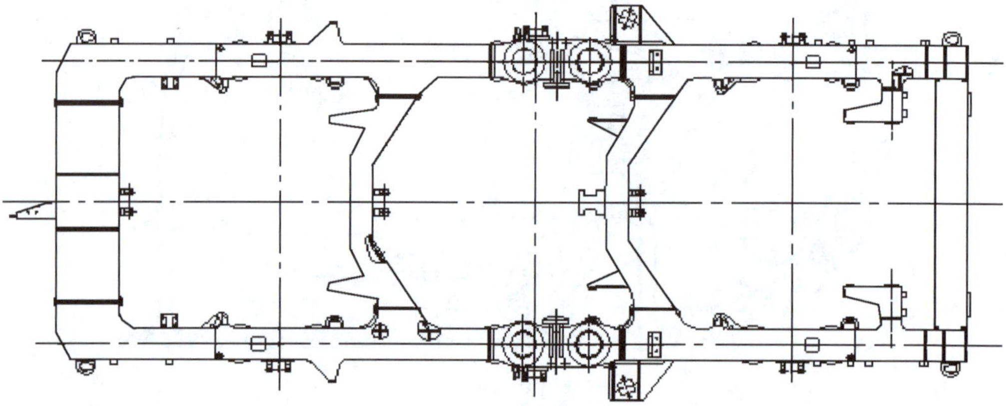

图 10.9　构架结构

10.4.4　一系悬挂装置

一系悬挂装置采用单侧轴箱拉杆定位，轴箱通过轴箱弹簧和轴箱拉杆与转向架的构架弹性相连，把机车簧上部分的质量传递给轮对，同时将来自轮对的牵引力、制动力、横向力等传递到构架上，如图 10.10 所示。

轴箱弹簧采用较高螺旋弹簧，弹簧底部增加绝缘衬板，使构架与轴箱之间具有良好的绝缘。端轴由轴箱弹簧、轴箱拉杆和垂向减振器组成，中间轴由轴箱弹簧、轴箱拉杆和中间起吊装置组成，垂向减振器和中间起吊装置能实现轮对驱动装置的整体起吊功能。

一系悬挂结构的特点是：结构简单，一系的横向刚度和垂向刚度由弹簧提供，纵向刚度由轴箱拉杆橡胶关节提供，可实现一系纵向、横向弹性参数相对独立。并且一系纵向刚度大，横向刚度小，有利于提高临界速度，保持驱动系统稳定，提高黏着利用率及改善曲线通过性能。

一系悬挂装置参数见表 10.1。

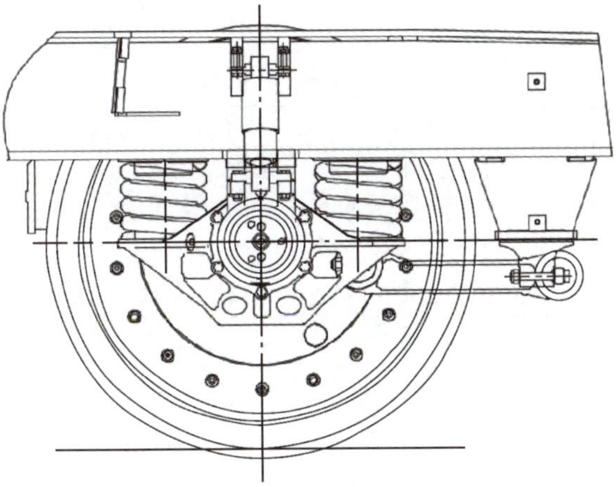

图 10.10 一系悬挂装置

表 10.1 一系悬挂参数

一系弹簧的纵向刚度(每个)(MN/m)		1.45	
一系弹簧的横向刚度(每个)(MN/m)		1.45	
一系弹簧的垂向刚度(每个)(MN/m)		1	
轴箱拉杆长度(mm)		610	
轴箱拉杆橡胶关节的纵向刚度(每个)(MN/m)		50	
轴箱拉杆橡胶关节的扭转刚度(每个)[N·m/(°)]		33.2	
轴箱拉杆橡胶关节的偏转刚度(每个)[N·m/(°)]		30	
一系垂向减振器阻尼	速度(m/s)	0.1	0.3
	拉伸阻尼力(N)	7 500	14 700
	压缩阻尼力(N)	7 500	14 700

10.4.5 二系悬挂装置

二系悬挂装置主要用来传递车体上部结构与转向架的垂向力、横向力和冲击载荷,通过具体的弹簧配置,使得分配到每根车轴上的最终载荷基本一致。通过二系悬挂的合理配置,可使转向架静态和动态均能保持稳定。在车体和转向架间设置合理的弹性装置,保证转向架能相对车体在一定范围内弹性横动,在机车通过曲线时,允许转向架相对于车体在合理范围内灵活转动。

二系悬挂装置由二系高圆簧、橡胶垫、二系垂向减振器、二系横向减振器、横向止挡、垂向止挡、起吊装置等组成。每个转向架上有两组高圆弹簧(每组两个)布置在左右侧架中央部分。两个垂向减振器和两个横向减振器的布置如图 10.11 所示,垂向和横向减振器的设置可以使机车获得良好的运行品质。

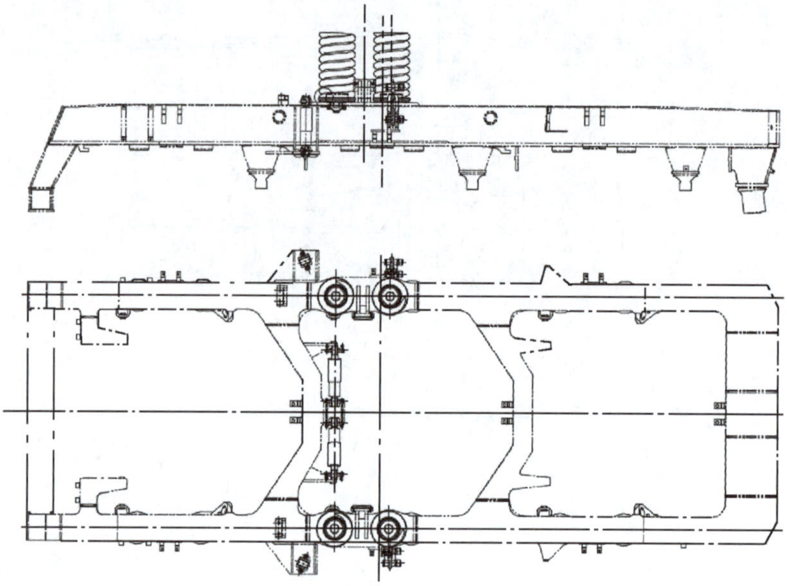

图 10.11 二系悬挂装置

二系悬挂装置参数见表 10.2。

表 10.2 二系悬挂参数

二系弹簧纵向刚度(每个)(MN/m)		0.23	
二系弹簧横向刚度(每个)(MN/m)		0.23	
二系弹簧垂向刚度(每个)(MN/m)		0.84	
二系垂向减振器阻尼	速度(m/s)	0.1	0.3
	拉伸阻尼力(N)	15 000	25 000
	压缩阻尼力(N)	15 000	25 000
二系横向减振器阻尼	速度(m/s)	0.1	0.3
	拉伸阻尼力(N)	7 500	14 700
	压缩阻尼力(N)	7 500	14 700

10.4.6 牵引装置

牵引装置采用低位倾斜单牵引杆,牵引装置布置在机车中心侧,与转向架相连侧牵引梁布置在转向架后端。牵引杆通过螺栓分别与两端的牵引座筒相连,便于拆卸,牵引座筒通过一个弹性圈套在牵引销上,能适应转向架和车体间的相对运动,有效传递牵引力和制动力,并承受一定的冲击力,如图 10.12 所示。

HXD3B 型电力机车牵引装置牵引杆能承受转向架质量乘 30 m/s^2 的纵向载荷而不发生永久变形,承受转向架质量乘 50 m/s^2 的纵向载荷而不发生损坏。通过用有限元对螺栓和牵引杆进行强度计算,结果表明强度完全满足使用要求。

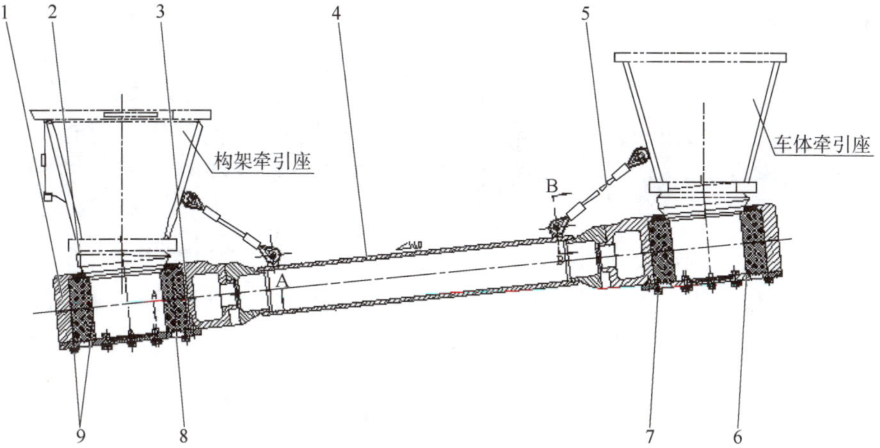

图 10.12 牵引装置结构

1—牵引座筒；2—弹性圈；3—压盖；4—牵引杆；5—钢丝绳装配；
6—压盖 1；7—螺栓；8—密封胶；9—润滑剂

10.4.7 电机悬挂装置

电机悬挂装置主要由支承座、电机吊杆、安全托等组成。电机吊座和安全托板与安装板组焊在一起，构成支承座装配，通过 8 个螺栓安装到电动机上，安全托通过螺栓安装到构架的安全托座上，如图 10.13 所示。电动机吊杆两端采用橡胶球关节，即能使吊杆做轻微的摆动，又能减少电动机对构架的冲击和振动。吊杆安装采用橡胶球关节芯轴受力的方式，电动机作用在吊杆上的垂向力主要由芯轴来承受，避免直接作用在螺栓上，提高了安全性。

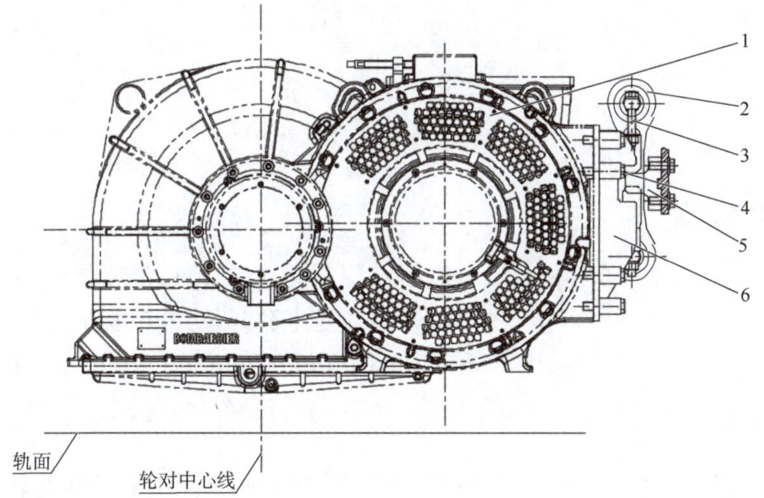

图 10.13 电动机悬挂装置

1—牵引电机；2—电动机吊杆；3—螺栓 M24×150；4—螺栓 M24×120；5—安全托；6—支承座

10.4.8 轮缘润滑装置

HXD3B 型电力机车转向架采用湿式非接触式的 HB-3 型轮缘润滑装置。HB-3 型轮缘润滑装置具备前后、左右(对角)两种喷脂模式,可以提前识别弯道,能够实现定时喷脂和定距喷脂两种控制模式,实现了轮轨润滑的智能化。采用 4 套独立的气动控制单元,有利于喷脂模式的转换。

喷脂式轮缘润滑装置安装在机车转向架一、六位,可以减轻轮轨磨损,对降低脱轨倾向、提高行车安全性有积极作用。该润滑装置采用脂润滑,其额定工作气压 700 kPa,最大工作气压 1 000 kPa,额定工作电压 DC 110 V(波动范围:77～131.5 V)。

10.4.9 撒砂装置

HXD3B 型电力机车转向架撒砂装置主要包括砂箱、砂箱盖、撒砂器和撒砂管;砂箱为全钢板焊接结构,如图 10.14 所示。前后采用同一种砂箱,砂箱采用全密闭结构,撒砂器内过滤板带有电加热功能,有对箱体内砂子进行烘干功能,防止砂箱内的砂子受潮板结。

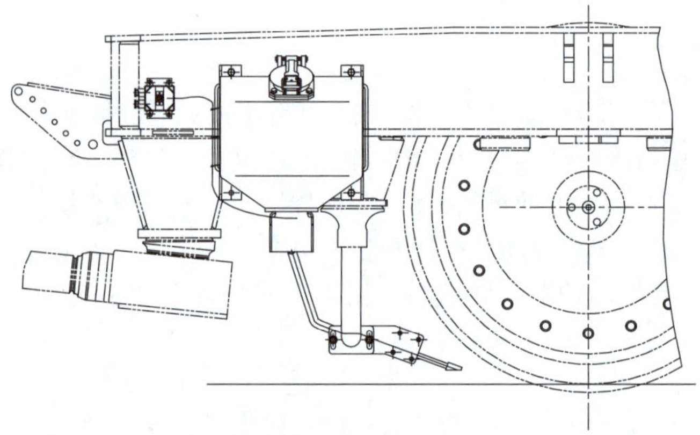

图 10.14 机车砂箱安装示意

10.4.10 转向架配管

HXD3B 型电力机车转向架的空气管路由常用制动空气管路、停放制动空气管路、撒砂装置空气管路等组成,整个管路系统采用镀锌钢管通过卡套式接头、橡胶密封接头和软管连接,为实施制动功能和撒砂功能传输压缩空气,如图 10.15 所示。

10.4.11 起吊装置

机车整体起吊装置是用作机车提升的安全装置,该整体起吊装置能承受转向架和车体之间产生的提升力。HXD3B 型电力机车起吊装置采用链环结构将车体与转向架连接,端轴通过一系垂向减振器将构架与轮对连接,一系垂向减振器具有起吊功能,中间轴通过吊杆将构架与轮对连接。在起吊时,车体通过二系悬挂装置中的链环将构架升起,同时通过一系垂向减振器和吊杆将轮对提升起。其结构如图 10.16 所示。

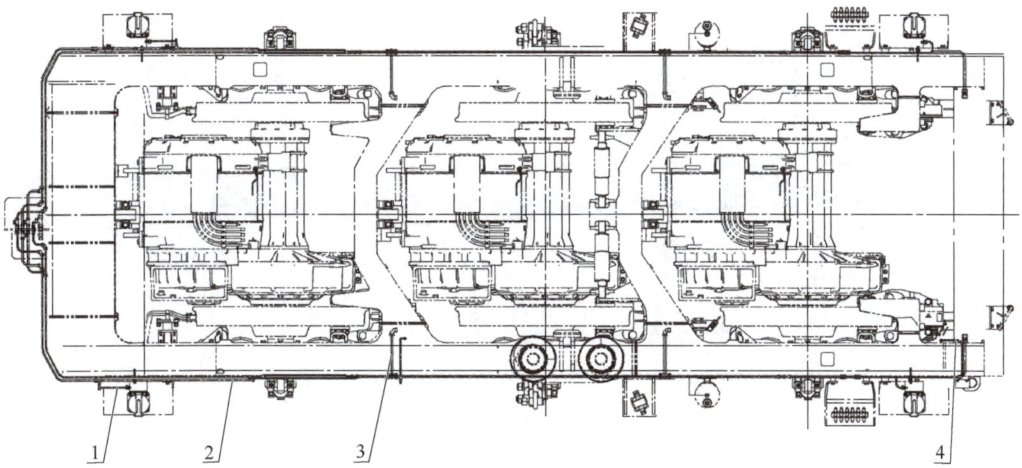

图 10.15 转向架配管示意

1—撒砂加热管路；2—撒砂管路；3—制动管路；4—弹停管路

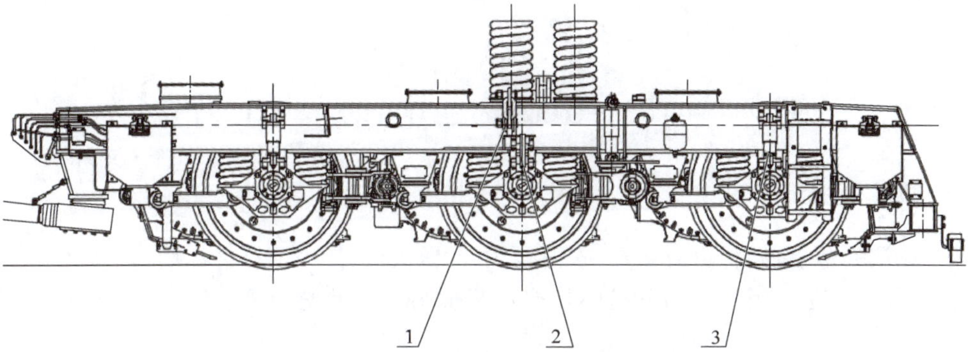

图 10.16 整体起吊装置

1—整体起吊链环；2—吊杆；3—一系垂向减振器

10.4.12 附属装置

为保证行车安全，在每个转向架机车前进方向的前端安装有扫石器，它由橡胶板装配、座板装配等组成，在运用中应注意橡胶板的高度。HXD3B 型电力机车扫石器装配分左右，如图 10.17所示。

10.5 典型故障分析及处理

撒砂单元不下砂时：

10.5.1 故障说明

机车在运用过程中会因黏着问题，出现车轮打滑空转的现象。此时司机会根据当时情况按下撒砂开关，但是会出现没有砂从砂管中流出，导致车轮空转没有缓解的情况。

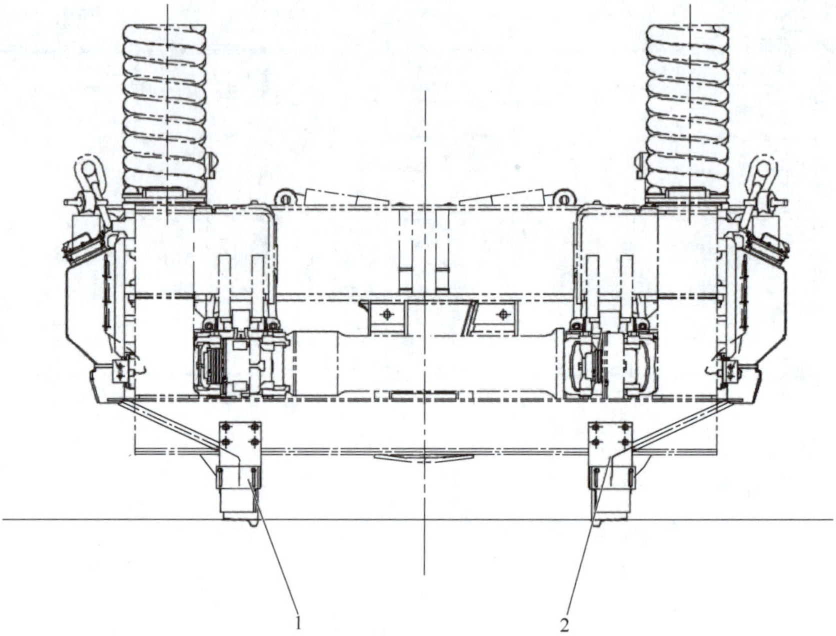

图 10.17　扫石器装配

1—橡胶板装配;2—座板装配

10.5.2　故障分析

经现场调研分析,砂管出口堵塞、砂箱漏气、气压太低、使用不符合标准的劣质砂粒都会造成砂管不下砂,但是使用劣质的砂粒不仅会堵塞撒砂单元和撒砂管,而且会损坏转向架其他部件。

10.5.3　处理方法

当撒砂装置发生不出砂情况时,应进行如下检查:

(1)首先检查砂箱盖是否盖严,若有漏气,修正漏气部位。

(2)检查气路是否畅通,若气压不足,调节气压到要求值。

(3)检查撒砂出砂管口是否堵塞,若有堵塞,清理堵塞物。

(4)检查是否缺砂,并及时补充砂粒。

(5)检查砂粒是否板结,是否符合要求,若不达标,清理旧砂粒,使用满足要求的砂粒。

(6)必要时需拆下撒砂单元的放砂堵对撒砂单元部位的砂粒进行疏通或拆下撒砂管对撒砂管内的存砂进行疏通。

11 车载安全监测设备

11.1 概　　述

HXD3B 型电力机车的车载安全监测设备包括列车运行控制系统车载设备、6A 系统。承担着列车信号信息处理、机车车载安全防护等功能。

11.2 列车运行控制系统车载设备

列车运行控制系统由信号车载系统、车号识别系统、运行监控系统及综合通信系统组成，实现列车信号信息的处理、解调、译码、传输，建立铁路车号、车次信息自动化采集报告体系，实时提供列车、机车、货车的标识、属性和位置信息，安全控制列车速度，采集记录与列车安全运行有关的各种机车运行状态信息，并与地面进行无线通信。

11.2.1 机车信号车载系统

机车信号车载系统是以保障机车运行安全为主要目的。机车信号车载系统接收钢轨线路(或环线)中传输的作为行车凭证的机车信号信息，并对此信息进行处理、解调、译码后输出显示给司机，同时输出到监控装置作为控车基本条件。

JT-C 系列机车信号车载系统设备，采用先进 DSP 技术、完善的安全性技术，符合铁路信号故障-安全原则。应用了诸如："二乘二取二"的容错安全结构、频域处理和时域处理相结合技术、机车信号数据记录技术等十多项先进的安全技术措施，满足机车信号主体化即机车信号作为行车凭证的严格要求。

JT-C 系列机车信号车载系统主要由 JT-C 机车信号主机、机车信号双路接收线圈和双面八显示机车信号机组成(图 11.1)。

机车信号主机对接收的信号进行处理，解调、译码得到信号信息，输出到机车信号机显示给司机，同时机车信号信息输出到监控装置作为控车基本条件，其额定电压为直流 110 V，额定功率 48 W。

机车信号记录器可对机车信号运行状态及地面信息进行记录。

其外形示意图和插件布置如图 11.2 所示。

机车信号显示器采用双面八显示机车信号机与载频切换(上下行)开关及 UM71 模式选择开关一体化设计，额定电压 48 V，额定功率 6 W。机车信号机按主机译码后的点灯输出及制式输出显示；信号机下端设有载频切换(上下行)开关和载频组指示灯，指示灯可显示机车信号主机正在接收的载频组(上下行)状态；同时设有 UM71 模式选择开关和对应模式指示灯

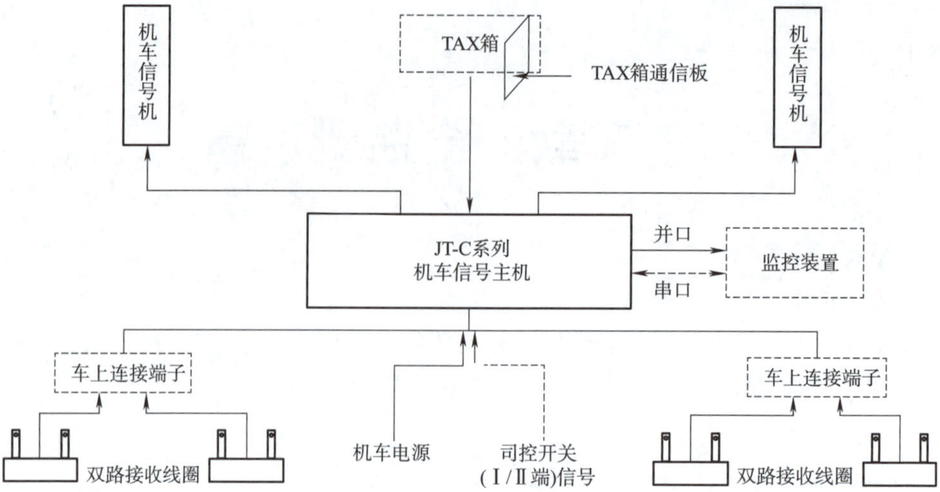

图 11.1 JT-C 系列机车信号车载系统组成

(UM71 低频信息定义统一后取消)。其外形如图 11.3 所示。

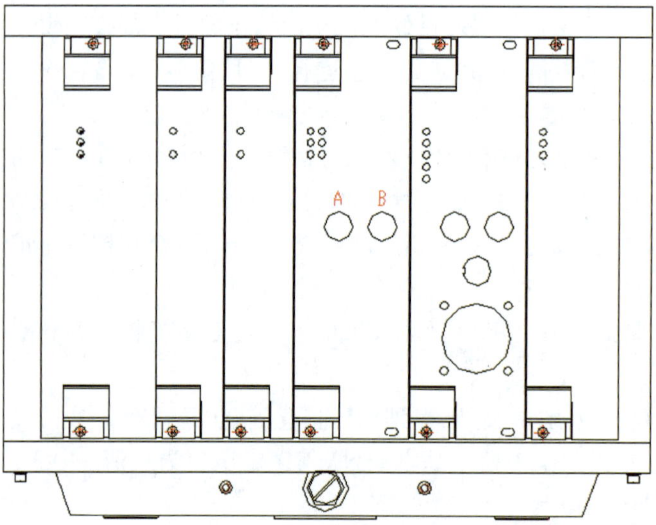

图 11.2 机车信号主机外形示意

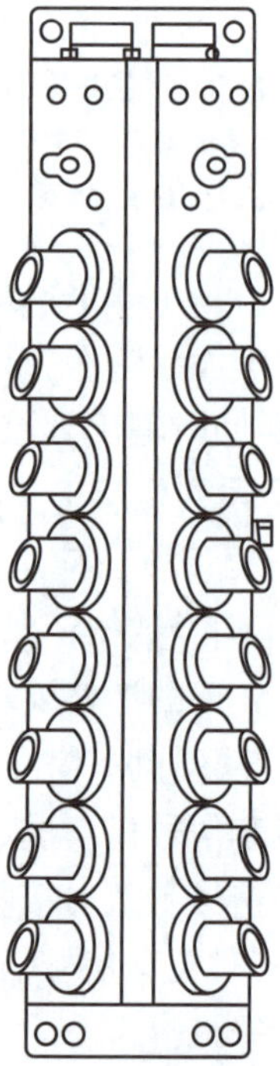

图 11.3 双面八显示机车信号机

机车信号接收线圈安装在机车转向架前端,通过与钢轨的电磁耦合接收钢轨上的信号,然后传送给机车信号主机。接收线圈内部为双路冗余线圈,保证当在一路接收线圈断线或因中间连线故障而使主机无法接收到地面信号时,另外一路接收线圈保证机车信号主机仍能正常译码输出。其外形如图 11.4 所示。

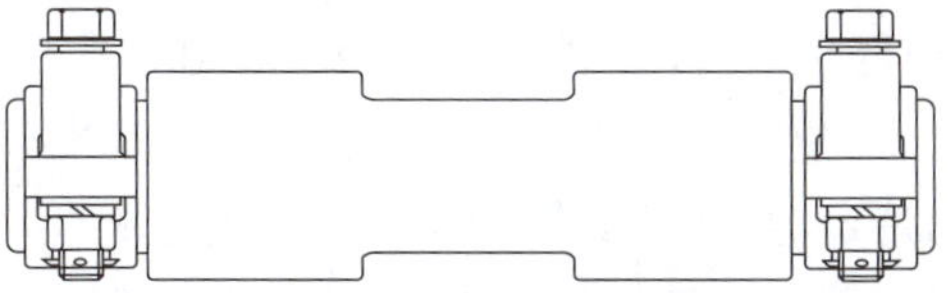

图 11.4 机车信号接收线圈外形示意

机车信号记录器所需 TAX2 箱信息取自电务通信板，该电路板插在 TAX 箱的备用插槽内。

该信号车载系统可应用的轨道电路制式有：①ZPW-2000 系列（包括 UM71 系列，下同）；②移频（18 信息、8 信息、4 信息）；③交流计数和微电子交流计数（25Hz、50Hz）。根据用户需求，可适用 UM2000 等其他轨道电路制式。

11.2.2 机车车号识别车载设备

机车车号自动识别系统是铁路运输信息系统中数据自动采集的基础。该系统在铁路所有货车上安装只读标签，在机车上安装可在线改写标签，在铁路所有编组站、区段站、大型货运站的出入口，以及铁路局间分界口安装地面识别设备，建立铁路车号、车次信息自动化采集报告体系，实时提供列车、机车、货车的标识、属性和位置信息，提高信息采集的可靠性、实时性、准确性，加速实现对列车、货车、机车的追踪管理等。

机车车号识别车载设备采用机车标签双向数据传输系统，采用二次调制方式，实现车到地（标签数据）和地到车（地面公里标等上传数据）间的双向数据传输；机车标签双向数据传输系统可向下兼容原有系统，保持新旧系统（原有车号自动识别系统）的工程安装和系统日常维护和管理程序不变。

机车车号识别车载设备主要由 XCTF-3J 型双向电子标签和 XCRW-15 型车载式编程器组成（图 11.5）。

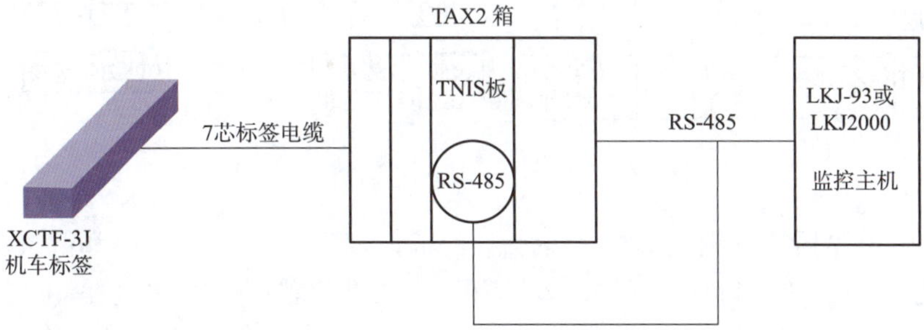

图 11.5 机车车号识别车载设备组成

机车双向电子标签可用车载式编程器和便携式编程器对其进行编程，其工作频率为 902～928 MHz，适应车速 0～260 km/h，当地面读出装置发出微波信号时，将自身存储的信息反射调制在载波上返回地面读出装置，并能接收调制在地面读出装置载波上的地面上传数据信息。

XCRW-15 车载式编程器是 TAX2 箱的一个子卡，用于完成对机车标签数据的读、写操作，同时接收并处理来自地面的上传数据信息。XCRW-15 车载式编程器通过 TAX2 箱航空插头同机车底部安装的 XCTF-3J 机车标签相连；通过前面板的 RS-485 接口与监控装置主机通信，接收监控主机的广播信息、查询命令，发送上传数据报文到监控主机。

11.2.3 列车运行监控装置

列车运行监控装置(以下简称“LKJ”)是以保障列车运行安全为主要目的的列车速度控制装置。该装置在实现安全速度控制的同时，采集记录与列车安全运行有关的各种机车运行状态信息，促进了机车运行管理的自动化。该系统适应自动闭塞方式和半自动闭塞方式；适应包括移频(含 18 信息移频)、交流计数、UM-71(或 UM-2000)、极频等信号制式。

列车运行监控装置由 LKJ2000 型监控主机、监控显示器、机车安全信息综合监测装置(以下简称 TAX2 箱)、数模转换盒、压力传感器、速度传感器、本/补切换装置、调车灯显接口盒、鸣笛记录装置、GPS 信息接收装置、总线扩展盒、语音箱、列车运行状态信息系统车载设备等共同组成。其组成结构示意如图 11.6 所示。

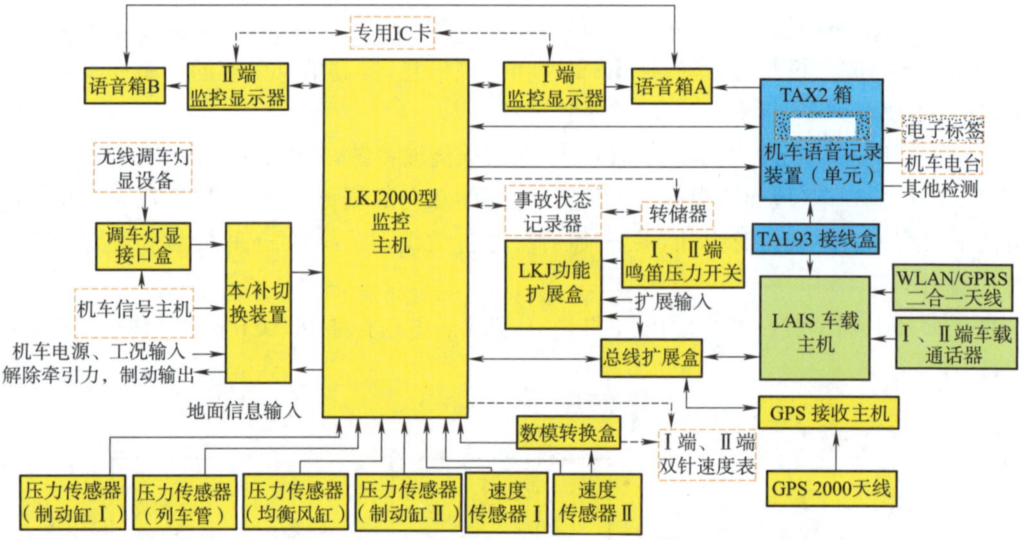

图 11.6 LKJ2000 型监控系统组成结构

(1)LKJ2000 型监控主机是 LKJ 系统的核心部件，实现机车运行监控和记录功能，其内部由 A、B 二组完全相同的控制单元组成，每组有八个插件位置(包括一个预留位置)，各插件位置以机箱中心线为基准对称排列，从中心线开始往左、右，各插件排列顺序依次为：监控记录、地面信息、通信、模拟量输入/出、扩展通信插件、数字量输入、数字量输入/出、电源。各插件之间采用 VME 标准总线母板连接。机箱采用背板对外出线方式，所有输入输出信号均通过机箱背部连接器引出，在后盖板内侧装有过压抑制板。监控主机外形示意图和监控主机插件布置如图 11.7 所示。

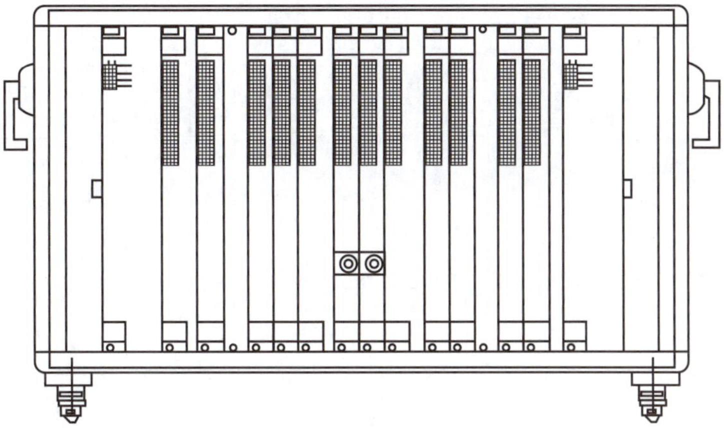

图 11.7 监控主机外形示意

(2)监控显示器作为人—机界面的显示器，采用 10.4 英寸 TFT 高亮度彩色液晶显示屏，以屏幕滚动方式显示实际运行速度轨迹曲线及模式限制速度(或线路允许速度)曲线，以图形、符号和文字形式显示地面信号机的位置、种类以及运行线路的曲线、坡道、桥梁、隧道及道口等信息，同时可显示指导性机车优化操纵运行速度曲线和手柄级位曲线，以便提示或引导乘务员操作，具备语音提示功能。监控显示屏外形示意如图 11.8 所示。

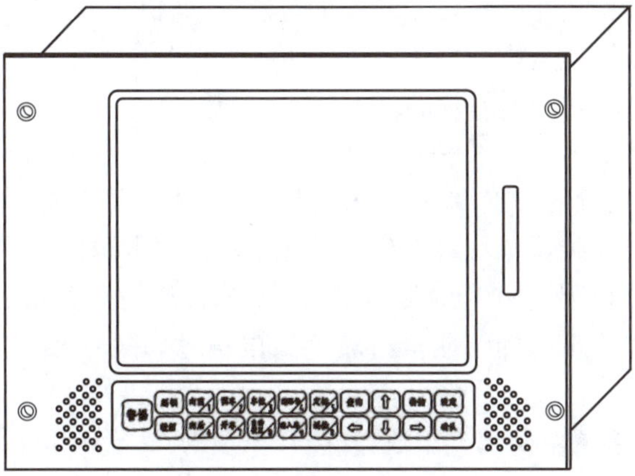

图 11.8 监控显示屏外形示意

(3)TAX2 型机车安全信息综合监测装置给各检测设备[如轨道动态检测设备、弓网检测设备、无线列调语音录音设备、TMIS 单元(机车标签写入单元)及 DMIS 单元(列车运行信息传输设备)等]提供了一个公用信息平台，由该工作平台中的通信记录单元一方面获取监控装置的时间、公里标、速度和车次等信息，向机箱内各功能模块单元发布广播信息，如位置(公里标)、速度、时间等坐标信息。另一方面综合各功能模块单元检测到的信息进行记录。装置以电源单元、通信记录单元作为基本单元配置，其他已开发的功能单元有：TMIS 单元、DMIS 单元、无线列调语音录音单元；另外，预留 4 个单元位置用于备用功能单元的扩展。TAX2 外形示意图和前面板布置示意如图 11.9 所示。

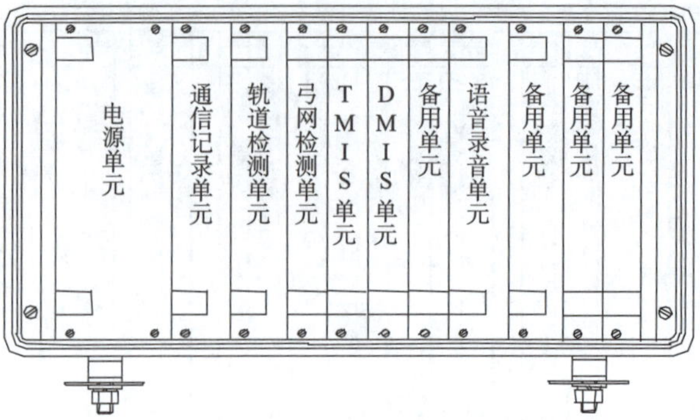

图 11.9　TAX2 主机前面板布置示意

(4)数模转换盒是与光电式速度传感器及双针速度表配套的转换装置。其主要功能是将速度传感器频率信号转换成 0～20 mA 的电流信号以驱动双针速度表的实际速度指针，并根据速度信号计算走行距离，输出里程计驱动信号，其测速范围为 0～160 km/h。

(5)压力传感器工作原理是利用硅压阻效应，当介质压力作用在芯体敏感区域时，在恒压供电情况下，有相应的电压信号输出，经电平变换成 0～5 V 的直流电压信号。它可与机车监控系统直接配用，从而实现机车行车自动测量和控制。压力传感器的测量范围为 0～1 000 kPa，输出电压 0～5 V。

(6)速度传感器是铁路机车检测车轮转速的传感器，向机车电气控制系统提供与车轮转数成比例的电脉冲信号，其测速范围为 0～2 500 r/min。

(7)本/补切换装置主要实现硬件切换制动输出的功能。

(8)调车灯显接口盒提供了无线调车灯显设备与 LKJ 之间的接口，能够在调车时实现机车信号与无线调车灯显信息的转换，并使 LKJ 能够接收无线调车灯显信息而无需对 LKJ 进行改动，同时接口盒也为无线调车灯显设备提供稳定的工作电源。

(9)机车鸣笛记录接口装置由 LKJ 功能扩展盒、鸣笛压力开关组成。主要功能是检测机车喇叭鸣笛时的气压，将鸣笛时的气压信号转换成电信号，并发送给 LKJ2000 监控主机以便记录。

(10)GPS 信息接收装置由两部分组成：安装在车顶的 GPS2000 天线和安装在机车内部的 GPS 接收主机。GPS2000 天线主要负责 GPS 信息的采集以及传输。GPS 接收主机主要负责对 GPS 天线采集信号的解析。

(11)总线扩展盒用于 LKJ 监控主机与 LAIS 车载主机、LKJ 功能扩展盒和 GPS 接收主机通信接口。

(12)语音箱实现机车司机室各种设备语音提示、报警的集中管理和规范发声按标准、规范的通信规程、数据格式与各种需要语音提示、报警的设备进行通信联系。及时响应、调度各种设备的语音提示及报警请求。按语音编码自动生成各种提示、报警语音。并能根据特殊编码要求，自动生成多种提示、报警声音。TXYJ2001 型机车语音箱通过背板上的接插件用电缆线与监控显示器、TAX2 箱、列尾遥控、升降弓提示、无线录音、机车电源等外部设备连接。

(13)列车运行状态信息系统车载设备是连接机车与地面的数据信息处理系统。该系统采集、分析和处理机车的运行状态信息，并完成机车与地面的数据交互，最终实现地面对在途机车的实时监测。列车运行状态信息系统车载设备由 LAIS 车载主机（TSC1）、车载 WLAN/GPRS 二合一天线、车载通话器等产品组成。LAIS 车载主机与 TAX2 装置之间的通过 TAL93 型通信接线盒连接。

11.2.4 机车综合通信设备

机车综合无线通信设备（以下简称 CIR）是基于 GSM-R 数字移动通信技术、GPS 全球定位技术、450 MHz 及 800 MHz 模拟无线电台通信技术等开发的综合车载通信设备。它与地面的 GSM-R 设备和 450 MHz、800 MHz 等地面设备共同组成一个完整的铁路综合无线通信网。CIR 支持 GSM-R 调度通信系统功能、支持 GSM 话音通信功能，两网同时存在时首选 GSM-R。支持 GSM-R 通用数据传输功能，可根据承载业务的需要提供 GPRS 或电路方式数据传输链路。调度通信和数据传输采用不同的信道机，故可以同时实现调度通信和数据通信。CIR 配备了全球卫星定位系统（GPS），利用卫星对机车位置进行实时定位，可向机车上的其他用户提供 GPS 原始信息、公用 GPS 位置信息等。

11.2.4.1 系统组成

机车综合通信设备主要由操作显示终端（以下简称 MMI）、主机、送（受）话器、扬声器、打印终端、天线、机车数据采集编码器等组成，如图 11.10 所示。

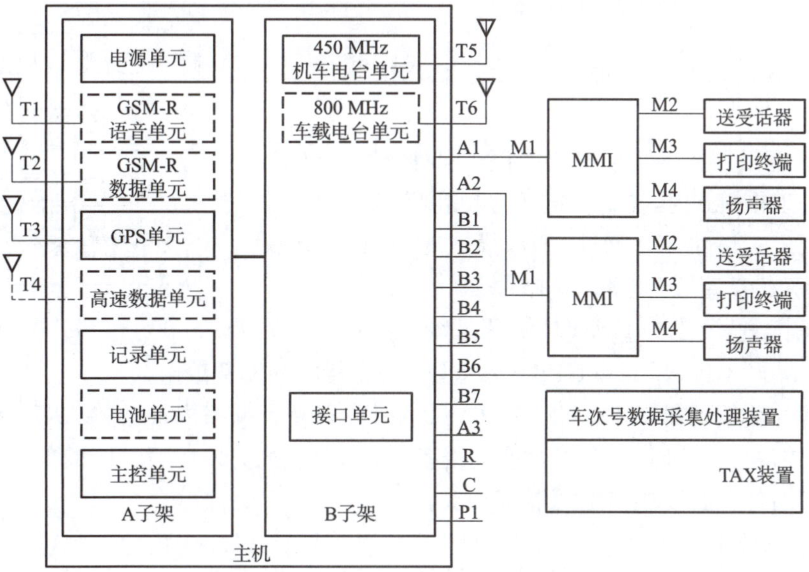

图 11.10 机车综合通信设备组成

主机是 CIR 的核心部件，包括机柜（含 A、B 子架）、主控单元、电源单元、电池单元、卫星定位单元、GSM-R 话音单元、GSM-R 数据单元、高速数据单元、记录单元、天馈单元、450 MHz 机车电台单元、800 MHz 列尾和列车安全预警车载电台（以下简称 800 MHz 车载电台）单元、接口单元等，各组成部分模块化，可根据功能要求进行模块配置。主机外形和结构示意如图 11.11 所示。

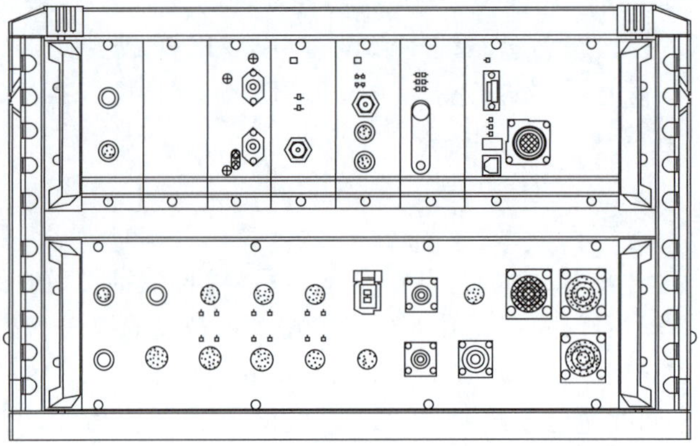

图 11.11　主机外形示意

MMI 由嵌入式工控机、LCD 显示屏、控制键盘、音频处理单元及送(受)话器组成。

嵌入式工控机是 MMI 的核心,它接收主机传送过来的信息,控制 LCD 显示屏进行显示或控制音频单元进行语音提示,接收键盘控制单元发送的控制指令传送给主机。MMI 外形示意图如图 11.12 所示。

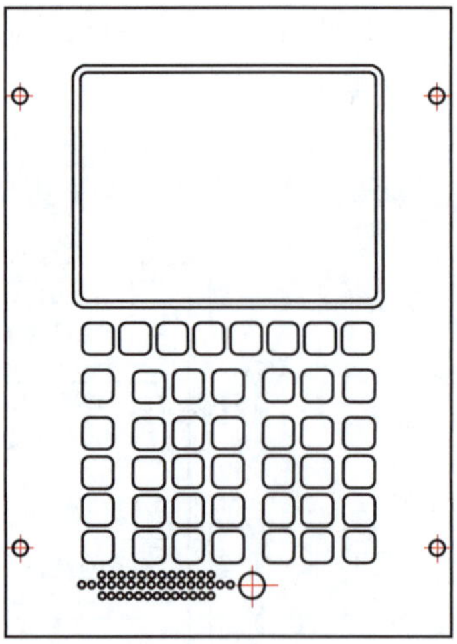

图 11.12　MMI 外形示意

打印终端采用嵌入式安装方式,通过 RS-422 方式与 MMI 进行通信,并由 MMI 供电。

扬声器包含在打印机里,内阻为 8 Ω,输出为平衡方式,0.5～5 W 可调。

送(受)话器采用紧凑式结构,有两个呼叫按键 ,当 CIR 工作在 GSM-R 工作模式时,按键 1 定义为“调度”,按键 2 定义为“本站”;当 CIR 工作在 450 MHz 工作模式时,按键 1 定义为“隧道车站”,按键 2 定义为“平原车站”。

天线共有五种,分别为 GSM-R 语音天线、GSM-R 数据天线、450 MHz、800 MHz 天线和 GPS 天线,主要用于接收和发送数据。

机车数据采集编码器安装在机车的 TAX2 箱 DMIS 单元插槽内,通过 TAX2 箱的 DMIS 单元 12 芯插座接口与 GSM-R 机车综合通信设备(GSM-R 模式)或 450 MHz 机车电台(400 MHz 模式)连接,设备包含面板、控制板及接口插头。

11.2.4.2　系统功能

根据功能模块的选配情况可实现以下相应功能。

(1) 具有 TB/T 3052《列车无线调度通信系统制式及主要技术条件》、《列车无线调度通用式机车电台主要技术条件(V2.0)》规定的机车电台的功能。

(2) 具有 450 MHz 机车电台承载的列车尾部风压、无线车次号、调度命令等数据信息的传输功能。

(3) 具有 GSM-R 调度通信功能。

(4) 具有 GSM-R 通用数据传输功能,根据承载业务的需要提供 GPRS 或电路方式数据传输链路。

(5) 具有《800 MHz 列尾和列车安全预警系统主要技术条件(暂行)》中规定的车载电台的功能。

(6) 具备 IEEE 标准中规定的无线宽带数据传输功能。

(7) 具有 GSM-R 工作模式与 450 MHz 工作模式自动切换和手动切换功能。

(8) 具有向用户提供卫星定位原始信息、公用位置信息的功能(周期 2 s)。

(9) 操作显示终端具有调度通信、通用数据传输所需的操作、状态显示以及语音提示功能。

(10) 具有主、副 MMI 之间通话功能。

(11) 主机具备信息存储和导出功能。

(12) 具有人工系统复位功能。

(13) 具有自检功能(故障定位到功能单元),包括 450 MHz 单元、800 MHz 单元、GSM-R 单元、GPRS 单元、记录单元、卫星定位单元、MMI、TAX2 接口,并可将自检结果发送给相关方。

(14) 复位重启后设备自动进入原注册状态。

11.3 机车车载安全防护系统

机车车载安全防护系统(以下简称 6A 系统)是针对机车的制动系统、防火、高压绝缘、列车供电、走行部、视频等危及安全的重要事项、重点部件和部位,采用实时检测、监视、报警并可实现网络传输、统一固态存储和智能人机界面,整体研究设计而形成平台化的安全防护装置。

6A 系统由中央处理平台、空气制动安全监测子系统、防火监控子系统、高压绝缘检测子系统、列车供电监测子系统、走行部故障监测子系统一、机车自动视频监控及记录子系统组成,实现了针对机车制动系统、防火、车顶绝缘、供电系统、走行部、视频等 6 大类项目的安全监测功能。

HXD_{3B} 型电力机车作为货运牵引用机车,无列车供电系统,机车装用的 6A 系统无“机车列车供电监测子系统”,图 11.13 为 HXD_{3B} 型电力机车 6A 系统架构。

11.3.1 中央处理平台

中央处理平台统一管理所有子系统,统一供电、统一存储和下载数据,中央处理平台采用冗余设计,提高工作可靠性。

各监测子系统设计成独立的插件板或插件箱,插入到中央处理平台进行工作,并在公用的平台下,使用公用的电源、网络、存储器、显示终端等设备,以及统一的机箱、机柜实现对机车环境的统一物理防护。

中央处理平台组成结构如图 11.14 所示。

各子系统相对独立工作,不影响其他子系统的正常运行。

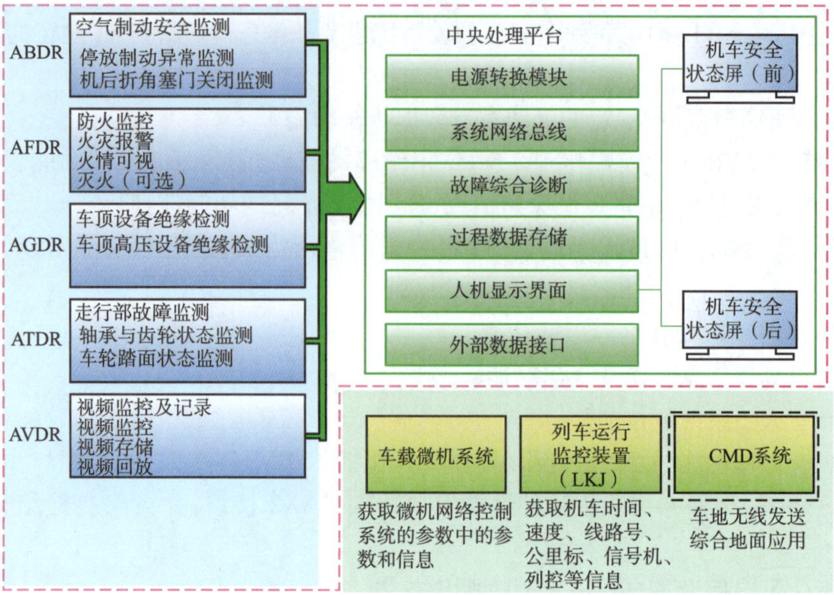

图 11.13　6A 系统架构

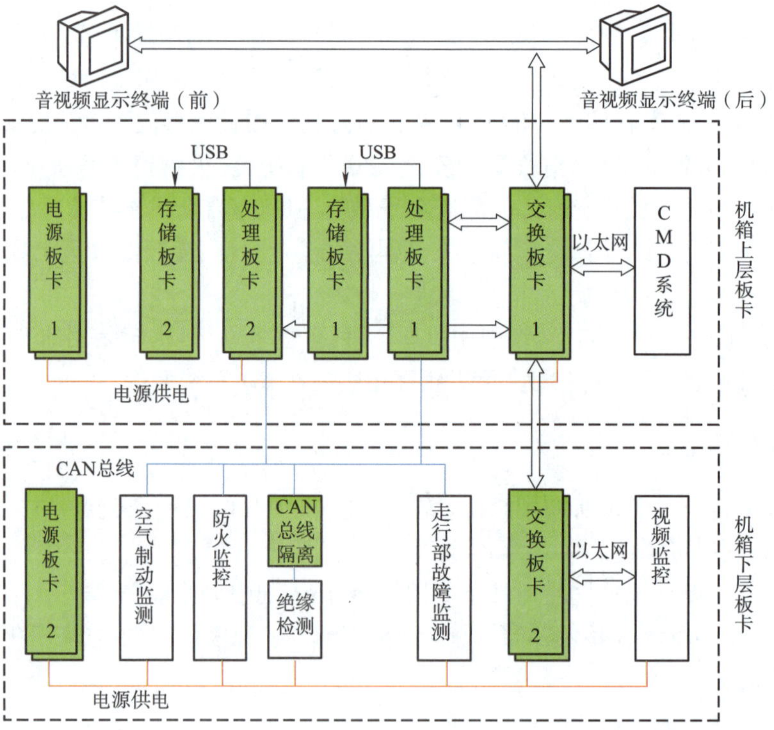

图 11.14　中央处理平台组成结构

11.3.2 空气制动安全监测子系统

空气制动安全监测子系统由停放制动非正常施加监测模块和折角塞门关闭监测模块组成。

停放制动非正常施加监测模块由制动监测板卡,列车管压力传感器、停放缸压力传感器、均衡缸压力传感器、传感器连接器和线缆组成。

折角塞门关闭监测模块由防折关子板,流量传感器总成和传感器线缆和连接器组成。

该子系统通过监测机车运行过程中的停放制动非正常施加状态、列车贯通辆数等信息,将报警信息发送给中央处理平台,由中央处理平台做进一步处理。

11.3.3 防火监控子系统

防火监控子系统包括防火板卡(AF)和前端火灾探测设备。前端探测设备主要由智能感烟探测器、智能感温探测器以及感温电缆组成。系统通过不同的探测设备对机车被保护区域进行实时监测,并将状态信息上传给 6A 系统中央控制平台。

该子系统通过与视频监控子系统的联动,当发生火灾时,可自动切换至火情发生区域的视频图像。

(1)司机室防火探头布置

根据需要,在机车两端司机室内分别安装高温探头、烟温复合探头各一个,具体位置在司机室灯,长短灯之间并排布置,保证司机室维持防火烟温安全监控。

(2)机械间防火探头与感温线缆布置位置

根据机械间设备防火等级需求,在防火等级要求较高的设备周围进行布置。需重点防火的设备有:低压电源柜、高压柜、牵引变流器、辅助配电柜、滤波柜、安全监控柜、变流器处主回路大线位置等。

机械间防火探头布置位置如下:

机械间防火探头布点 1,布置在低压电源柜与空气管路柜中间位置,用以监控空气压缩机 1、空气压缩机 2、空调主机 1、低压电源柜和高压柜等设备。此位置由机械间摄像头 1 来监控。

机械间防火探头布点 2,布置在机车变流柜 1 与机车变流柜 2 中间位置,用以监控机车变流器 1、2、滤波柜和辅助配电柜,具体安装位置如图 111.5 所示。此位置由机械间摄像头 2 来监控。

机械间防火探头布点 3,布置在牵引通风机 2 与变流柜 3 中间位置。用以监控变流器 3、微机柜、安全监控柜和通信柜等设备,具体安装位置如图 11.15 所示。此位置由机械间摄像头 3 来监控。

(3)机车感温电缆的布置

针对机车三个牵引变流器与主变压器连接部分导线密集,滤波柜、辅助配电柜等电器柜体相对集中,电压电流等级高,采用普通探头难以布控的特点,在地板下导线槽内采用感温电缆加以布控,当此区域导线温度高于 200 ℃时实施报警提示。具体布置示意图如图 11.16 所示。

以上对探头及线缆的布置,只是针对机车重点设备进行了布控,没有全面检测每一个柜子

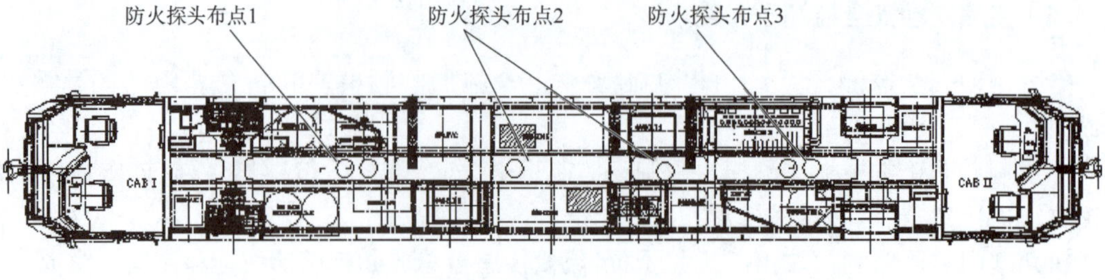

图 11.15　机械间防火探头布点

及具体部件，对控制线路或照明线路短路等造成的小范围导线起烟、起火，没有检测作用。

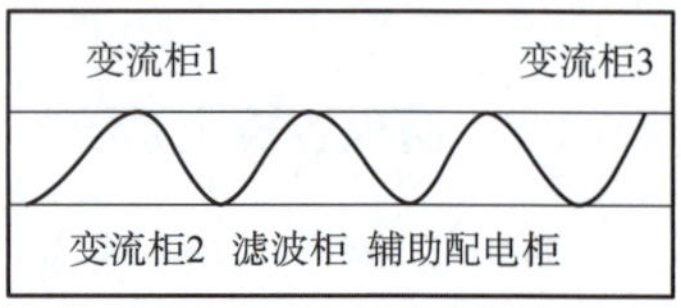

图 11.16　感温电缆布置示意

11.3.4　高压绝缘检测子系统

高压绝缘检测子系统通过在升弓前，司机测量高压设备对地的漏电流等，检测机车车顶绝缘状态。

该子系统由高压绝缘检测箱、连接器和线缆组成，检测箱安装于机械间内。

此装置操作时，会在车顶受电弓部分加载 25 kV 的试验高电压，所以操作前必须确认处于安全操作状态，即无论处于库内还是在线运用，必须确认机车处于降弓停车、主断路器断开、高压连接器连接状态，并必须确认机车车顶无人操作并锁闭车顶门。

11.3.5　走行部故障监测子系统一

走行部故障监测子系统一主要由走行部监测板卡(AT1 板卡)、数据前置处理器、复合传感器或(和)数字温度传感器及连接线组成。走行部故障检测装置诊断的对象主要包括轴承、齿轮和踏面等部件。

11.3.6　机车自动视频监控及记录子系统

机车自动视频监控及记录子系统由摄像头、视频采集板卡 1(AV1)、视频采集板卡 2(AV2)、视频处理板卡(AV3)、连接器和电缆组成。

该子系统通过在司机室、机械间等多个部位安装摄像头，使司机能及时了解机车内外的情况，并对机车的运行状态进行记录。在司机室顶部安装拾音器，实时采集司机室监控区域的音频数据。

(1)机车路况摄像头布置

机车路况摄像头布置于机车操纵台中央靠近副台处，镜头前端距离机车前玻璃内侧，采用专用支架安装。外形尺寸如图 11.17 所示。

(2)机车司机室摄像头布置

机车司机室摄像头布置于机车司机室副司机座椅右上方，安装在司机室内装上，司机室摄像头拍摄范围为司机室内部及操纵台设备，用于监控司机实际运用中操作流程及机车状态指示屏状态。外形如图 11.18 所示。

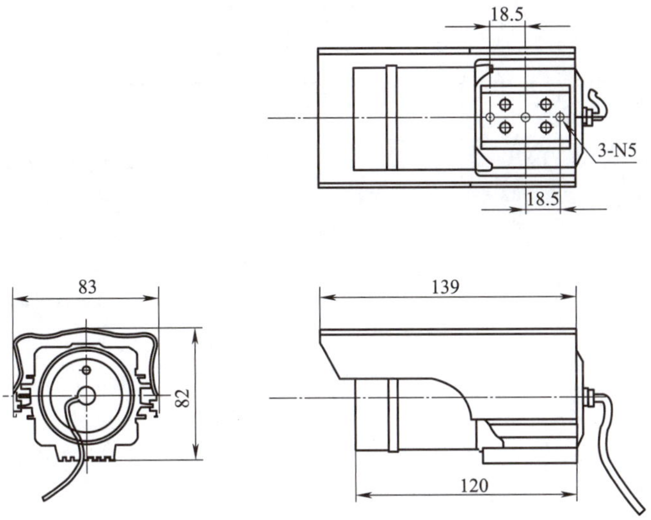

图 11.17　路况摄像头外形尺寸

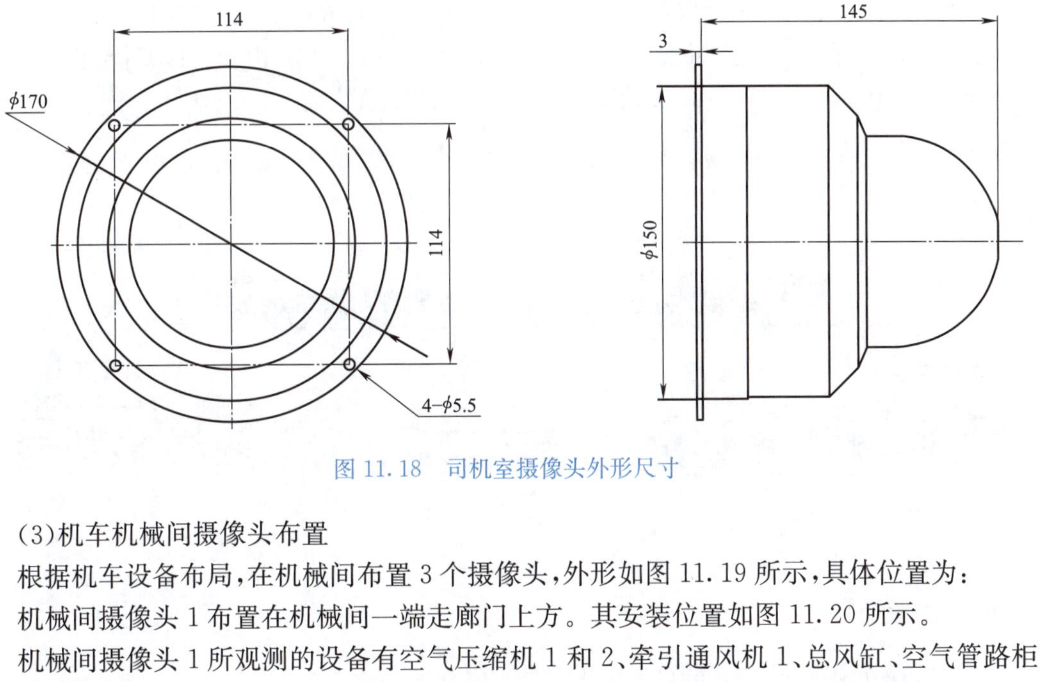

图 11.18　司机室摄像头外形尺寸

(3)机车机械间摄像头布置

根据机车设备布局,在机械间布置 3 个摄像头,外形如图 11.19 所示,具体位置为:

机械间摄像头 1 布置在机械间一端走廊门上方。其安装位置如图 11.20 所示。

机械间摄像头 1 所观测的设备有空气压缩机 1 和 2、牵引通风机 1、总风缸、空气管路柜、低压电源柜等。

机械间摄像头 2 布置于Ⅰ端顶盖与中间顶盖的中间隔梁位置。

机械间摄像头 2 所观测的设备有高压柜、变流柜 1 和变流柜 2、冷却塔 1 和冷却塔 2、滤波柜、辅助配电柜等。

机械间摄像头 3 布置于中间顶盖与Ⅱ端顶盖的中间隔梁位置,具体安装位置如图 11.20 所示。

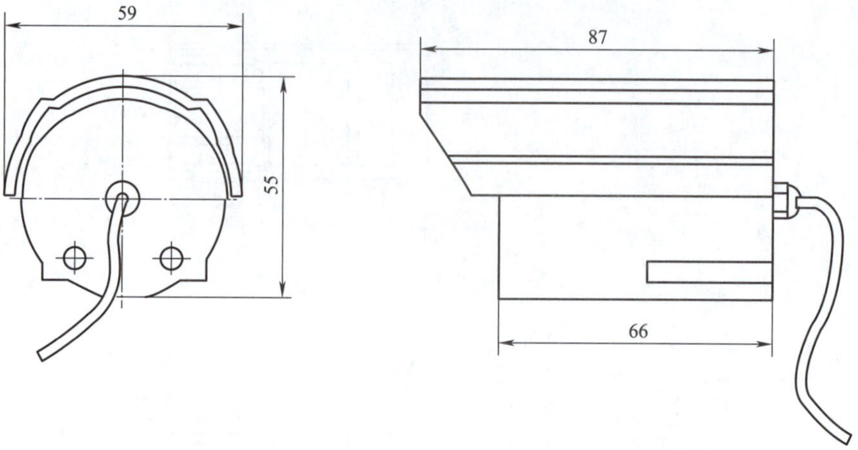

图 11.19　机械间摄像头外形尺寸

机械间摄像头 3 所观测的设备有变流柜 3、牵引通风机 2、微机柜、安全监控柜和通信柜等。

根据以上布点位置，通过摄像头可以观测到高压柜、变流柜 1、变流柜 2、变流柜 3、微机柜、滤波柜、低压电源柜、辅助配电柜、空压机 1、空压机 2 等。但是由于柜体遮挡，包括地板下大线、侧墙线槽等细微位置是无法观察到的。具体安装位置如图 11.20 所示。

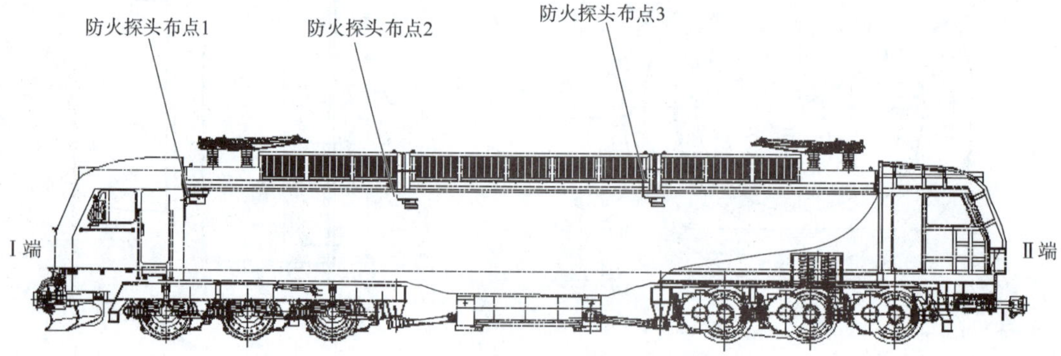

图 11.20　机械间摄像头安装位置

11.3.7　系统设置

系统设置界面可显示系统设置、机车信息和版本信息。

系统设置包括设置机型配置、系统时间、绝缘限值、防火系统复位、制动参数、视频通道、防火探头、外部插件和其他内容，如图 11.21 所示。

11.3.8　显示屏主界面

在正常情况下，主界面仅显示时间，不干扰司机操作，如图 11.22 所示。

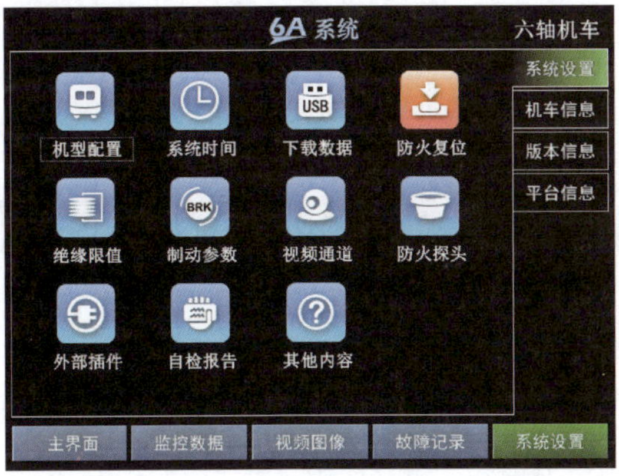

图 11.21　6A 系统设置界面

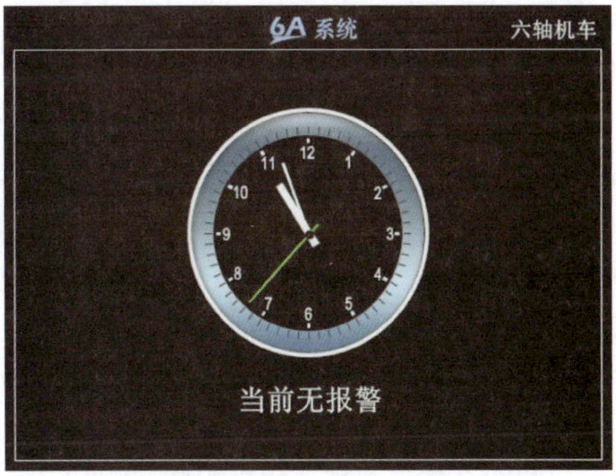

图 11.22　6A 系统主界面图

11.3.8.1　报警界面

当 6A 系统的子系统有报警信息时，会自动在显示屏弹出报警界面，并同时有语音播报，报警界面如图 11.23 所示。

11.3.8.2　故障记录

“故障记录”显示本次上电出现的故障、历史故障和漏电记录，可在屏幕右边选择。每条故障信息包括故障的序号、所属的子系统、提示或报警的内容和故障发生时间。漏电记录显示挂车前及挂车后的记录。最多显示 5 000 条故障信息。如图 11.24 所示。

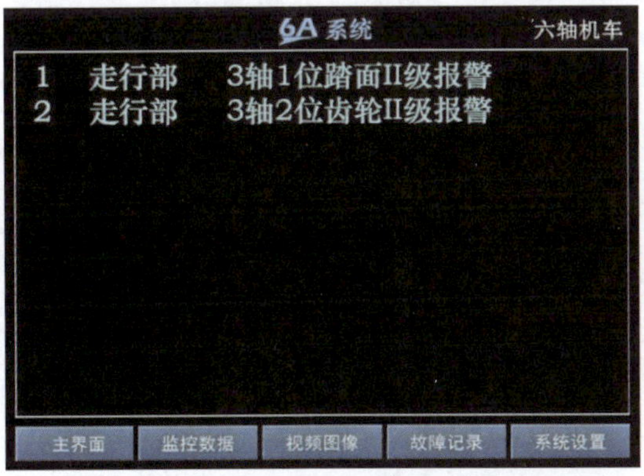

图 11.23　6A 系统报警界面图

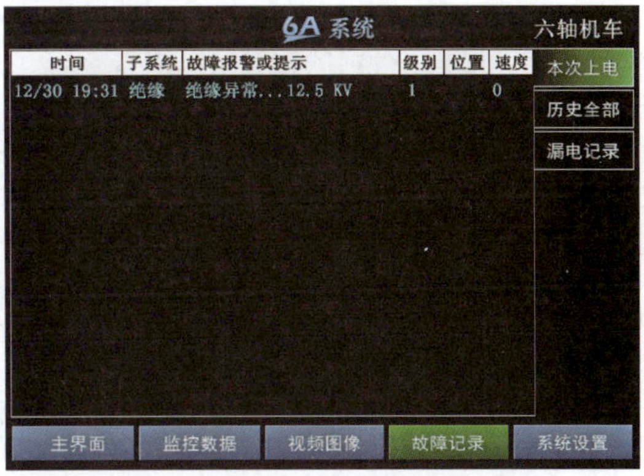

图 11.24　6A 系统报故障记录界面

12　机车使用与维护

12.1　机车操纵说明

12.1.1　机车运用前的整备

机车在出库前确保机车用砂、水及轮轨润滑装置润滑脂能满足使用。

机车砂箱设在转向架上，每个转向架上设有 4 个容积 100 L 的砂箱，装在转向架构架端部，全车共 8 个砂箱。机车出库前应将每个砂箱加上 2/3 的砂子。

机车运用途中需用水的地方有卫生间、刮雨器。

机车每台车设有一个整体式卫生间，水箱容积不小于 60 L。机车出库前应将水箱注入 2/3 的水。

机车每个司机室装有两套刮雨器，它们共用一个水箱，容积 15 L，装在司机操纵台的左柜内，注水口设在左柜门内侧。机车出库前应将水箱入 2/3 的水。

机车转向架上装有 2 套轮缘润滑装置，位于转向架的 1、6 位，该润滑装置采用脂润滑，机车出库前应检查储脂罐中润滑脂的量，过少则要补充。

12.1.2　机车运行前的检查

由某一端车钩处开始，目视检查机车的前照灯、刮雨器、玻璃、副照灯、标志灯、铭牌、重联插座、制动软管等均应良好；车钩提锁开闭状态正确，开闭灵活。

下地沟检查车钩下部、排障器、扫石器的安装及距轨面的距离；检查转向架制动轮盘各部及相关间隙；检查各齿轮箱、各牵引电动机抱轴箱、冷却塔四周等处有无渗油水、漏油水等现象；各牵引电机出风口无异物堵塞；牵引电动机上部、风道连接部、电机速度传感器、电动机接线应良好；轮缘润滑装置、牵引装置的安装应良好；牵引电机下部、牵引电机悬挂装置、车下管路及机车下部其他部件均不应有异常；牵引变压器与车体之间的连接螺栓要紧固。

机车两侧面检查砂箱、轴箱、变压器防护板、一、二系弹簧、各油压减振器、接地线及接地装置、轴端机车速度传感器、各库用电源插座及各布线管均安装良好，砂箱装满砂；高压电缆外皮绝缘无破坏，与变压器连接良好，无松动现象；高压电缆通过管卡，与车体之间的固定状态良好。

司机操纵台上各开关、按钮均应在断开位，各设备、微机显示屏、监控显示屏、风表模块、速度表、电动仪表表面均无破损，各仪表显示正常。司机操纵台内各插头、插座插接正确可靠、端子排接线正确，可见部分外观良好无异状。

司机室灭火装置应完备正常，并置于规定处。冷藏箱、微波炉外观良好，无滴水漏水现象。电台控制终端状态良好，行车安全终端设备状态良好，各插头、插座插接正确可靠。司机室侧墙暖风机、后强暖风机外观状态良好。

靠近Ⅰ端机械间内检查空调装置1、高压柜、空气制动柜、低压电源柜(含蓄电池)完好、无异常,各插头连接到位、无松动,各端子接线正确、无松动。空气压缩机及空气干燥器、总风缸等外观正常、接线良好,无漏油等现象。冷却塔2外观正常,接线良好。升弓气路板1、升弓电磁阀1及前架轮喷电磁阀外观正常,接线良好。

变流柜1、变流柜2的各盖板均盖好,与牵引变压器间的导线连接良好。

靠近Ⅱ端机械间内检查辅助滤波柜、卫生间、辅助配电柜、TCMS柜、行车安全柜、空调装置2完好无异常,各插头插接到位无松动,各端子接线无松动。变流柜3的各盖板均盖好,与牵引变压器间的导线连接良好。升弓气路板2及升弓电磁阀2、后架轮喷电磁阀外观正常,接线良好。冷却塔1外观正常,接线良好。

分别检查梯子、车顶门的状态应正常。从钥匙箱取出钥匙,打开车顶门锁,通过梯子、车顶门上到车顶。

应注意,检查车顶时,严禁在接触网下进行。

从Ⅰ端司机室车顶起依次检查:风笛、Ⅰ端受电弓、车顶支持绝缘子、牵引通风机通风百叶窗、冷却塔通风百叶窗,避雷器、Ⅱ端受电弓等各部件安装牢固,无异常,整个车顶清洁、无异物。

手动试验受电弓作用良好可靠。

下车顶时检查车顶门锁应作用良好,并将门锁手把至“关”位 ,然后取出钥匙放回钥匙箱的相应位置。

12.1.3 机车启动前的准备

夜间登车时,可以触动司机室门附近的应急灯按钮“上车照明”,如图12.1所示,司机室内的短灯和机械间内两端的照明灯亮起,方便司机做启机前的准备工作。

图12.1 上车照明按钮

将低压电源柜电源选择开关SW1置于“Auto(自动)”位,依次闭合低压电源柜中DC 110 V输出负极自动开关QA81、蓄电池自动开关QA80,如图12.2所示,此时DC 110 V电源装置(蓄电池充电器)的控制系统开始启动。然后依次闭合低压电源柜中其他自动开关、辅助配电柜的自动开关和操纵台内部的DC 24 V自动开关。

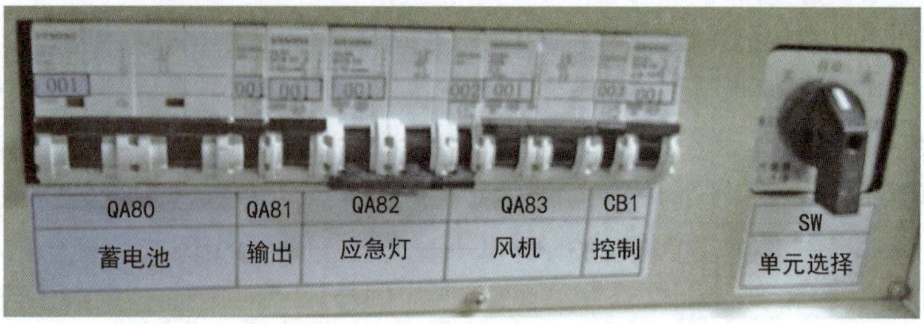

图 12.2　QA80、QA81

将蓝色钥匙插入空气制动柜内的升弓钥匙阀 U99，旋转钥匙开启升弓气路，图 12.3（此时该钥匙将无法取出），为机车升弓做好准备。

图 12.3　开弓钥匙阀 U99

将司机钥匙插入操纵台上的电源钥匙开关 SA51（SA52）处，并转至“1”位，机车控制系统 TCMS 得电，并开始自检；操纵台上的微机显示屏显示机车状态信息，通过操作触摸按键，可进入其他状态画面，如故障履历画面等，查看机车各电气设备的详细状态信息；控制电压表显示当前控制电压的数值（该数值应大于 94 V）；将电钥匙开关转至“2”位，机车操纵端即被设定，状态指示灯经过自检（全亮）后，只有“主断分”灯亮，表示机车已准备就绪。

12.1.4　升弓、合主断路器、启动各辅助电动机

升弓前先看总风缸压力表是否高于 450 kPa，若不足时去空气制动柜前观察升弓风缸压力表是否高于 450 kPa，若不足应开启辅助压缩机，将辅助风缸压力升到 450 kPa 以上。

直接操纵受电弓扳键开关升弓时，如所需的风压不足，控制系统将自动启动辅助压缩机，向辅助风缸充风，待风压满足要求后，再升起预选受电弓。

升受电弓：将受电弓扳键开关置于“升”位一次。机车控制系统按受电弓预选软开关的设置（通过微机显示可以更改“受电弓预选”模式）升起受电弓。当受电弓升起后，操作台上的网压表显示当前网压，同时微机显示屏上也有网压显示和受电弓升起指示。

如果直接将主断路器扳键开关置于“合”位，控制系统先自动升起预选受电弓，待控制系统

监测到网压后，再闭合主断路器。

合主断路器：将主断路器扳键开关置于“合”位一次，可听到主断路器闭合声，此时操纵台上的故障显示灯“主断分”灭。微机显示屏上也有主断闭合的指示。

启动辅助变流器及各辅助电动机：在主断路器闭合的同时，变流柜中间开始充电，通过微机显示屏可以查看中间电压为 2 800 V 左右。然后，辅助变流器 3 投入工作，油泵、水泵、变流柜风机跟随投入工作。蓄电池充电器检测到交流输入电压后，自动启动，向机车提供 DC 110 V 控制电源。

将压缩机扳键开关置于“合”位，当总风缸压力低于(680±20) kPa 时，主压缩机和备用压缩机依次投入工作；当总风缸压力低于 680～(750±20) kPa 时，主压缩机投入工作；当总风缸压力升至(900±20) kPa 时，压缩机自动停止工作。将压缩机扳键开关置于“强泵”位，两组压缩机依次启动，此时不受总风缸压力开关的控制，待总风缸压力升至(950±20) kPa 时，高压安全阀动作并连续排气，此时应使扳键开关离开“强泵”位。

压缩机有两种工作模式“主机模式”和“补机模式”，微机系统自动统计空压机的累计已工作时间，工作时间少的设定为主机，另一个设定为补机。

12.1.5　机车启动

机车启动前应首先确认以下各项：

弹簧储能制动处于缓解状态。

总风缸压力达 750 kPa 以上。

空气制动处于缓解状态(但在坡道启动等特殊情况下，也可先接通司机控制器的级位，再缓解空气制动)。

接触网电压在 17.5～31 kV 之间，机车控制电压为 110 V。

辅组变流器机组工作正常，无故障。

操作司机控制器换向手柄，将司机控制器换向手柄打至 “前”或“后”位，通过微机显示屏可以确认机车运行方向。

操作主司机控制器调速手柄，将司机控制器调速手柄推向牵引级位，离开 “0”位后，机车进入牵引工况。

完成以上操作后，机车主变流器、牵引电动机准备完毕，司机即可启动机车。起车时调速手柄可根据实际牵引负荷和起车速度，在 1～13 级内任意选择。模拟量形式的级位是连续的，控制系统识别精度为 0.1 级，微机显示屏上显示当前的级位信息。起车时司机可将调速手柄由“ * ”位逐渐移至所需级位，机车即可按此级位的特性曲线准恒速运行，在未达到该级位所对应的准恒速范围时，机车启动牵引力升到基准值后，将维持恒定不变，当机车速度超过该级位所对应的准恒速范围时，机车牵引力为零。

(1)机车的准恒速运行

机车根据调速手柄的位置设定目标速度，按照准恒速特性来控制。机车的速度从速度范围的最低值开始运行，输出牵引力达到目标速度。当机车速度接近设定的目标速度范围时，机车牵引力自动减小。当机车速度达到目标速度时，机车牵引力降为 0。当线路条件发生变化，机车的速度降低时，机车开始再次牵引，以维持目标速度。当机车进入下坡线路时，机车的速度上升，此时需将调速手柄回“0”位，并采取必要的措施，通过司机控制器或者空气制动器，施加制动力以调整机车速度。

(2)动力制动操作

当机车以一定的速度运行在下坡道或需要抑制机车速度时，司机应及时使用动力制动。司机控制器调节手柄从“0”位置推到制动位置，动力制动开始作用。当机车实施动力制动时，操纵台上的电制动指示灯亮。本机车具有恒制动力的电气制动特性，每个制动级位对应着一个固定的动力制动力值，但不超过该速度下的最大动力制动力。如果司机首先通过司机控制器施加了动力制动，然后使用自动制动手柄，机车仍保持主司控器施加的动力制动，机车不实施空气制动，但后面的车辆实施空气制动。当施加单独制动时，空气制动可以激活，当制动缸压力达到 90 kPa 时，动力制动将被切除。当司机先通过单独制动手柄施加空气制动，在机车制动缸压力达到 90 kPa 后，追加动力制动，动力制动无法投入。当机车处于定速控制，机车速度比目标速度低时，动力制动不起作用。当机车处于定速控制，机车速度比目标速度高时，动力制动起作用，以维持目标速度。

(3)通过分相区的操作

机车可以采用三种方式通过分相区：全自动方式、半自动方式和手动方式。微机显示屏对全自动方式和半自动方式进行信息显示。

①全自动方式

机车安装自动过分相装置才能以此方式过分相区。该装置检测地面埋设的信号来判断分相区的位置，并将处理后的信号传送给机车控制系统 TCMS，由 TCMS 自动完成过分相区时的减载、断主断和合主断动作，并自动恢复到过分相区前的运行工况。

②半自动方式

当机车接近分相区时，将司控器手柄回“0”位，按下过分相按钮，机车控制系统自动断主断，待机车通过过分相区后，机车控制系统重新检测到网压后，自动合主断，司机操纵司控器加载，继续维持机车运行。

③手动方式

当机车接近分相区时，司机手动执行卸载、分主断操作。待机车通过分相区后，手动执行合主断、加载等操作。

12.1.6 运行结束时的操作

运行结束后，离开机车前应进行以下操作：

将司机控制器回“0”位，并取出换向手柄。

按下停放制动按钮，确认机车实施停放制动。

将所有扳键开关至零位，取出司机钥匙。

将自动制动手柄(大闸)至重联位，并插好固定销；将单独制动手柄(小闸)至运作位。

将低压电源柜上的蓄电池自动开关 QA80 断开。

夜间结束运行时，可以按动司机室门附近应急灯按钮，司机室的短灯和机械间两端的四个照明灯将点亮，5 min 后，应急灯自动熄灭。

蓄电池自动开关断开后，弹簧停车作用，在此状态下如机车被拖动时，应先手动缓解弹簧停车。

12.1.7　无动力回送

机车具有无动力回送功能，能够实现与车辆混编，并且在无动力回送过程中不影响制动系统的正常工作，且回送机车的最高制动缸压力为200～250 kPa。

无动力回送操作如下：

车上操作：

(1)单独制动手柄置“运转”位，自动制动手柄置“重联”位。

(2)制动系统断电。

(3)将EPCP模块上无动力回送塞门转到“投入”位。

(4)关闭塞门A10。

(5)排放总风缸空气至250 kPa以下。

(6)关闭停放制动控制塞门(B40.06)，应有排风现象。

车下操作：

(7)开放端部平均管塞门。

(8)连接制动软管，缓慢开放折角塞门，等待制动管压力升至定压。

(9)确认停放指示器为红色，制动指示器为绿色，手动缓解停放制动单元，并确认夹钳已缓解。

(10)本务机车进行制动与缓解操作，并确认无动力机车与本务机车制动状态一致。

12.2　机车的维护与检查

机车的维护与检查是为了保持和恢复机车完成运营规定功能的能力而采取的技术活动。机车采用的是以定期维修为主，以检查和检修相结合的综合维修制度。

12.2.1　定期维修

12.2.1.1　维修等级及间隔期

HXD_{3B}型电力机车检修修程和检修周期见表12.1。

表12.1　维修等级及间隔期

检修修程		检修周期	
		走行公里数(万km)	时间
	日常检查		每次机车出入库
C1	C1修	7×(1±10%)	不超过3个月
C2	C2修	13×(1±10%)	不超过6个月
C3	C3修	25×(1±10%)	不超过1年
C4	C4修	50×(1±10%)	不超过3年
C5	C5修	100×(1±10%)	不超过6年
C6	C6修	200×(1±10%)	不超过12年
UM		计划外维修	

表 12.1 中,CI～C6 属定期维修(或预防性维修);UM 为计划外维修(或修复性维修),故障维修和改善维修均属于计划外维修。

12.2.1.2 各级检修修程的主要维修工作

日常检查:机车日常出入库整备。

C1 修:机车例行检查和保养,利用机车自检系统进行故障诊断,按状态修理。

C2 修:机车关键部件重点检查维修,有针对性地恢复机车运行可靠性。

C3 修:机车关键部件重点检查维修,有针对性地恢复机车运行可靠性。

C4 修:机车主要部件检查,性能参数测试,修复不良状态部件,恢复机车可靠质量状态。

C5 修:机车主要部件分解检修,性能参数测试,恢复机车可靠质量状态。

C6 修:机车全面分解检修,全面性能参数测试,恢复基本性能,可同时进行机车或主要部件的技术提升。

计划维修以外发生的所有维修活动,均属于计划外维修。

12.2.1.3 检查次序

HXD3B 型电力机车的检查和维护工作按以下次序进行。

(1)按时间次序

在每个维修等级中,机车按时间次序进行的维修工作次序如下:

无网压下的检查→网压下的检查→有机车蓄电池电压和外部风源下的检查→无电源下的维修工作→网压下的最后检查

(2)按区域次序

在特殊的维修等级中,机车按区域次序进行的维修工作次序如下:

准备→司机室→机械间→机车外部→机车下部→车顶设备→结束。

12.2.1.4 维护与检查的安全注意事项

为确保人身安全,机车的维护检查人员必须是经过培训的资质人员。必须严格遵守检查与维护指导的安全注意事项。在对高压设备进行工作时,必须按接地程序将机车可靠接地。牵引变流器包含有大电容器,即使机车已经降落受电弓,这些电容器可以在较长时间(几天)内带有危险的高压。应对有电容的电器进行放电。当机车处于有电的接触网下时,不要登机车车顶。在对空气管路系统执行任务时,必须排空压缩空气。刚停止工作的电器可能温度很高,应注意防止烫伤。

12.2.1.5 主要部件检查与检修项目及周期

HXD3B 型电力机车主要部件检查与检修项目及周期见表 12.2。

表 12.2 HXD3B 型电力机车主要部件检查与检修项目及周期

序　　号	检修内容	日常检查	C1 级修	C2 级修	C3 级修	C4 级修	C5 级修	C6 级修	计划外维修
1	司机室设备								
1.1	司机操纵台设备								
1.1.1	司机控制器								
	检查动作性能	√	√	√	√	√	√	√	

续上表

序　号	检修内容	日常检查	C1级修	C2级修	C3级修	C4级修	C5级修	C6级修	计划外维修
	检查机械联锁	√	√	√	√	√	√	√	
	检查线路连接					√	√	√	
1.1.2	电子制动阀(EBV)								
	检查机械性能	√	√	√	√	√	√	√	
	检查紧固件连接	√	√	√	√	√	√	√	
	检查各线路连接		√	√	√	√	√	√	
1.2	空调装置								
	清洁过滤网(每半个月)			√	√	√			
	更换过滤网						√	√	
	清洁冷凝器、蒸发器				√	√	√		
	更换冷凝器、蒸发器							√	
	检查冷凝风机				√	√	√		
	更换冷凝风机							√	
	检查通风机				√	√	√		
	更换通风机							√	
	检查温度传感器					√	√		
	更换温度传感器							√	
	检查压缩机				√	√	√	√	
2	机械间设备								
2.1	牵引变流器								
	检查清洁接触器		√	√	√	√			
	检修接触器						√	√	
	检查中间回路电容		√	√	√	√			
	检测中间回路电容						√	√	
	检查谐振吸收电容		√	√	√	√			
	检测谐振吸收电容						√	√	
	检查冷却系统水路(水管、法兰)		√	√	√	√	√	√	
	检查冷却系统					√	√	√	
2.2	牵引风机								
	检查风机绝缘				√	√	√	√	
	检查叶轮					√	√	√	
	检查进风道,风筒					√	√	√	
	检查风机振动和噪声			√	√	√	√	√	
	检查牵引风机电机					√	√	√	

续上表

序　号	检修内容	日常检查	C1级修	C2级修	C3级修	C4级修	C5级修	C6级修	计划外维修
2.3	冷却塔								
	检查变压器油位		√	√	√	√	√	√	
	检查外部连接管路		√	√	√	√	√	√	
	检查吸湿器		√	√	√	√	√	√	
	检查内部连接管路					√	√	√	
	检查金属管		√	√	√	√	√	√	
	检查吸湿器密封圈		√	√	√	√	√	√	
	检查冷却塔风机		√	√	√	√	√	√	
	清理复合散热器			√	√	√	√	√	
	检查绝缘电阻				√	√	√	√	
	更换风机轴承					√	√	√	
2.4	低压电源柜								
	检查状态指示器	√	√	√	√	√	√	√	
	检修功率单元					√	√	√	
	检查断路器的开关状态	√	√	√	√	√	√	√	
	检测电力电容、电解电容					√	√	√	
	更新散热风扇					√	√	√	
	检测接触器					√	√	√	
	检测电阻					√	√	√	
2.5	蓄电池柜								
	检查蓄电池箱连接及铰链活动顺畅		√	√	√	√	√	√	
	检查蓄电池托盘、导轨、滚轮状态		√	√	√	√	√	√	
	检查蓄电池箱无异物		√	√	√	√	√	√	
	检查单个蓄电池开路电压,容量正常					√			
	蓄电池更新						√	√	
2.5.1	蓄电池								
	检查蓄电池	√	√	√	√	√	√	√	
	测量开路电压		√	√	√	√	√	√	
	检查蓄电池容量		√	√	√	√	√	√	
	检查电解液容量			√	√	√	√	√	
	将蓄电池充电		√	√	√	√	√	√	
2.6	高压电流互感器								
	检查绕组无断路					√	√		
	检查二次绕组间及对地绝缘电阻					√	√		

续上表

序　　号	检修内容	日常检查	C1级修	C2级修	C3级修	C4级修	C5级修	C6级修	计划外维修
	更新高压电流互感器							√	
2.7	空气管路系统及制动机								
2.7.1	主压缩机组								
	检查真空指示器，决定滤芯是否更换	√	√	√	√	√	√	√	
	检查油位，缺油加油	√	√	√	√	√	√	√	
	清洗冷却器				√	√	√	√	
	更换油过滤器				√	√	√	√	
	更换新滤芯				√	√	√	√	
	更换新油					√	√	√	
	对电机添加润滑脂					√	√	√	
	更换油细分离器				√	√	√	√	
	检查安全阀动作应灵敏					√	√	√	
	更新进气阀、温度开关、压力开关、安全阀						√	√	
	更新电机轴承						√	√	
	更新放油阀、冷却器							√	
2.7.2	干燥器								
	检查电控器各指示灯工作正常	√	√	√	√	√	√	√	
	检查排气阀排气正常	√	√	√	√	√	√	√	
	检查电磁阀无漏风	√	√	√	√	√	√	√	
	更新排气阀弹簧					√	√	√	
	更新所有紧固件					√	√	√	
	更换吸附剂					√	√	√	
2.7.3	辅助压缩机组								
	清洁空气过滤器				√	√	√	√	
	更新润滑油					√	√	√	
	更新碳刷							√	
	更新活塞环							√	
	更新进气阀							√	
	更新排气阀							√	
	更新油封和密封O形圈							√	
	更新过滤元件							√	
2.7.4	制动柜								
	更新滤尘器滤芯				√	√	√	√	
	更新分配阀滤芯					√	√	√	

续上表

序　号	检修内容	日常检查	C1级修	C2级修	C3级修	C4级修	C5级修	C6级修	计划外维修
	各阀类解体检修						√	√	
	更新各模块橡胶件						√	√	
2.8	卫生间								
	清洁检查卫生间		√	√	√	√	√	√	
	更新水过滤器				√	√	√	√	
	更新排污阀、橡胶接头、软管、防污套、加热器						√	√	
	更新空气管路、水管路、软管接头、电磁阀、水增压器液位、液位开关、温控器、冲洗按钮							√	
2.9	第三方设备柜								
	检查设备	√	√	√	√	√	√	√	√
2.10	主断路器								
	调压阀排空				√	√	√	√	
	储风缸排水				√	√	√	√	
	检查绝缘性能					√	√	√	
	检查动作性能					√	√	√	
	更新高压部分							√	
	更新操纵杆和波纹管							√	
	更新控制单元							√	
	更新压力开关							√	
	更新电磁阀							√	
	更新调压阀							√	
	更新辅助触点							√	
	更新弹簧							√	
	更新故障部件								√
2.11	高压接地开关								
	根据污秽、损耗与凝结情况，清理并加润滑脂		√	√	√	√	√	√	
	整体检查					√	√	√	
2.12	低压电流传感器								
	目视检查接地电流互感器	√	√	√	√	√	√		
	更新低压电流传感器							√	
2.13	高压电压互感器								
	检查二次绕组出线端子		√	√	√	√	√		

续上表

序号	检修内容	日常检查	C1级修	C2级修	C3级修	C4级修	C5级修	C6级修	计划外维修
	测量一次和二次绕组绝缘电阻					√	√		
	测量一次和二次绕组直流电阻				√	√	√		
	互感器试验					√	√		
	更新高压电压互感器							√	
2.14	高压隔离开关								
	检查辅助联锁开关		√	√	√	√	√	√	
	检查动作机构				√	√	√	√	
	检查高压隔离开关的绝缘性能					√	√	√	
	更新故障部件								√
2.15	避雷器								
	目视检查避雷器		√	√	√	√	√		
	更新避雷器							√	
2.16	控制系统								
	检查各模块及显示屏插头插座无缩针					√	√	√	
	测试各模块及显示屏工作电源					√	√	√	
	显示屏背光灯、TFT 显示面板、触摸屏、内存卡更新							√	
	功能测试和触摸屏校准							√	
	MOBAD 中的电池更新					√	√	√	
2.17	过分相装置								
	检查外观		√	√	√	√	√	√	
	更换 PLC							√	
	更换接口电路板							√	
	检修感应接收器							√	
	功能检查		√	√	√	√	√	√	
2.18	6A 系统								
	功能检查:检查看 6A 系统各子系统信息及数据	√	√	√	√	√	√	√	
	校验压力传感器及流量变送器					√	√	√	
	更换或维修 AT1 插件、数据前置处理器、传感器					√	√	√	
	电源箱更新						√	√	
	压力传感器、流量变送器和走行部传感器更新						√	√	
	更新 6A 系统部件							√	

续上表

序　号	检修内容	日常检查	C1级修	C2级修	C3级修	C4级修	C5级修	C6级修	计划外维修
3	车外设备								
3.1	车体								
3.1.1	前窗玻璃								
	加热系统功能检查		√	√	√	√	√	√	
	清洁前窗玻璃		√	√	√	√	√	√	
	检查前窗玻璃四周密封状态					√	√	√	
	更换前窗玻璃								√
3.2	钩缓系统及过载保护装置								
3.2.1	车钩								
	目视检查	√	√	√	√	√	√	√	√
	车钩三态检查	√	√	√	√	√	√	√	
	尺寸检查		√	√	√	√	√	√	
	探伤检查		√	√	√	√	√	√	
	更新钩尾框							√	√
3.2.2	缓冲器								
	目视检查	√	√	√	√	√	√	√	
	尺寸检查					√	√	√	
	更换缓冲器								√
3.2.3	压溃装置								
	目视检查	√	√	√	√	√	√	√	
	尺寸检查						√	√	
	更新压溃装置							√	√
4	车下设备								
4.1	转向架								
4.1.1	转向架构架								
	外观目视检查	√	√	√	√	√	√	√	√
	解体检查						√	√	
	重新油漆						√	√	
4.1.2	轮对及轴箱装置								
4.1.2.1	轮对								
	外观检查	√	√	√	√	√			√
	尺寸检查		√	√	√	√	√	√	√
	车轮轮辋进行超声波探伤检查		√	√	√	√	√	√	
	车轴探伤					√	√	√	

续上表

序　号	检修内容	日常检查	C1级修	C2级修	C3级修	C4级修	C5级修	C6级修	计划外维修
	车轮踏面恢复性旋修			√	√	√			
	车轮解体检修						√	√	√
	车轴检修						√	√	√
4.1.2.2	轴箱组装								
	机车车载安全防护系统(6A系统)地面专家诊断分析		√	√	√	√			
	轴箱轴承、抱轴箱轴承动态检测				√	√			
	更新轴箱轴承							√	
	更新拆卸的紧固件、O形橡胶圈						√	√	
	轴箱体探伤检查						√	√	
4.1.3	驱动装置								
	机车车载安全防护系统(6A系统)检查	√	√	√	√	√			
4.1.3.1	抱轴箱装置								
	抱轴承补脂				√	√	√		
	抱轴箱体探伤检查						√	√	√
	更新抱轴承和迷宫环							√	√
	更新拆卸的紧固件、O形橡胶圈						√	√	√
4.1.3.2	主、从动齿轮及齿轮箱								
	主、从动齿轮轮齿磁粉探伤检查						√	√	√
	齿轮箱油位检查		√	√	√	√	√	√	√
	清洗磁性螺堵		√	√	√	√	√	√	√
	清洗齿轮箱、油盘、注油口、螺堵						√	√	√
	更新齿轮油(第一次15 000 km后)					√	√	√	√
4.1.4	电机悬挂								
	解体检查						√	√	
	更新橡胶关节						√	√	
	更新拆卸的紧固件						√	√	√
	电机吊杆探伤检查						√	√	
4.1.5	一、二系悬挂								
4.1.5.1	一系悬挂								
	解体检查						√	√	
	一系弹簧探伤检查						√	√	
	更新橡胶关节						√	√	
	拆检一系弹簧,弹簧端面探伤检查						√	√	

续上表

序　号	检修内容	日常检查	C1级修	C2级修	C3级修	C4级修	C5级修	C6级修	计划外维修
	更换一系弹簧橡胶垫						√	√	
	一系垂向减振器返厂检修						√	√	
	更新拆卸的紧固件						√	√	√
4.1.5.2	二系悬挂								
	外观检查	√	√	√	√	√			
	解体检查						√	√	
	拆检二系弹簧，弹簧端面探伤检查						√	√	
	更换二系弹簧橡胶垫						√	√	
	二系横向、垂向减振器返厂检修						√	√	
	更换二系垂向止挡						√	√	
	更换二系横向止挡						√	√	
	更换拆卸的紧固件						√	√	√
4.1.6	牵引装置								
	外观检查	√	√	√	√	√	√	√	√
	解体检查					√	√	√	
	牵引杆焊缝除漆探伤					√	√	√	
	法兰及牵引座筒探伤						√	√	
	更新牵引销、注油杯、滑环、滑套						√	√	
	更新橡胶关节						√	√	
	更新拆卸的紧固件、O形密封圈					√	√	√	√
4.2	接地装置								
	检查机械性能	√	√	√	√	√	√	√	
	检查紧固件连接	√	√	√	√	√	√	√	
	检查磨耗件		√	√	√	√	√	√	
	检查绝缘性能				√	√	√	√	
	更新接地铜轴、电刷装配、弹簧、绝缘件、紧固件、密封件							√	
4.3	牵引电机								
4.3.1	牵引电机外观检查								
	外观检查非驱动端轴承附近区域不许有漏油		√	√	√	√			
4.3.1.1	轴、轴承								
	对轴进行渗透和磁粉探伤						√	√	
	电机轴承(N端)补充润滑脂			√	√	√	√	√	
	更换轴承，油脂更新						√	√	

续上表

序 号	检修内容	日常检查	C1级修	C2级修	C3级修	C4级修	C5级修	C6级修	计划外维修
4.3.2	定子								
	测量线圈对地绝缘电阻						√	√	
	测量线圈冷态直流电阻					√	√	√	
	绝缘耐压试验						√	√	
4.4	牵引变压器								
	检查储油柜的油位和油色	√	√	√	√	√	√	√	
	变压器油(运行中的变压器油)化验			√	√	√	√	√	
	解体检查						√	√	
	油箱检修						√	√	
	解体检查试验						√	√	
	牵引变压器总装						√	√	
	更换安装螺栓						√	√	
4.5	软风道								
	检查软风道		√	√	√	√			
	更新软风道						√	√	
4.6	轮盘制动装置								
	解体检修						√	√	
5	车顶设备								
5.1	受电弓								
	更新橡胶弹簧元件						√	√	
	解体清洁快排阀						√	√	
	更新气囊							√	
	更新滑板						√	√	
	更新钢丝绳							√	
	更新阀板上的安全阀、压力开关							√	
	更新轴承						√	√	
	更新阻尼器							√	
	更新安全阀							√	

12.3 油脂明细

机车油脂必须用与出厂时型号相同的型号。

机车油脂见表 12.3。

表 12.3　机车油脂

项目	零部件名称	使用部位	润滑油名称	用量(每件)	更换周期	备　注
1	牵引电机	轴承	Klüber Isoflex Topas L152	非传动端 35～45 g	25 万 km	
2	空气压缩机	空压机体	Anderol 3057	6～7 L	2 000 h 或者 2 年	以早到期者为准
3	牵引通风机电机	轴承	ENS(LHT23)润滑脂(封入轴承)	—	4 年(更换每个轴承)	ENS(LHT23)润滑脂封入轴承时使用
		轴承套	ENS(LHT23)润滑脂	20 g	每次拆分	再组装时涂抹在轴承套上
4	复合冷却器通风机电机	—	—	—	4 年(更换每个轴承)	冷却塔电机轴承是全密封结构，日常不需要加润滑脂，到维保规定的时间更换轴承
5	司机控制器	各部接触部分	6 号汽油机油	适量	2～4 年	
6	速度传感器	方轴和软性连接器	3 号锂基脂	各 5～10 g	例行检修时或每半年一次	
7	闸刀开关	接点	凡士林	10 g	4 年	涂接触部
8	受电弓	1　升弓装置与底架连接转轴	89D 润滑脂	0.1 kg	2 年	
		2　锁紧螺母连接处	可润奇	0.03 kg	中修拆检	
		3　滑板连接处。软连线连接处	FT40V1	15 mL	更换滑板时。中修拆检	
9	牵引变压器	油箱内	矿油 壳牌(Diala BX)	3 050 L	根据检修结果，按需进行	(仅主体部分，不含复合冷却器及配管)
10	牵引齿轮	齿轮箱内	Optigear RMO(齿轮润滑油)	齿轮箱加油大约 4.5 L	每 20 万 km，最长 4 年(第一次行驶大约 1 个月或 15 000 km 后，更换新齿轮油)	
11	车钩	车钩提杆滑动部位及销	3 号锂基脂	20～30 g	4 年	
12	司机座椅	滑动部位	美孚滑脂	40 g	4 年	
13	辅助压缩机	给油口	Anderol 3057	检查油位，按要求加满	3 个月	

续上表

项目	零部件名称	使用部位	润滑油名称	用量(每件)	更换周期	备　　注
14	制动单元	除塑料衬套外的销轴及衬套	Klüber Staburags NBU30PTMA	受环境影响,根据经验		
15	轴箱轴承	轴承	FAGL222	中间轴轴承(FAG804116)35～40 万 km 补充 180～200 g	所有轴承每 80 万 km 或 5 年	
16	抱轴轴承(非驱动端)	轴承	Klüber Isoflex Topas L152	每 25 万公里补充 120 g	建议 6 年检时清洗、更换油脂	
	齿轮箱轴承	轴承	Optigear RMO(齿轮润滑油)	齿轮箱加油大约 4.5 L	每 20 万 km,最长 4 年(第一次行驶大约 1 个月或 15 000 km 后,更换新齿轮油)	

附录 缩 写 表

缩　　写	说　　明
ABC	自动制动控制器
AC	辅助变流器
ADC	辅助配电柜
AFC	辅助滤波柜
AMP	模拟量监测保护装置
ATP	行车安全柜
BCEP	平均管
BCU	制动控制单元
BE	电制动力
CAB1	Ⅰ端司机室
CAB2	Ⅱ端司机室
CCU	司机显示单元
CMP1	空气管路柜
CON1	变流柜 1
CON2	变流柜 2
CON3	变流柜 3
CS	以太网交换机
DCU	驱动控制单元
DDIO	操纵台数字量输入输出装置
DDU	牵引控制单元
DSD	警惕装置
EB	接地装置
EBV	电空制动阀
ESD+	电气短距离介质
HVAC	空调
HVAC1	空调 1
HVAC2	空调 2
HVC	高压柜
IPM	制动系统控制单元
LC	网侧变流器

续上表

缩　　写	说　　明
LVPC	低压电源柜
MAC	司机控制器
MBP	列车管
MC	电机变流器
MCB	主断路器
MVB	多功能车辆总线
OGF	光纤
PG	受电弓
TC	牵引变流器(网侧变流器,电机变流器和辅助变流器)
TCMS	机车网络控制系统
TCN	列车通信网络
TE	牵引力
TM	牵引变压器
VCU	机车控制单元
WTB	绞线式列车总线